戦略情報局

OSSの全貌

CIAの前身となった諜報機関の光と影

太田茂 著

芙蓉書房出版

はじめに

✺ＣＩＡの前身だったＯＳＳ

「ワイルド・ビル」ことウィリアム・ジョセフ・ドノヴァン少将は、Ｆ・Ｄ・ルーズベルト大統領の親友で、優れた弁護士・政治家・軍人だった。ドノヴァンは、これからの戦争では心理戦、政治戦、情報戦が重要になると考え、一九四一年七月、陸海軍からは独立して大統領に直属し、戦略に関する広範かつ総合的な情報収集機関である情報調整局（ＣＯＩ）〔Coordinator of Information〕を設立した。ドノヴァンは、この機関を単なる情報収集や分析のみでなく、ゲリラ工作、破壊工作などの特務工作をも担う組織に発展させ、一九四二年六月、戦略情報局（ＯＳＳ）〔Office of Strategic Services〕を設立した。ドノヴァンが辣腕を振るい、当初六〇〇人程度でスタートした組織は、ＯＳＳへの改組後、急激に成長し、最終的には非正規職員も含めて約三万人にも及ぶといわれるスタッフを備え、世界の主要戦線の大半に拠点を置く大組織となった。ＯＳＳは戦後の一九四五年九月二〇日、トルーマン大統領の命によって解体された。しかし曲折の後、一九四七年に制定された「国家安全保障法」に基づいて、ＯＳＳを前身としたＣＩＡが設立され、今日に至っている。

✺ＯＳＳの光と影

ＯＳＳは、ドノヴァンの強烈な個性と実行力により、第二次世界大戦中、ヨーロッパ、北アフリカ、東南アジア、中国などの各戦線に拠点を設置し、様々な作戦行動を活発に展開した。敗戦後の日本の占領政策や政治構想にも影響力を及ぼした。ＯＳＳの目的と活動の特徴は、スパイなどによる情報収集の諜報活動のみでなく、枢軸国に対するゲリラ、サボタージュ、破壊工作などの特殊作戦を実行することにあった。また、作戦の効果的な実行やアメリカの戦略検討に資するため、収集した情報を整理分析する研究部門も設置されていた。

ドノヴァンは、広範な人脈を活用して、アメリカの軍関係のみならず、政府の各組織、全米の一流大学や研究機関、報道界、法律関係者、企業などから、極めて多彩かつ多様な人材をＯＳＳに迎え入れた。彼らの思想傾向は、共和党系の保守層から、民主党系のリベラルのみならず、共産主義者やそのシンパにまで、右から左に幅広く及んでいた。ＯＳＳの批判者は、これを'Oh, So, Social!'（なんとまあ、社会（主義）的な）と揶揄した。

アメリカには陸海軍はもとより、国務省（※日本の外務省に相当）、ＦＢＩなどの政府の各機関が、それぞれ諜報活動を行う組織を持っていた。しかし、ドノヴァンのＯＳＳ構想は、このように乱立する諜報組織とは別に、大統領に直結する統合的な諜報組織を樹立するのみならず、ゲリラ戦などの特殊作戦まで行うものだった。そのため、ＯＳＳは他の組織の諜報や作戦活動と競争、競合関係に立つことが多く、設立時や、設立後においても、軍を始め様々な諜報・工作機関からの反対や抵抗を根強く受けることとなった。

ＯＳＳは、長年をかけて組織や指揮系統が確立された軍その他の国家機関と異なり、ドノヴァンのワンマンともいえる強力な個性による指導力で一気に組織されて急成長した。しかもＯＳＳの職員の思想やバックグラウンドは右から左まで多種多様だった。また、その活動は、従来型のピラミッド的組織が、組織として意思決定をし、それを指揮系統を通して現場において実行させるというスタイルではなく、現場で工作を担う工作員たちの、良くも悪くも自由奔放な活動に委ねられることが多かった。諜報やゲリラなどの活動の性質自体が、正規戦におけるような組織の指揮系統や活動様式になじまない面が強かった。

そのため、ＯＳＳの工作活動は、目を見張るような成果を上げたこともあった半面、失敗に終わり、政府の他の組織や外国の関係機関との間に摩擦や軋轢を生じさせ、厳しい批判を招いたこともあった。

ＯＳＳがその真価を発揮したのは「サンライズ作戦」の成功だった。これは、一九四五年の初頭から、スイスを舞台に、欧州のＯＳＳの幹部でドノヴァンの旧友だったアレン・ダレス指揮の下で、軍人や宗教家、実業家など様々な心ある協力者を活用した謀略工作により、北イタリア戦線のドイツ軍を降伏に導いたものだった。この成功によって、イタリア北部の都市や歴史的建造物が戦火で破壊されるのを免れ、また、イタリアが共産化され、あるいは共産主義と資本主義の南北に分断された国家に陥ることが免れた。これに関しては、ダレス自身による『静かなる降伏』（早川書房、一九六七年）の名著がある。ダレスは、戦後、ＣＩＡの長官となった。

✺ミルトン・マイルズの「異なる種類の戦争」

「異なる種類の戦争」とは、元アメリカ海軍のミルトン・Ｅ・マイルズ少将の著書『A Different Kind of War』（Doubleday & Company, Inc. 1967　未邦訳）のタイトルの直訳である。マイルズは、来るべきアメリカ軍の日本本土上陸作戦に備えるため、一九四二年春から中国に派遣され、終戦までの三年数か月、蔣介石や戴笠《たいりゅう》との密接な連係の下に、抗日の諜報戦、ゲリラ戦、破壊工作戦（sabotage）に、知られざる活躍をした。当時、蔣介石と激しく対立し、蔣介石の総参謀長の職を解任されたアメリカ陸軍のジョセフ・スティルウェル将軍は、昔気質の軍人で、そのような工作活動を「違法な活動」（illegal action）だと嫌った。彼の戦争とは「正面からの相互の戦闘」（His kind of war was fought face to face）であるべきだった。

戦後、マイルズは、その活動の詳細な記録を六〇〇頁余の大著に残した。マイルズは、蔣介石や戴笠との信頼関係を活かし、中国とアメリカが連携し、抗日戦での秘密工作を行うための機関として、中米の協定により、ＳＡＣＯ（Sino-American Cooperative Organization 中米合作社）を設立した。ＳＡＣＯを基盤としたマイルズらの三年余に及ぶ抗日の戦いは、スリルと驚き、感動に満ちている。アラビアのロレンスよりも面白いとの評価すらある。しかし、その活動は軍隊の正規戦ではなかったため、公的記録にはほとんど現れなかった。

「戴笠《たいりゅう》」という名前は、日中戦争史や和平工作史に関心をもつ人々はよく耳にするだろう。戴は、蔣介石の右腕であり、国民政府の特務機関「藍衣社」の首領で、日中戦争中、日本の支那派遣軍や南京の国民政府の特務機関「ジェスフィールド七六号」との間で、激しいテロ合戦を繰り広げるなど特務工作に辣腕をふるって恐れられた。

戴は、アメリカやイギリスの軍や大使館関係者からも「残忍、冷酷なテロリスト、ゲシュタポ」とのレッテルを貼られ、厳しい批判にさらされ続けた。戴は、戦争末期に小磯内閣で試みられたが重光外相らの反対によって実らなかった繆斌《みょうひん》工作を主導した。

戴については、中国では、大陸でも台湾でも今日も関心が高く、多数の出版物がある。しかし、邦訳されたものはなく、日中戦争史や和平工作史の類書でしばしば登場はするが、戴を正面から研究した邦書は見当たらない。

そのため、戴に対する厳しい批判が的を射たものであるか否かに関しては、戴の実像がなかなか見えてこず、闇の部分が多かった。マイルズの同書は、マイルズが何度も生死を共にした戴笠について、「冷酷なテロリスト」とはおよそ異なり、中国の古典を愛し、豪胆さと緻密さ、細やかな気配りと礼節を備え、部下のみならず中国の村々の人々から深く尊敬を集め、中国の至る所に広範な諜報網を巡らせていた極めて優れた指揮官であることを生き生きと語っている。

マイルズの著書は、中国の裏側から見た日中戦争の貴重な記録でもある。しかし、マイルズや戴笠の戦いは、中国の共産党やＯＳＳとの間で、終始激しい対立や軋轢に悩まされた。ＯＳＳは、マイルズらからＳＡＣＯの主導権を奪い、マイルズを排斥し、戴笠と敵対し続けた。マイルズらの戦いは、抗日戦でありながら、ＯＳＳや延安の共産党との戦いでもあった。それは、中国におけるＯＳＳの「影」の面を浮き彫りにする。

✺中国を混迷させたＯＳＳ

ドノヴァンは、中国戦線にもＯＳＳの組織を設けて積極的な活動を展開した。しかし、中国でのＯＳＳは、諜報戦やゲリラ活動で相当な成果を生みはしたものの、むしろ、抗日戦に混迷を招き、中国を共産化する後押しの役割すら果たした。その主な原因は、ＯＳＳは、戦後もアジアの植民地支配の維持を目論むイギリスとのつながりが深かったことや、ＯＳＳの工作員の中に共産主義者やそのシンパが多かったことにあった。

サンライズ作戦では、ドイツと戦うアメリカとイギリスは一枚岩であり、ソ連が戦後ヨーロッパ社会への支配を拡大することを抑えようとする目的を共有していたので、作戦は緊密な連携のもとに進められた。しかし中国では、蔣介石は、イギリスのアジアに対する植民地支配と戦後もそれを維持しようとする強欲さを強く憎んでいた上、延安の共産党とは、事実上の内戦状態にあった。そのため、親イギリスであり、重慶政府よりも、延安の共産党を支持する隊員が多い中国のＯＳＳは、常に、蔣介石や戴笠、そしてマイルズらと対立、緊張関係にあった。のみならず、ドノヴァンは、ＯＳＳがスティルウェルの指揮する陸軍の完全な支配下に入らずに独自に活動できるようにするため、ＳＡＣＯをＯＳＳの活動の隠れ蓑にした。ＳＡＣＯでは、戴笠が長官でマイルズが副長官であり、当初マイルズはＯＳＳの中国代表に任命された。しかし、ドノヴァンやその部下たちはマイルズに対する攻撃、排斥活動を続け、マイルズはＯＳＳの代表を解任されてしまった。

戦後、アメリカでは、マッカーシズムや議会の非米活動委員会などの調査によって、ルーズベルトの側近や国務省高官などに多数のソ連のスパイ、共産主義者やそのシンパが深く潜り込み、アメリカの国策や戦略を誤らせたことが明らかにされている。マッカーシズムには行き過ぎがあったと批判されているが、ヴェノナ文書の公開や、フーバー元大統領による『裏切られた自由（上・下）』（草思社、二〇一七年）の公刊などが、それらの事実を裏付けた。しかし、マイルズの前掲書を読み進めると、戦時中、中国におけるアメリカの共産主義者やそのシンパたちが、陸軍や大使館、ＯＳＳにおいて同様の動きをし、中国の混迷と共産化を招くことになったことを、既にマイルズ自身が当時から実感していたことが分かる。

蔣介石の総参謀長として、中国戦線でアメリカ陸軍の指揮官であったスティルウェルは、蔣介石と激しく対立し、一九四四年秋に更迭され、Ａ・Ｃ・ウェデマイヤー将軍が着任した。また中国や蔣介石に冷淡だったガウス大使も更迭され、パトリック・ハーレーが後任大使となった。ウェデマイヤーもハーレーも蔣介石の理解者となり、アメリカとの関係は大きく改善された。しかし、ウェデマイヤーは、国務省や陸軍内の共産主義者やそのシンパたちの影響を免れておらず、戴笠やマイルズとは対立し、ＳＡＣＯの組織や活動に様々な圧力を加え続けた。マイルズの前掲書は、ウェデマイヤーのマイルズに対する戦時中の弾圧的な行動を生々しく伝えている。

パトリック・ハーレーについて、邦書や邦訳書は見当たらないが、Don Rohbeck による『Patrick J. Hurley』（Henry Regnery Company 1956）は、ハーレーの優れた伝記である。ハーレーが、国務省や大使館の共産主義者たちと戦い、蔣介石を支援し続けた状況や、ハーレーが戦後も、それらの者たちがアメリカの対中国の国策を誤らせたことを糾弾する活動を続けた状況を詳しく語っている。

✷繆斌工作の裏に見え隠れするOSS

私は、長く検事を務め、刑事司法が専門分野で、歴史研究にはなじみがなかった。しかし、学生時代から剣道をしていたこともあり、警視庁の本部道場の朝稽古会に長く参加していた。稽古会の長老であり、予科練出身の元特攻隊員で、戦後警視庁で名刑事として活躍された大舘《おおだち》和夫氏とのご縁で、剣友の西嶋大美氏（元読売新聞社）との共著により、その生涯記『ゼロ戦特攻隊から刑事へ』を二〇一六年に出版した*1。

大舘氏からの聴き取りの過程で、昭和二〇年二月、氏らが特攻用のゼロ戦を内地で調達して台湾に帰還しようとしていたとき、鹿児島の笠之原の基地で、「三笠宮の侍従」と称する高級武官から、「三笠宮」が上海に渡るための護衛を頼まれ、これに応じて「三笠宮」が搭乗する一式陸攻を護衛して上海に渡ったという明確な記憶を聞き出した。これは公開された記録に全く現れていない新事実だった。もしこれが真実なら、当時戦局が悪化する中で、日中の和平を強く求めていた三笠宮が、重慶との和平交渉に関係して上海に渡ったのではないかと推測された。私たちは、その真実性の検証のために、当たれる限りの文献資料に当たったが、これを直接立証するものはなかった。しかし、様々な情況証拠を総合して、私たちは、これは真実だったとの推論に達し、その経緯と内容を、同書の付記『「三笠宮」上海行護衛飛行』に掲載した。

これを契機に、私は、日中和平工作史への関心を深め、研究を続けた。「三笠宮」の上海行の当時、それと並行して、近衛文麿の実弟の水谷川《みやがわ》忠麿男爵らが進めていた「何世禎工作」など、心ある人々によって進められていたいくつかの重慶との秘密の和平工作があった。その中で「繆斌《みょうひん》工作」は、当時の小磯國昭総理や緒方竹虎国務大臣、東久邇宮らが強力に推進したものだ。この工作を背後で指揮していたのが戴笠であり、繆斌が蔣介石の使者として和平条件を携えて同年三月に来日した。しかし、重光外相らが閣議でこれに強硬に反対し、最後は天皇が自ら工作中止の引導を渡した。この工作が蔣介石の和平の真意に基づくものであったか否かは、未だに論争に決着がついておらず、日中和平工作史の最大の謎となっていた。私は、詳細は別書に譲るが、それが真実であったとの確信を抱くに至った。

繆斌工作の背後に見え隠れするのがＯＳＳだった。重慶の蔣介石は、日本と和平するためには、アメリカも引き込まなければならなかった。当時、アメリカでは、日本の無条件降伏に固執するハードピース派と、元駐日大使だったジョセフ・グルーらを中心として、天皇制の保持を明確に認めることで日本を早期に降伏させようとするソフトピース派が対立していた。ＯＳＳは、アレン・ダレスを始めとしてソフトピース派が主流であり、サンライズ作戦を成功させたダレスは、スイスやスウェーデン、バチカンを舞台として日本を早期降伏に導くための秘密工作を続けていた。私はこのような観点から、ますますＯＳＳへの関心を深めた。しかし、ＯＳＳの組織や活動は、「ＯＳＳ」と一言で括ることができないほど複雑な様相を示している。その研究の結果が本書の執筆につながったものだ。

＊1 同書は、二〇二〇年、『Memoirs of a Kamikaze』として、英語の翻訳版が出版された（チャールズ・Ｅタトル社）。同書は、二〇二一年六月、英語版出版物に対するアメリカの評価機関によるＩＰＰＹ賞の自伝・回想記部門でブロンズメダルを授与された。

✺本書の構成など

本書では、まず、ＯＳＳが現実にどのような工作を展開していたかを知るために、第1章で、①サンライズ作戦、②マイルズや戴笠らによるＳＡＣＯを基盤とした中国での作戦活動、③カール・アイフラーによるビルマを中心とした作戦活動、の三つを紹介する。サンライズ作戦は、スイスを舞台に、アレン・ダレスらが、北イタリアのドイツ軍をヒトラーに背いて連合国に降伏させたもので、ＯＳＳがその本領をよく発揮した最大の成功例だった。マイルズによる中国での作戦活動は、ＯＳＳが相当な成果を挙げつつも、中国を混迷させた負の側面を浮き彫りにする。アイフラーによるビルマでの作戦活動は、現地のカチン族と緊密に協働して抗日のゲリラ戦を戦ったものでOSSの作戦の顕著な成功事例である。半面、仏印でのOSSの活動は民族の独立運動を支援したため、東南アジアの植民地支配の維持を目論むイギリスやフランスとの厳しい対立や暗闘を招くことになった。アイフラーは、スティルウェル将軍に私淑し、蔣介石や戴笠を憎んでいた。全く対立するマイルズとアイフラーの視点は、これもOSSが中国を混迷させた事情を浮き彫りにする。

第2章では、OSSの設立の目的、経緯などを踏まえ、OSSが軍部やFBI等他の機関との間での厳しい対立関係にあったことや、OSSの作戦活動の基本方針や指揮系統が、他の既存の組織とは大きく異なっていたことを浮き彫りにする。第3章では、そのようなOSSが、世界の各地の戦線で行った諜報工作や破壊工作の実情を、その成功と失敗の両面から紹介する。それは、OSSの視点から見た第二次大戦の裏面史でもある。

OSSは、イギリスの諜報機関SOE（Special Operations Executive）に倣って組織されたが、イギリスは、枢軸国への勝利の大目的のほか、大英帝国の植民地支配の維持という隠れた目的を持っていた。仏印に植民地を持っていたフランスも同様だった。しかし、アメリカは、枢軸国への勝利の目的はイギリスと共有しても、戦後社会でのアジアの植民地解放の旗をも掲げていた。そのため、OSSとSOEとの間では、世界各地の戦線での活動において、様々な対立、軋轢が生じた。更に、短期間で急速に成長したOSSは、ドノヴァンの方針により、左翼・共産主義者の人員も多数登用した。OSSが各地の戦線で連携したレジスタンス勢力には共産主義ないし社会主義国家革命を目指すものが多かった。

しかし、イギリスはチャーチルを始めとして基本的に反共であり、戦後国際社会へのソ連の支配と影響力拡大を警戒していた。そのため、OSSの作戦活動は、この点でもイギリスと相反する場面が少なくなく、その摩擦や軋轢は戦後の国際社会にも大きな影響を及ぼした。また、軍部のように長期間かけて確立した厳格な指揮命令系統が乏しかったＯＳＳは、アメリカの軍や国務省、大使館その他の国家機関との間においてさえ、さまざまな混乱や批判を招くことが少なくなかった。フランス、ドイツ、北欧、東欧などの各戦線や北アフリカ戦線などにおけるＯＳＳの活動は、多くの成功と共に厳しい批判を招く失敗もし、これが戦後間もなくＯＳＳが解体される原因ともなった。

第4章では、ＯＳＳが他の組織との対立や軋轢の中で中国への進出を企てた経緯、第1章で述べたミルトン・マイルズや戴笠らに加えた弾圧、共産党やソ連への警戒心が乏しかったＯＳＳが、中国を混迷させ、中国の共産化を助長することになったことを詳述する。

第5章では、このようなＯＳＳが戦後の国際社会に及ぼした影響、様々な批判を招いて戦後解体されたＯＳＳが、その後に設立されたＣＩＡの母体となったこと、そのため、ＯＳＳは、ＣＩＡに、光のみならず影の側面も含めてその影響を及ぼしたことを概観する。ＣＩＡは、戦後の冷戦時代、冷戦の終了、九・一一の同時多発テロなどの曲折の中で、大きな活躍をした半面、様々な問題をもたらしたことはよく知られている。ＯＳＳの大戦中の様々な作戦活動を知ると、読者はその中に、「既視感」（デジャヴュ）を覚えるだろう。

✺参考文献など

ＯＳＳに関して、アメリカでは膨大な研究の蓄積があり、文献資料も極めて多い。しかし、日本では、ＯＳＳに関する公刊物は少ない。主なものに、前掲の『静かなる降伏』（アレン・ダレス）のほか、①『秘密のファイル　ＣＩＡの対日工作（上・下）』（春名幹男、共同通信社、二〇〇〇年）、②『ブラック・プロパガンダ　謀略のラジオ』（山本武利、岩波書店、二〇〇二年）、③『象徴天皇制の起源』（加藤哲郎、平凡社新書、二〇〇五年)、④『アレン・ダレス』(有馬哲夫、講談社、二〇〇九年)、⑤『戦後日本を狂わせたOSS「日本計画」』(田中英道、展転社、二〇一一年)などがある。

①は、在米報道活動経験が長かった著者によるCIAとその前身であるCOI、OSSの対日工作の詳細かつ広範な研究、②は、OSSが戦時中に行った対日ブラック・プロパガンダの研究、③は、著者が二〇〇一年に全面解禁されたOSSの膨大な機密文書の探索と分析により、太平洋戦争開戦からわずか半年後の一九四二年六月、COIの調査分析部(R&A)極東課が、情報工作の一環として昭和天皇を「平和のシンボル(象徴)」として利用するとの計画を立てていたことを明らかにしたもの、④は、アレン・ダレスを中心としたOSSの原爆・天皇制・終戦をめぐる暗闘の詳細な研究、⑤は、OSSの左翼勢力による対日戦後計画が憲法改正を始めとするGHQの占領政策に大きな影響を与えたことを論証するもので、いずれも貴重な研究である。

入手できた英語文献として、主なものは、前記のマイルズの『A Different Kind of War』のほか、①『OSS』(R.Harris Smith A Delta Book 1972)、②『OSS in China』(Maochun Yu Naval Institute Press 1996)、③『This Grim and Savage Game』(Tom Moon Da Capo Press 1991)、④『Behind Enemy Lines』(Al Johnson 2019)、⑤『OSS and CIA』(Charles River Editors)、⑥『Office of Strategic Services 1942-45』(Eugene Liptak Osprey Publishing 2009)、⑦『Wild Bill Donovan』(Douglas Waller Free Press 2011)、⑧『Donovan of OSS』(Corey Ford Robert Hale & Company 1971)、⑨『Women of the OSS Sisters of Spies』(Elizabeth P. McIntosh Naval Institute Press 1998)がある。

①は、元CIA職員でカリフォルニア・バークレー校の政治科学の講師をしていた著者が公開されたOSS関係資料の分析と二〇〇人もの元OSS職員などのインタビューを踏まえた総合的な研究成果として

一九七一年に公刊したものであり、OSSに関する基本的文献として信頼性を高く評価されている。②は、アメリカ海軍大学校の気鋭の教授である著者Maochun Yu（余茂春）による、主に中国を舞台とするOSSの組織や活動の緻密な研究の成果である。③は、カール・アイフラーのビルマ戦線などでの獅子奮迅の活躍を、その部下であった著者が詳細に紹介した力作である。④は、中国戦線などで戦った元OSS工作員による回想記であり、⑤は、OSSがどのようにして解体され、CIAが設立されたかの経緯を概観している。⑥は、アリゾナ大学出身の歴史研究者による著作で、比較的簡潔な文献であるが、OSSに関わった多くの人物やOSSが開発利用した武器や道具類などの写真が豊富に掲載されている。⑦は、軍事や外交を専門とする元ニューズウィークやタイムズ紙の記者が著したドノヴァンの生涯記であり、ベストセラーとなった。⑧は、早い時期に書かれたドノヴァンの生涯記であり、アメリカ空軍の大佐としてOSSとの連絡窓口を担当していた著者が、戦後ドノヴァンと親しく交流して執筆した。⑨は、自らOSSに勤務して中国で工作活動に従事した女性の著者が、OSSの様々な女性たちの活躍を記録したものである。

膨大なアメリカのOSS関連文献資料の中で、これらは一部にすぎないが、いずれも信頼性を高く評価されている主要文献であるので、これらを検討するだけでもOSSの実像がかなり正確に把握できると思われる。

私は歴史研究は専門外であるので、加藤哲郎氏が行ったようなOSSの膨大な原資料に直接当たって整理分析したような専門的研究者としての素養は持っていない。また、春名幹男氏のように長期の在米経験を踏まえて極めて多くの関係者から直接に話を聞き出したような経験もない。他方、私は三〇数年に及ぶ検事としての捜査・公判の体験を通じて、過去に発生した「事件」とその犯人を立証するための「情況証拠による事実認定」の能力経験を身に付けてきた。事実を認定するためには様々な証拠がある。犯行の凶器や薬物のような「物証」、事件当時に作成した契約書や報告書などの「書証」、そして、事件後に犯人や関係者が事件を回想してその記憶を語る「供述証拠」などである。ＯＳＳの原資料は、そのような意味で「書証」である。他方、上記の各英語文献には、ＯＳＳの極めて多数の幹部・工作員たちやその関係者が、ＯＳＳの組織や様々な工作活動について回想する「供述」がふんだんに含まれている。ただ、特定の人物の「供述」だけでは、記憶の正確性、その立場や認識の違いなどから、関係する事実を的確に証明することはできない

一例を挙げよう。一九四四年一〇月、ジョセフ・スティルウェル将軍は蔣介石と対立して更迭され、Ａ・Ｃ・ウェデマイヤー将軍が後任となって中国戦線を指揮した。ウェデマイヤーは、戦後、『ウェデマイヤー回想録―第二次大戦に勝者なし』（邦訳は読売新聞社、一九六七年）を公刊し、それは「最も公正な大戦史」としてベストセラーになった。一九四二年春に海軍から中国に派遣され、蔣介石やその右腕の戴笠と信頼関係を築いたミルトン・Ｅ・マイルズ少将は、中米合作社（ＳＡＣＯ）を作って抗日の諜報・ゲリラ戦を戦っていた。しかし、マイルズはＯＳＳや着任したウェデマイヤーと激しく対立して弾圧され、その権限を奪われた。ウェデマイヤーは、中国におけるＯＳＳの活動やその問題性、マイルズや戴笠に加えた非難や弾圧について、その重要性にも関わらず、回想録ではまったく触れていない。様々な立場の人間による、時には対立し、相矛盾することもある供述を批判的に対比、吟味することにより、それらの膨大な供述の中から、ＯＳＳの組織や様々な活動の実像が浮かび上がってくるであろう。

ＯＳＳは、世界のほとんどの戦線に拠点を置き、工作員たちは枢軸国に対するスパイなどの諜報工作やゲリラやサボタージュなどの破壊工作を行った。それらは軍隊の正規戦と異なって、中央の明確な指揮系統に基づく作戦の指示に基づくのではなく、現地の工作員らの、時には奔放で、連合国の他組織との摩擦や軋轢をも生じさせる活動すら少なくなかった。工作員たちの間で枢軸国を打倒するという目的だけは強く共有されていたが、その思想は右から左まで様々だった。現地で行われた作戦活動についてのワシント

ンの本部に対する報告も、軍隊の正規戦と比べれば乏しかった。そのため、それらの作戦活動の実像は、ワシントンに残された公的な記録よりも、工作に直接間接に従事した工作員やその関係者らによる回想や供述の方が、それをよく示しているともいえるだろう。たとえば、蔣介石と対立したスティルウェルが、腹心のカール・アイフラーに、蔣介石の暗殺を計画させたという驚くべき事実を、前掲『This Grim and Savage Game』は明らかにしている。

本書は、専門的研究書ではなく、そのような視点に立ち、一般読者に向けて、ＯＳＳをめぐる人々の様々な回想による「物語」を伝えるものである。

文中で敬称は省略した。外国人の氏名は、英米人などカタカナ表記が容易なものはカタカナ表記とした。中国人については、著名な人物を除いてピンインで表記し、その他の国でカタカナ表記が容易でない人物については、そのまま表記した。

OSS(戦略情報局)の全貌
―CIAの前身となった諜報機関の光と影―
目次

3　「鉄人」アイフラーの戦い　76

第４章　中国を混迷させたＯＳＳ

第１章

ＯＳＳ、三つの大作戦

１　ＯＳＳが真価を発揮したサンライズ作戦

ＯＳＳがその真価をいかんなく発揮したのは、北イタリア戦線のドイツ軍を、ヒトラーに背いて連合国軍への降伏に導いたサンライズ作戦だった。これは、ＯＳＳの最も優れた偉業と評価された。

ドイツの正式降伏に先立つ一九四五年五月二日、チャーチルが下院で、北イタリアのフォン・ヴィーティングホフ将軍指揮下のドイツ軍が四月二九日に無条件降伏したと発表した。それは二月以来の、ダレスが率いるＯＳＳのスイス支局と、イタリアにいたドイツ軍の将軍たちとの間の極秘の和平工作「サンライズ作戦」の成果だった。この作戦の成功によって、両軍の多くの将兵や市民の犠牲が回避されたのみでなく、北イタリアの都市や歴史的建造物が戦火による破壊から免れた。さらに、戦後のイタリアが、中国のように共産化したり、朝鮮やドイツのように共産主義国家と資本主義国家に分断される悲劇が回避された。

この作戦を指揮したのはＯＳＳのスイス・ベルン支局長であり、戦後五代目のＣＩＡ長官となったアレン・ウェルシュ・ダレスと、その右腕として活躍したゲーロ・フォン・Ｓ・ゲヴェールニッツだった。ダレスとゲヴェールニッツは、戦後、その工作の一部始終を『静かなる降伏』（志摩隆訳、早川書房、一九六七年）に著した。中国での抗日戦におけるOSSの活動には後述するように様々な功罪がある。それを検討する上で、まずサンライズ作戦が成功した原因や意義について理解し、それと中国戦線でのOSSの活動を比較して考えることの意味は大きい。

アレン・ダレスは、アメリカの政治家、弁護士、外交官で、国務省勤務中、パリ講和会議の代表団に参加し、国務省を辞任して国際弁護士となってからもロンドン軍縮会議の法律顧問として参加した。ドノヴァンとは旧友であり、ドノヴァンが設立したOSSに参加し、一九四二年から一九四五年までスイス・ベルンの支局長として、ヨーロッパ戦線でのOSSの様々な作戦に優れた手腕を発揮した。

サンライズ作戦の成功後、スウェーデンやスイス、バチカンを舞台とする日本との和平工作についてもOSSの責任者として努力した。しかし、これは日本の軍部・政府中央がその意義・目的をまったく理解できていなかったために実らなかった。兄のジョン・フォスター・ダレスは、アイゼンハワー大統領の下で国務長官を務め、日米安全保障条約の締結に尽力した。

以下は、主に『静かなる降伏』に基づいたサンライズ作戦の概要である。

✺作戦の開始―ヨーロッパの戦後支配をめぐって始まった暗闘

枢軸国側の敗戦が必至となり、一九四三年一一月のカイロ会談とそれに続くテヘラン会談、そして一九四五年二月のヤルタ会談では、戦後のヨーロッパにおける支配・主導権をめぐって、英米とソ連のスターリンとの暗闘が激しくなっていた。ダレスはこの問題を早くから予測していた。ダレスは、一九四二年一一月、危険を冒してフランス経由でスイスに潜入し、ベルンに設置したOSSスイス支局で、ヨーロッパ各地でのOSSの様々な作戦に関与し、推進した。

アレン・ダレス

連合軍は、一九四二年一一月から開始された北アフリカ上陸のトーチ（ＴＯＲＣＨ）作戦を成功させ、イタリアについては、一九四三年七月からシチリア島を経てイタリア本土に上陸し、困難な戦いの後、一九四四年六月にローマを攻略し、イタリアの中部、南部の支配を確立していた。連合軍の地中海方面司令部は、ナポリ北方のカゼルタに置かれていた。しかし、ドイツ軍とムッソリーニが率いるイタリア軍は、ミラノを中心とするイタリア北部に堅固な防衛線を確保し、連合軍と対峙していた。

一九四五年の初頭までに、ドイツ及びオーストリアにおける連合国とソ連との占領地帯については協定ができていたが、北イタリアについてはそのような協定はなかった。

したがって、共産系軍隊にこの地域を先に占領されるようなことがあれば、戦後のこの地域の占領地帯や支配権を共産勢力に奪われるおそれが強かった。ダレスはこう考えた。ドイツ軍が抗戦しながら、アルプス山脈近くの堅固な防御陣地に撤退することになれば、ハンガリーを横断してくるソ連軍か、ユーゴから前進してくるチトーの部隊がわれわれの到着する前にトリエステあるいは更に西まで前進してしまうだろう。しかし、ドイツ軍をすみやかに降伏させることに成功すれば、連合国軍部隊はアドリア海の鍵となるトリエステをまっさきに占領し、イタリアの共産化を防ぐことができるだろう。

また、もし北イタリアのドイツ軍が、勝利の可能性はないのに無益な戦闘を放棄せず、アルプス山中で戦闘を続行することになったら、多くのアメリカやイギリスの将兵やイタリアの市民の血がイタリアの土を染めることになるだろう。北イタリアの都市や歴史的建造物も戦火で破壊されるだろう。北イタリアのドイツ軍の無条件降伏によって連合国軍兵士や市民の命が救われ、都市が戦火を免れることができるのならそれをやりぬくべきだ。自分たちの力でなんとかイタリアの戦闘を停止させることができるのだったら、それを達成するためにどんなことでもやってみなければならない。

✺密かに降伏を模索するドイツ軍人の発掘―ヴォルフ将軍が核に

ダレスは、ベルン着任早々から、反ヒトラーの抵抗運動に身を投じていたグループ・人士との人脈を開拓した。その中心でダレスの右腕となったのが、ドイツ生まれでアメリカに帰化し、スイスに事業の基盤を持っていたゲーロ・フォン・S・ゲヴェールニッツだった。

ゲヴェールニッツは、当時四〇歳くらいの長身でハンサムな男だった。人の気持ちをつかむことがうまく誰とでも友達になれた。父親は有名なドイツの政治学の教授で、ワイマール時代に帝国議会議員、自由党員であり、世界平和確保のために米英との接近に献身しており、ダレスの古い知己だった。息子のゲヴェールニッツは、アメリカ国籍を取得し、ハーバード大学やヨーロッパの名門大学で学んだ後、ブラジルにコーヒー園、ホンジュラスに金鉱山を所有する青年実業家だった。ドイツとも頻繁に往復して国内の反ヒトラーグループや、また、ナチスの追及を逃れてスイスに亡命していた多くのドイツ人やオーストリア人とも、関係を構築していた。

ゲヴェールニッツ（左）とダレス

ダレスは、ゲヴェールニッツと共に、イタリアのパルチザンに対しても様々な支援活動を行い、あるいは、ドイツの外務省内に秘密の協力者を確保するなどして、ナチスに関する有力な情報を収集した。一九四四年七月、ドイツでのヒトラー暗殺計画「ワルキューレ作戦」が失敗した。しかし、ダレスらは、この陰謀の重要メンバーとも密接な連絡を取っており、ドイツ国内には、ナチスが国を完全に破壊する前に国を救おうとする人々がいることを確信していた。

ヒトラー暗殺計画失敗の後は、ドイツ権力内部の軍、ＳＳ、外交団の間では、たとえ自分の親友といえども、徹底抗戦というヒトラーの命令に少しでもためらうそぶりを見せれば、秘密警察ゲシュタポに告げ口されると思わざるを得ない状況にあった。ＳＳとは、一九二九年に設立された国家社会主義ドイツ労働者党（ナチ党）の準軍事組織であるヒトラーの親衛隊だった。ヒトラーは、軍人を信頼せず、ＳＳのみを信頼していた。ＳＳの長官はハインリッヒ・ヒムラーだった。そのため、ドイツ軍が最後の一兵となるまで戦うという決意を固める前に平和を実現する見込みは極めて悲観的だった。

しかし、ダレスらは、北イタリアのドイツ軍の将校の中にも、多くの戦士や市民の犠牲をもたらす戦闘をこれ以上続けさせないためには、アメリカ軍と連絡して降伏しようと考える者がまだ何人かいるだろうと確信していた。

ダレスは、その確信の下に、一九四四年秋、ベルンで一つの計画を立案した。この計画の中心構想は、こうした将校の所在をつきとめ、彼らと極秘の接触を保ち、ヒトラーやＳＳの魔手が彼らに伸びる前に迅速かつ隠密裡に降伏が導かれるような環境をつくりだすことにあった。

ダレスらの工作を理解し、支援を始めたのが、スイス軍情報部で、ＯＳＳと密接な協力関係にあったマックス・ヴァイベル少佐だった。

✺強力な民間人の支援

一九四五年二月下旬、ヴァイベル少佐を通じて、ダレスとゲヴェールニッツは、ルイジ・バリリ男爵とマックス・フスマン教授のことを知った。バリリ男爵は、イタリアの実業家で、北イタリアが焦土戦術で破壊されることを回避したいと念願していた。フスマン教授はスイスの私立学校長で、戦争の早期終結を強く願っていた。ゲヴェールニッツは、ルツェルンでバリリ男爵と会い、ドイツの降伏交渉をするルートを話し合った。その結果、バリリ男爵が、カトリック教徒であったSSのギド・ツインマー大尉と話し合い、ツインマーから、オイゲン・ドルマン大佐経由でカルル・ヴォルフ将軍へのルートがあることを知った。ヴォルフ将軍は、イタリア戦線のSS総司令官だった。ツインマーは、その配下でSS情報部の諜報部主任だった。しかし、当時はまだ、ヴォルフとかドルマンやその部下たちの名前は、ダレスらから見れば不気味なSSの幹部であるとの印象だった。

実は前年の一九四四年六月、ドルマン大佐は、フィレンツェにいたとき、マックス・リッター・フォン・ポール将軍から呼ばれ、ヒトラーに知られないように西側と協定を結ぶべきだと力説され、「SS内部に誰か連合国に接近できる精力的で不屈の意思をもった指導者はいないか」と尋ねられた。ポール将軍は、当時、イタリア駐留ドイツ空軍司令官で、早くから滅亡の前兆を見て戦闘終結を希求し、ドルマンに対連合国への接近を強く求めた。ドルマンは、カルル・ヴォルフ将軍こそが最適の人物だと考え、同年九月、ヴォルフとポールの両将軍を引き合わせていた。

ドルマン大佐は、イタリアにいたSS隊員であったが、洗練されたインテリで、ヒトラーやヒムラーの信頼も厚く、ローマにおけるヒムラーの目・鼻の役割だった。ヴォルフ将軍は、イタリアに着任するとすぐにドルマンを幕僚に加えていた。ドルマン大佐は、イタリア戦線の総司令官で不敗の将軍といわれたアルベルト・ケッセルリング（元帥）とも懇意だった。その上、ドルマンは、北イタリアの教会関係者との間のパイプも太く、ドイツ軍側の秘密の窓口として最適の人物だった。

五日後、バリリ男爵が、ドルマン大佐とツインマー大尉を連れてきて、ヴァイベル少佐、バリリ男爵、フスマン教授との会談が実現した。フスマン教授は、ドイツにとって唯一の道は無条件降伏であることをドルマン大佐に力説した。彼らはヴォルフ将軍がダレスと会うことについて話し合った。ドルマンは、その後もドイツ降伏交渉で一貫して傑出した働きをした。

一九四五年二月六日、ヴオルフ将軍はヒトラーを訪問し、ドイツが現状を脱するための方法の発見が必要だと力説していた。ヴォルフは、二月中旬、ＳＳと軍の両方の指揮官を集め、米英と接触の可能性があるときは、いかなるものでも自分に知らせるようにと指示した。

二月二七日、ヴォルフ将軍は、ケッセルリングの総司令部の会議において、ハンス・ロイティガー将軍やルドルフ・ラーン大使と会談した。ロイティガー将軍は、ローマ陥落の日にケッセルリングの参謀長となり、その後イタリア戦線総司令官ヴィーティングホフの参謀長となった人物だった。ラーン大使は、ヒトラーの信頼が厚い、ムッソリーニ政府の大使であったが、降伏について積極的であり、最後の一年間に降伏交渉の裏で重要な役割を果たした人物だった。

二月二八日、ヴォルフ将軍は、ヴィルヘルム・ハルスター将軍、ＳＳ首席監査官ラウフ大佐、ツインマー大尉と協議した。ハルスター将軍は、ＳＳの大将だったが降伏には積極的で、その後の交渉にも参加した人物だった。ヴォルフら四人は、バリリ男爵が開いてくれたＯＳＳとの接触の計画について討議し、この手掛かりを追うことを決定し、ドルマンをその使者とすることに決めた。

ハルスター将軍は、和平問題討議の可能性が生じた事態を、エルンスト・カルテンブルンナーに電報で報告したが、これは危険なことであった。カルテンブルンナーは、ヒムラーの側近で国家保安本部長官だった。

ラーン大使とヴォルフ将軍は、停戦を実行に移すことができるのは、これまでただ一人の不敗の将軍ケッセルリングだと判断した。ラーン大使は、ケッセルリング将軍に対し、ドイツの絶望的な将来を語り、ドイツ国家を完全な破壊から救う最後の時だと語った。無言で聞いていたケッセルリングは「君の政治的な計画が成功することを希望します」と言った。

また、この動きと並行して、ゲヴェールニッツは、ルガノ駐在ドイツ領事のフォン・ノイラートがドイツ降伏を模索していることを知り、一九四四年暮れ、ノイラート領事に会い、ドイツの降伏を強く勧めた。一九四五年一月、ノイラートはイタリアに行き、ケッセルリング将軍と会い、和平の可能性を追求することの承認を受けた。二月、ケッセルリングは他の将軍とも会談し、戦闘の継続は無益であることで一致した。こうして、ドルマン大佐・ツインマー大尉→ヴォルフ将軍→ケッセルリング将軍のラインを核とする降伏交渉のルートがはっきりと見えてきた。

ヒムラーに次ぐSS内部の権力者であるカルテンブルンナーの使者が、一九四五年二月末、ベルンに到着し、彼とヒムラーは戦争を終結させたいと希望している旨をダレス側に密かに伝えてきた。しかし、これはまだ警戒を要する情報で、その信憑性《しんぴょうせい》は定かでなかった。ヒムラーやカルテンブルンナーも、ドイツの敗北を見越し、戦後の自分の立場をよくするために、密かに独自の降伏交渉の途を探っていたのだ。

三月三日、ヴァイベル少佐は、ダレスとの本格的交渉を進めるため、ルガノに、バリリ男爵、ドルマン大佐、ツインマー大尉、フスマン教授を集めた。ダレスは、自らが会談する前に、信頼できる部下でベルンの駐在員ポール・チャールズ・ブルームを派遣し、ドルマンらと対面させた。ブルームは、ユダヤ系のアメリカ人で横浜生まれ、エール大学卒で、OSSに入り、ダレスの右腕的存在だった。ブルームは、後に、スイスを舞台とする海軍中佐藤村義朗らとの和平工作にも活躍し、戦後は、初代のCIAの東京支局長となった優秀な男だった*1。

ドイツ軍が降伏に応じる意思の誠実さの証拠として、ダレスらは、ドイツ軍に拘束されていたイタリア地下運動のパルチザン闘士二人の釈放を提案した。

*1 ブルームについては、春名幹男『CIAの秘密ファイル（上）』（188頁以下）が詳しい。ブルームは、外交官を装いながら、吉田茂を含む政界、報道界、経済界、学界、旧海軍関係者の要人らと広範かつ緊密な関

係を築いた。

✺作戦の進行―ダレスがヴォルフ将軍と初の対面

わずか四日後の三月八日、ドイツ軍はこの提案に応じ、ツインマー大尉が、釈放された闘士のフエッリッチョ・パルリとアントニオ・イウスミアニをミラノから車に乗せて連れてきた。ダレスは、病院に収容されていたパルミとイウスミアニに面会し、釈放された理由を知らない二人から感激のあまり抱きつかれた。パルリはイタリアレジスタンスの首領の一人であり、戦後初代イタリア首相となった人物だった。

しかも驚いたことに、その日、釈放された二人の後を追うように、ヴォルフ将軍が、ドルマン大佐、ツインマー大尉、ヴェンナー少佐を伴い、バリリ男爵とともに、全員私服で、列車でチューリッヒに到着した。コンパートメントでドアを閉めカーテンを下した極秘の旅だった。一行はフスマン教授夫妻のアパートで滞在した。

ダレスはヴォルフ将軍と会うことを躊躇した。まだ、ドイツ軍との和平交渉の開始についてワシントンの了解は得られていなかったからだった。フスマン教授は、ヴォルフの身分証明書や、彼がこれまでフィレンツェの貴重な芸術品の爆撃による破壊を逃れさせたこと、ケッセルリングと謀ってドイツ空軍の爆撃からローマを救ったことなどの実績や経歴を詳細に記載した書類をダレスに提示した。ダレスは会談を決意した。

ダレスは、フスマンに伴われたヴォルフ将軍と対談した。フスマンが「あなたをよこしたのはヒムラーですか」と尋ねると、ヴォルフは、「私の旅行のことはヒムラーは何も知りません」と答えた。ヴォルフは、戦争は問題なくドイツの敗北であり、西欧連合国が分断することはあり得ないと認識していること、これまでヒトラーに追随してきたが、現在では自分は戦争に敗れたと思っており、戦争を続けることはドイツ国民に対する犯罪であること、善良なドイツ人の一人として、戦争を終結させるために自分にできることは何でもやらなければならないと思っていること、自分がイタリアにあるSS部隊を支配しており、敵対行動を停止させるために、自分自身とその支配下にある組織全部を、連合国の指示どおりにするつもりであること、などを語った。また、ヴォルフは、イタリアでの戦争終結のためには、SS部隊のみでなく、ドイツ国防軍の司令官たちの説得が必要であり、自分は長い間ケッセルリング将軍と常にうまくいってきたことを話し、「連合国軍総司令部のトップレベルにつながる確実な連絡網が可能となると保証できるなら、ケッセルリングかその代理を連れて、降伏について討議するためにスイスに来るのにできるだけのことをする」と述べた。さらにヴォルフは、手続き上の詳細な措置案を具体的に提示した。

✺ダレスはOSS本部と連合国軍司令部の了解をとりつけた

ダレスは、ヴォルフ将軍との会談をワシントンに報告するのには極めて慎重な配慮をしていた。ダレスは、カゼルタの連合国軍司令部に対し、もしドイツ側が真剣に降伏を討議したいという希望を示したならば、どうすべきか、という質問をした。しかし、その回答は、「ケッセルリングが連合国軍と接触したければ、使者に所定の白旗を掲げさせて前線を超えさせればよい」と言うコチコチのものだった。連合国軍司令部はこの工作の信ぴょう性や実現可能性についてまだ自信がもてていなかったのだ。しかし、ダレスはカゼルタのアリグザンダー元帥や、カゼルタのOSS事務局からもこの隠密作戦に対する支援をとりつけ、この作戦を「サンライズ作戦」と呼ぶこととした。ダレスは、OSSのドノヴァン長官と、その腹心でOSSパリ支局長であったラッセル・フォードに、サンライズ作戦の詳しい報告をした。ドノヴァンは、この作戦を成功させるために、打てる手はなんでも打つようにとダレスに指示した。

✺連合国とドイツの将軍が初めて極秘に接触―三月一九日のスイス・アスコナ会談

ダレスらの周到な工作により、ヴォルフ将軍らを連合国の将軍と会見させる準備が整った。会見場所は北イタリアとの国境に近いスイスのアスコナで、三月一九日に予定された。連合国軍からは、ライマン・レムニッツァー将軍（※アリグザンダー元帥の参謀副長）とテレンス・Ｓ・エアリー将軍（※アリグザンダー元帥の情報部長）が派遣されることとなり、ダレスは両将軍にこれまでの経過と事態を説明した。アリグザンダー元帥は、イタリア戦線を指揮した連合軍大本営最高司令官で、戦後カナダ総督となった人物だった。三月一九日、ベルンから来たダレスとゲヴェールニッツら数名のＯＳＳ将校は、アスコナに向かった。レムニッツァーとエアリー両将軍は、変装し、偽名でスイスに乗り込んだ。

レムニッツァーとエアリー将軍は、ゲヴェールニッツの別荘に入った。ヴォルフ将軍の一行と、フスマン教授、ヴァイベル少佐、バリリ男爵らはルガノから到着した。ダレスらは、ヴォルフをレムニッツァー将軍らに会わせる前に、まずヴォルフと協議した。ヴォルフは七日あればケッセルリング将軍を説得できると言った。ケッセルリングを計画に同調させれば、ヴィーティングホフ将軍をも説得できるという。ヴィーティングホフ将軍はケッセルリング将軍の後任のイタリア戦線のドイツ軍総司令官だった。ケッセルリングは三月にドイツ西方軍総司令官となっていた。ダレスとゲヴェールニッツはこれに同意した。ヴォルフ将軍は、ＳＳのカルテンブルンナーの動きについては、スイスを通じて自分自身の和平交渉のルートを発展させようとしているに過ぎないと嫌悪を示した。

ダレスらは、レムニッツァー将軍らがいるゲヴェールニッツの別荘にヴォルフ将軍一行を案内し、ヴォルフと両将軍を会談させた。ダレスは、レムニッツァー将軍らの正式な肩書は告げず、単にダレスの軍事顧問だと紹介した。連合国軍とドイツ軍の高級将官が、まだ戦闘中に中立国でドイツ降伏について討議するために会合したのは初めてのことだった＊2。ヴォルフは、レムニッツァー将軍らに、ヴォルフがケッセルリング将軍と会い、ヴィーティングホフ将軍にも交渉推進への参加を促す決意を述べた。

＊2 日中の和平工作において、陸軍の小野寺信中佐が試みた重慶との和平工作では、小野寺が面会した中国側の窓口が戴笠だとされていたが、実は別人だったことが分かり、小野寺はそのために批判された。しかし、陸軍の今井武夫らが進めた桐工作でも、中国側の窓口の自称「宋子良」は別人であったことが判明した。水面下の和平工作で、最初から本名を名乗って交渉を開始することは、それが、他に漏れて批判や妨害を受けるリスクが大きいので、偽名を用いたり、名前を語らせて別の使者を送り込んだりすることはしばしばある。レムニッツアー将軍らが、偽名で変装してスイスに入国し、ダレスがヴォルフ将軍に当初その名と正規の肩書を明かさなかったのも、そのような意味があった。

✺秘密通信手段の確保、リトル・ウォリーの抜擢と活躍

ダレスらが最も頭を悩ませたのが、降伏交渉を煮詰めるためのドイツ軍との無線連絡や、スイスから、ワシントンやロンドン、イタリアなどＯＳＳの各本部や連合国軍司令部との間の通信手段の確保だった。降伏の見込みが有望となってきた場合、ベルンのダレスらと、南イタリアのカゼルタの連合軍司令部、北イタリアのヴォルフ将軍との間で、絶対に信頼できる連絡方法が必要だった。ダレスは、ドイツ語が流暢でヴォルフの司令部に配置されてもドイツ人で通るような無線連絡員を正体を隠して送り込み、ヴォルフの指揮に従い、ヴォルフがその安全確保の責任を持つという方策を提案し、ヴォルフはこれを受け入れた。

そのための無線連絡員として、リヨン駐在のＯＳＳ本部から、ヴァクラフ・フラデッキー（通称リトル・ウォリー）が派遣されることとなった。リトル・ウォリーは二六歳のチェコ人で、ダッハウの強制収容所に収容された経験もあり、チェコの抵抗運動に加わっていた。リトル・ウォリーは、ＳＳのツインマー大尉のもとに送られた。ツインマーは、なんと彼をミラノにあるＳＳ対敵情報活動本部の建物の最上階に、

スーツケース型の無電機や暗号表による無線連絡装置を持ち込ませ、通信拠点を設置させた。こうして、ヴォルフ将軍とダレスらとの間に、何者にも邪魔されない独自の確実な通信手段が確保された。この作戦でのあらゆる危機的事態において、ウォリーの通信網は、余りにも貴重な存在だった＊3。

＊3　一九四五年三月に試みられた重慶との直接和平工作である「繆斌工作」においては、重慶の使者である繆斌は、東京での交渉状況を直ちに蔣介石に報告して交渉進行の指示を得るため、無電機の持ち込みと、無電技師らを含めた一行七名での訪日を強く要請した。しかし、この工作を終始妨害した支那派遣総軍は、それを許さず、繆斌一人のみの訪日をようやく認めた。しかし、無電をさせれば、当時無電の傍受は当たり前の時代だったので、それによって繆斌が真に蔣介石から和平の指示を受けているかや、その状況を把握することができたはずだった。リトル・ウォリーを敵の本陣に送り込んだダレスらや、それを受け入れた心あるドイツ軍幹部のインテリジェンスの見事さとの落差は余りにも大きかった。

✺ヒトラーやヒムラーに背くヴォルフの危険な努力

その後、ヴォルフ将軍は約束通りケッセルリング将軍と会ってこの計画支援を表明させた。しかし、ヒムラーやカルテンブルンナーからの妨害、攻撃も始まった。ヴォルフは、ヒムラーから、「君の奥さんと子供さんは現在私の保護下にある」と暗に脅迫され、イタリアを離れないように（つまりスイスには行くな）と言われた。ヴォルフは、ヒムラーやカルテンブルンナーらから、家族ともども抹殺され、この計画が水泡に帰することとさえ予期した。

ヒムラーとカルテンブルンナーは、降伏を否定していたのではなく、自分たち連絡網を通じて連合国に降伏交渉を働きかけ、それによって、自分の身の安全を謀ろうとしていたため、ヴォルフ主導の降服交渉を妨害しようとしたのだった。

ヴォルフは、四月の上旬、三回にわたってヴィーティングホフやロイティガー両将軍と会い、降伏について協議した。社交的な集会という変装による会合であった。ヴィーティングホフもロイティガーも、無益な殺戮はやめるべき時に来たと考えていたが、裏切り者の汚名を受けず名誉ある軍事的条件の下での降伏を望んでいた。一九四三年のカサブランカ会談で、ルーズベルトが宣言した枢軸国に対する「無条件降伏」の要求は、ダレスらによる秘密の和平交渉の大きな障害となっていた。

ヴォルフは、アスコナ会談の前に、三月九日にイタリア税関に足を踏み入れた瞬間、SS首席検査官ラウフ大佐から、カルテンブルンナーからぜひ会いたいとのメッセージを受け取り、逮捕されることを予感していた。ヴォルフは「私の死後、もし私の名誉が汚されるようなことがあった場合には、私の真実の人間的意図を公にして、私の汚名をそそぎ、私がエゴイズムや裏切りからではなく、できるかぎり多くのドイツ人を救おうとする希望と確信から行動したことを世間に知らせることをダレス氏に要請する。私の死後、できれば、私の家族を災難から守られんことをダレス氏に要請する」と遺書を書いた。ヒムラーらに疑われたヴォルフに、ベルリンへの出頭命令がきた。ヴォルフは命の危険を冒してベルリンに赴いた。しかし、ベルリン到着後のヴォルフの生死を含めた情報はダレスらには入らず、様々な疑念が生じた。

✺ソ連からの横槍で交渉は停滞

この和平工作をソ連の耳に全く入れないわけにはいかなかったので、連合国は、ソ連に内報した。早速、スターリンは、ルーズベルトがドイツと単独講和を画策していることを非難し、ドイツ側との協議にソ連も参加することを要求した。三月上旬から四月の上旬までの間、スターリンやモロトフ外相とルーズベルトとの間で、アメリカがソ連の知らないところで極秘で降伏交渉をしていることへの強烈な非難・抗議と反論の応酬が重ねられた。ヴィーティングホフ将軍に対して、秘密交渉が機密性を失っていると思わせる、不審な働きかけがあり、ヴィーティングホフを動揺させた。これもソ連による分裂工作と疑われた。他の将軍らもヴォルフを支持しているという良い情報や、ヒムラーがヴォルフを追及し始めているという悪い噂が繰り返された。

四月二〇日、ワシントンから、「特にソ連側との間に生じた紛糾にかんがみ、アメリカ政府及びイギリス政府は、OSSが接触を放棄すべきことを決定した」とし、ダレスらのドイツ側との接触の打切りを命じる電報がきた。ヴォルフとの接触も断たれた。リトル・ウォリーとの通信を用いることは彼を死に追いやりかねないので、ダレスらは憂鬱な日を過ごすことになった。

✺遂にドイツ軍、降伏へ—北イタリアが戦禍を免れる

《降伏の使者が来る》

そこに朗報が入った。四月二三日、ヴァイベル少佐から電話があり、バリリ男爵からの連絡で、ヴォルフ将軍と副官ヴェンナー少佐、ヴィクトル・フォン・シュヴァイニッツ中佐の一行が、降伏のためにスイスに向かっているという驚くべき情報が伝えられた。シュヴァイニッツ中佐は、ヴィーティングホフ将軍の高級幕僚の一人で、ヴィーティングホフに代わって降伏の署名をする全権を持っているとのことであり、バリリ男爵が一行を連れてくるという。

しかし、ダレスは三日前にワシントンから交渉打ち切りの訓令を受けていたので苦境に陥った。そこでダレスは、直ちに、アリグザンダー元帥とワシントンに新しい訓令を求める打電をするとともに、ヴァイベル少佐には、今はまだ両手を縛られた状況だと伝えた。ヴァイベルは、新しい訓令が来るまで、ドイツ側の動きを待たせると約束した。

アリグザンダー元帥は直ちに回答し、ドイツ側の意図が真剣であることを確認できるようにするため連

合国統合参謀本部に再考を促すと言い、ワシントンとロンドンから最終決定が来るまではヴォルフらをスイスにとどめておくよう指示した。

ワシントンからの回答はあいまいで、スイス人（ヴァイベル少佐）がダレスの仲介者としてではなく、自発的に行動するのなら、ドイツ側と会談して、その情報を司令部に流すことはかまわないというものだった。

この間、ヴァイベル少佐は巧妙に動き、ヴォルフ将軍ら一行をルツェルンに同行してヴァイベルの別荘に落ち着かせ、ダレスらも、ルツェルンのホテルに入って待機した。ダレスは、ヴァイベル少佐を通じて、一、二日、一行に忍耐強く待機するよう要請した。ダレスは、ヴィーティングホフ将軍がシュヴァイニッツ中佐に託した全権委任状をワシントンに打電するなどしてワシントンの再考と諒承を求めた。それから、気が気でない沈黙の一週間が始まった。

ダレスらが、ワシントンやカゼルタからの新しい指令を待ち、時が過ぎていく間、四月二三日付で、ヒムラーがヴォルフに宛てた、いかなる種類の和平交渉も厳禁する旨の電文を入手した。ヒムラーは、自分自身が、降伏の交渉をするために、スウェーデンの貴族を通じて連合国側と接触していたため、ヴォルフらによる降伏交渉を妨害しようとしたのだった。

《ヴォルフの最後の闘い》

四月二五日、しびれを切らしたヴォルフ将軍はイタリアに戻ると言い出し、ヴェンナー少佐に、ヴォルフの代理としての協定調印権限を与えて、フスマン教授と共にルツェルンを去った。ダレスらもベルンに戻った。イタリアに戻ったヴォルフらは、パルチザンから包囲され、殺されかねない状況に陥ったが、ゲヴェールニッツが、現地に向かって救出するという一幕もあった。

ヴォルフは、ヒムラーからベルリンへの出頭を要請された。これに応じなければ、狂信的なＳＳ司令官ヒムラーからイタリアのポストを奪われ、これまでの計画が無に帰するため、ヴォルフは、非常な危険を承知でベルリンに向かった。ヴォルフは、ヒムラーやカルテンブルンナーから激しく糾弾された。しかしヴォルフは、巧みな弁解と、もし自分が処刑されるようなことになれば、ヒムラーやカルテンブルンナーらも秘密裡に降伏交渉を模索していたことをヒトラーに告げるとの逆恫喝により、ヒムラーらの追及をかわした。ヒトラーとも会い、追及されたが、ヴォルフは、アスコナで連合国軍事顧問と会談したことは隠しつつ、巧みな弁解で切り抜けた。ヒトラーは見違えるほど気力も衰え、表情も沈んでいた。会談の最中にも空襲があり、無事に脱出できるかと不安になった。弱気になっていたヒトラーは戦局について縷々語ったのち、最後にヴォルフに「イタリアに戻ってアメリカ人と接触を続けたまえ。よりよい条件をえられるように努力するのだ」と言った。

ヴィーティングホフ将軍の司令部では、降伏交渉のための全権委員を指定する決定的な会談が行われていた。ラーン大使が招集したものだった。ラーンは、もしヒトラーが自分の領土に現れたら逮捕してやるといきまき、この会談の雰囲気はヴォルフを元気づけることとなった。

四月二七日、緊急電が入り、統合参謀本部は、アリグザンダー元帥に対し、降伏文書調印のため、ドイツ代表団がすぐカゼルタの連合軍司令部に来るよう折衝せよ、と命じてきた。ようやくワシントンのお墨付きが出たのだった。ソ連もカゼルタに来るよう招待を受けていた。

ダレスらは、カゼルタでの調印はヴォルフ将軍代理のヴェンナー少佐とヴィーティングホフ将軍の代理のシュヴァイニッツ中佐がいれば足りるので、ヴォルフ将軍は、他のドイツの将軍たちを掌握するために北イタリアのボルツアナのドイツ軍司令部に行かせるのがいいと判断した。カゼルタで調印がされたとしても、北イタリアのドイツ軍が混乱してそれに従わない恐れがあったからだった。そのため、ボルツァノのドイツ軍司令部に戻ったヴォルフ将軍とカゼルタとの間での無線連絡網が必要となった。ミラノにあったドイツ軍司令部は、更に東北のドイツ国境に近いボルツァノに移っていた。ダレスらは、ここでもリトル・ウォリーをボルツアナのＳＳ司令部に送り込み、カゼルタとの無線連絡網を作らせた。ウォリーは、ＳＳの制服に着替えて変装し、ボルツアナの司令部に入るとアンテナを立て、早速カゼルタのＯＳＳ本部との連絡に入った。

ダレスらは、ベルンの自宅で、シュヴァイニッツ中佐とヴェンナー少佐を迎え、カゼルタに送り届けた。

《カゼルタでの降伏調印》

四月二八日、シュヴァイニッツ中佐らドイツ代表団がカゼルタの空港に着くと、レムニッツアー、エアリー両将軍が待ち受けていた。代表団は、連合国司令部の館に到着した。ゲヴェールニッツはドイツ代表団に加わって、二日間の会議の通訳を務めた。

非公式会談はなごやかな雰囲気で行われた。ソ連代表は第一回会議には出席しなかった。連合国側は、降伏条件を含む厚い文書をドイツ側に交付し、三時間の検討時間を与えた。しかし、それは、ドイツ側にショックを与える無条件降伏を求めるものだった。ドイツ代表団は、収容所入りしないことや護身用武器の携行の許可などを求めて粘ったが、連合国は小さな問題以外は譲歩しなかった。厳しい折衝の末、四月二九日、代表団はついに折れた。ボルツァノのヴォルフからの最終応諾の回答はまだ来ていなかったが、代表団は降伏調印に踏み切った。

四月三〇日、ヒトラーは自殺した。五月一日まで、ボルツァノからの連絡は何もなく、アリグザンダー元帥からは、停戦命令を出すためにドイツ軍の降伏準備ができているかどうかを問い合わせてきた。五月二日に、報道陣の眼前で降伏文書の調印がなされた。「南西ドイツ軍司令官は、陸上、海上、空中にある全部隊を無条件で降伏させ、自らとその部隊を無条件で地中海戦域の連合国最高司令官の手に委ねる」というものだった。

《ドイツ軍への周知徹底》

困難な課題は、降伏の事実をボルツァノに本部を置くドイツ軍司令官を通してドイツ軍部隊のあいだに広めなければならないことだった。

五月二日にヴォルフがカゼルタ宛に発信した電信によれば、ヴィーティングホフやヴォルフ指揮下の軍団に対しては戦争行為停止命令が発せられた。しかし、以前、ヒトラー総統が生きている限りや闘争を続行すべきだと主張して降伏に優柔不断であったケッセルリングが、ヴィーティングホフを解任して降伏した将軍たちの逮捕命令を出していたという危機的な状況が報告された。

ゲヴェールニッツは、調印式を済ませたシュヴァイニッツ中佐とヴェンナー少佐のドイツ使節二名を、ゲシュタポやパルチザンらが潜む地域を薄氷を踏みながら通って、ベルンのダレスの下に同行した。ゲヴェールニッツはこの使節二名をボルツァノに送り届けるため国境まで到着したが、スイス政府の国境封鎖のため止められてしまった。ダレスは、ゲヴェールニッツからの電話で、急きょ、スイスの外務大臣ヴァルター・ストッキの自宅に電話し、事態の緊急性を直訴し、ストッキの英断によりドイツ使節の国境通過が即時認められた。また、この間、落下傘降下兵に降伏文書をポケットに入れてボルツァノ上空で降下させ、ドイツ軍司令部に行ってこれを手渡させた。

この間も、カルテンブルンナーらは、降伏を阻止しようとした。ヴォルフやヴィーティングホフが単独行動で降伏文書をボルツァノに持ち帰らせようとしていることを知り、ゲシュタポに連絡して彼らを逮捕させようとした。また、この間も、ボルツァノへのアメリカ機の爆撃があり、ヴォルフの司令部の至近距離に爆弾が投下され、リトル・ウォリーは生命の危険にさらされた。

シュヴァイニッツらドイツ使節が、降伏文書を持ってスイス国境を越え、ボルツァノに向かうころ、ボルツァノには、ヴィーティングホフ将軍、ヴォルフ将軍とリトル・ウォリーらが集まっていた。

しかし、それまでの間、ヴォルフらによる降伏を阻止しようとするカルテンブルンナーや、ヒトラーへの忠誠心を失えていなかったケッセルリング将軍らが、ヴォルフやヴィーティングホフらによる降伏交渉を激しく非難し、暗闘が繰り広げられていた。五月二日の未明、ヴォルフはケッセルリングにサンライズ作戦の一部始終を説明し、「この降伏はこれ以上の破壊と流血を避けるためばかりのものではありません。この停戦によって、英米軍はソ連軍が西側に進撃してくるのを阻止し、トリエステをとろうとするチトーの脅威や、北イタリアにソヴィエト共和国を樹立しようとする共産主義の蜂起を求めるソ連の野望をおさえる可能性が出てくるのです。……総統の死によって、あなたは忠誠の誓いから解放されたわけですから、全アルプス地方最高司令官としてのあなたに、良心に基づいて我々が遂行している独立行動に承認を与えられるようお願いします」と懸命に説得した。

ケッセルリングはついにこの懇請を容れ、降伏の許可を与えるとともに、ヴィーティングホフら降伏を決断していた将軍らの逮捕命令を撤回し、またヴィーティングホフをイタリア戦線の最高司令官に復帰させた。

ダレスやゲヴェールニッツは、悶々としてボルツァノからの連絡を待っていたが、皮肉なことに、五月二日の午後五時ころ、ラジオのニュースで、イタリア駐留のドイツ軍が降伏した、ということを知った。さらに、数分後、アリグザンダー元帥の降伏に関する公式声明と、すぐ後にロンドンからのBBC放送が、チャーチルの下院でのドイツ軍降伏の演説を伝えた。

この間、連合国軍による大攻勢が計画されていたが、最後の瞬間に中止されるに至った。五月二日午後二時、ドイツ軍は武器を捨て始め、イタリアにおける戦争は終わりを告げた。五月五日から六日にかけて、南東ドイツおよびオーストリアにあったドイツ軍部隊も降伏し、七日には全ドイツ軍部隊がランスにおいて降伏するに至り、八日夜に戦火は終焉した。サンライズ作戦による北イタリアのドイツ軍の降伏は、ソ連の横槍などのため、予定よりも手間取って遅れたが、それでも全ドイツ軍の降伏の五日前に実現した。これによって、北イタリアへの共産勢力の侵入が食い止められ、また、予定されていた最後の連合国軍による北イタリアへの総攻撃が取りやめられ、膨大な人的、物的犠牲を招くことが回避された。

✺サンライズ作戦成功の自信がダレスらの日本との和平工作を促した

サンライズ作戦の成功は、ダレスらに大いに自信をつけた。サンライズ作戦に少し遅れて、スウェーデンを舞台とした小野寺信陸軍武官によるスウェーデン皇室を介しての連合国との和平工作、またスイスを舞台とした陸軍の岡村清福中将や加瀬俊一公使、バーゼルの国際決済銀行理事北村孝治郎と同行為替部長吉村侃らによる和平工作、また藤村義朗海軍中佐による和平工作が進められていた。またバチカンでも、カトリックのルートによる日本公使館との和平工作が始められていた。これらは、すべてＯＳＳのダレスやゲヴェールニッツらがアメリカ側の対応を担っていた。しかし、これらの工作は、日本の陸海軍と外務省の中央に報告されながら、ソ連を仲介とする和平工作一本に執着していた中央によってすべて握りつぶされてしまった。日本の軍部や外務省中央のインテリジェンスの恐るべきお粗末さだった。戦勝国であるアメリカの方が真剣に和平を求めていたにもかかわらず、国が亡びることを目前にしながら、日本の指導者は、ダレスらが差し伸べた和平の手を無視し続けたのだった。

✺「謀略」の真髄だったサンライズ作戦

和平工作において「謀略」には二つの意味がある。一つは、真実は和平の意思はないが、その意思があるふりをして和平交渉を行うものだ。その目的には、相手方の状況や意図を把握するための情報戦として行う場合もあれば、和平を求めるふりをすることによって相手方の厳しい攻撃の矛先をかわす攪乱のために行う場合がある。もう一つの「謀略」は、和平の真意があるが、正規の外交ルートなどでの交渉を開始するにはまだ状況が熟さないので、非公式かつ密かに水面下で和平交渉の道筋をつけようとするものだ。サンライズ作戦はまさに後者の「謀略」の典型であり、その真髄だった。「謀略」としてのこの作戦が、正規の降伏、停戦の交渉のレベルに浮上したのは、工作の最末期の四月末から五月に入ってからのことだった。

一九四四年秋ころから小磯内閣が取り組んだ、繆斌を使者とする重慶・蔣介石との和平工作は、まさに、外交ルートや軍の正規組織を介さない後者の「謀略」として始められたものだった。しかし、当時の重光外相や杉山陸相らは、蔣介石に和平の真意があったことを見抜けていなかったため、この工作を前者の「謀略」としての「情報攪乱工作」とレッテルを貼って徹底的に批判、妨害し、繆斌工作を潰してしまった。重光外相や杉山陸相らは、「繆斌は重慶の廻し者だ」「蔣介石の親書を持っていない」など、ほとんど「因縁(インネン)」ともいえる難癖をつけて反対した。これも、スウェーデンやスイス、バチカンを舞台とする連合国との和平工作を、「謀略」と決めつけ、すべて握りつぶした軍部と外務省のインテリジェンスのお粗末さと同根であった。

✹エピローグ―戦後に活躍した人々

この困難な作戦を成功させた関係者は、戦後多方面で活躍した。アリグザンダー元帥は、戦後まもなくカナダ総督になり、一九五六年英国に帰ると国防大臣になった。サンライズ作戦の目的を信じ、スターリンの妨害があったにもかかわらず、静かな駆け引きでこの企てのために連合国の支援を統合することにあずかって力のあったレムニッツアー将軍は、戦後、在欧NATO軍最高司令官となった。ヴァイヴェル少佐は、スイス陸軍最高の地位につき、歩兵司令官に昇進した。ゲヴェールニッツは私生活に戻り、ヨーロッパと南米に関する仕事を続けた。サンライズ作戦に関係したドイツ人のうち、ＳＳでなかったラーン大使や、ロイティガー将軍、シュヴァイニッツ中佐らは新しい職で輝かしい成功を収めた。

２　ミルトン・マイルズと戴笠の友情と戦い

✺「中国のアラビアのロレンス」だったマイルズ

ミルトン・Ｅ・マイルズ（※Milton E. Miles 1900~1958　最終階級海軍中将）は、一九二二年に海軍大学校を卒業後、中国に派遣され、約五年間、中国に滞在して中国語を学びつつ中国の奥地やビルマへの仏印ルートなどをくまなく探索した。中国や東アジアに深い関心をもつようになったマイルズは、艦隊勤務の後、再び訪ねた中国で、一九三七年七月、盧溝橋事件の発生に遭遇した。マイルズは宣戦布告なき日中戦争をその後も観察し続けた。欧州大戦勃発の前後は、ワシントンで海軍の装備の充実や戦局の情報の収集分析などの仕事に専念した。その間、在米中国大使館の武官補佐の Hsiao 少佐と家族ぐるみの交際をし、アメリカが中国の抗日戦を支援する方法を議論し、模索していた。

真珠湾攻撃により日米戦が開始されて間もなく、マイルズは、アーネスト・キング提督＊1から、「中国に行って、中国の沿岸に米軍が上陸する拠点を確保し、日本軍を妨害することならなんでもやるように」との命令を受けた。マイルズは、艦隊勤務を望んでいたが、この任務の重要性を自覚し、中国に渡った。

＊1　第二次世界大戦中、海軍制服軍人のトップである合衆国艦隊司令長官兼海軍作戦部長として戦略指導を行った。太平洋艦隊司令長官兼太平洋戦域最高司令官チェスター・ニミッツの上官だった。

マイルズが最も強い絆を結んだのが、戴笠将軍だった。戴笠は、蔣介石の右腕で、抗日テロでも恐れられた国民党の特務機関「藍衣社」の首領だった。マイルズと戴笠の努力により、中国とアメリカが抗日のための諜報やゲリラ活動で連携する組織の拠点としてSino-American Cooperative Organization（SACO　中米合作社）が設立された。この組織は、二五〇〇人以上のアメリカ人のボランティア、五万人から一〇万人もの中国人の漁夫、海賊、警官、ゲリラ部隊を活用し、終戦まで約七万一〇〇〇人の日本兵を殺害し、日本軍の補給線に莫大なダメージを与えた。また、中国海岸線から把握される日本海軍の動向などの情報を収集し続けた。マイルズらの戦いの経緯は、中国やアメリカ側から見た日中戦争の貴重な裏面史でもある。

本章1では、アレン・ダレスらが北イタリアのドイツ軍を降伏に導き、OSSの真価を発揮したサンライズ作戦を詳述した。しかし、マイルズらの中国での戦いは、抗日戦であると同時に、中国に拠点を設けたOSSや大使館、陸軍との間での組織や権限をめぐる暗闘でもあった。OSSは、蒋介石や戴笠が憎んだイギリスとの関係が深く、また、OSSや大使館や陸軍の中には多数の共産主義者やそのシンパがいた。彼らは、延安の共産党を支持支援する一方、蒋介石やその右腕の戴笠を激しく中傷し、いずれは蒋介石の国民政府を倒そうと画策していた。

サンライズ作戦がOSSの光の面であるなら、中国のOSSはその陰の面でもあり、マイルズの戦いを通じて、OSSの功罪半ばする実像に迫ることができる。OSSは、マイルズが開拓したSACOを軸とした戴笠との連携のスキームに、当初はこれに協力するふりをして巧みに入り込んだ。しかし、次第に衣の下から鎧を見せ始めたOSSは、マイルズや戴の主導権を奪おうとして様々な圧力を加え、妨害した。スティルウェルの後任として一九四四年一〇月に重慶に着任したウェデマイヤー将軍もマイルズを排斥しようと弾圧した。それらの詳細については第4章「中国を混迷させたOSS」で後述することとし、本項ではその流れに簡潔に触れるに留める。

マイルズは、約四年間の中国での戦いを、戦後、妻ウイルマの協力を得て膨大な記録にまとめたが、刊行に至らないまま一九五八年に逝去した。しかし著名な作家で、自身が戦争中重慶で記者をしていたホーソーン・ダニエルが、マイルズの遺志を継ぎ、出版に取り組むこととなった。マイルズの草稿を読んだダニエルは、「中国におけるアラビアのロレンスの物語だ」と感動し、マイルズの草稿をカットすることなくその全容を維持し、一九六七年に六〇〇頁余にも及ぶこの記録を『A Different Kind of War』（異なる種類の戦争）のタイトルで公刊した。以下はそのスリルと感動に満ちたマイルズの戦いの要約である。

✺マイルズと Hsiao 少佐との出会い、「やれることはなんでもやれ」―アーネスト・キング提督の命令

マイルズは、日中戦争が泥沼化する中で、一九四一年二月に赴任していたガウス大使を始めとする重慶のアメリカ大使館員が、中国に冷淡で支援に消極的であることを怒り、アメリカがもっと中国を支援すべきだと強く考えていた。当時マイルズは、ワシントンの海軍の内部統制委員会（Interior Control Board）に所属し、小さな研究所に勤務して、アメリカ海軍の装備や作戦充実の基礎となる研究や情報収集の仕事をしていた。その委員長は、ウィルス・リー少将だった。リー少将は、アメリカ海軍における戦艦用兵の第一人者で、砲術の権威だった。後に始まった太平洋戦争では、ソロモン会戦などの作戦指揮に従事し、一九四四年に中将に昇進し、太平洋艦隊戦艦戦隊司令官として高速戦艦部隊を率い、マリアナ沖海戦、レイテ沖海戦などの戦闘に参加した名将だった。リー少将は中国問題にも深い関心をもっていた。リー少将は、アーネスト・キング提督の副官でもあった。

マイルズのオフィスは二間続きの小さな施設だった。マイルズはそこを「コーヒールーム」にし、組織や肩書を超え、戦争の情報を伝えあい、アメリカのとるべき戦略などを議論する多くの仲間たちが出入りしていた。その中に、駐米中国大使館の武官補佐 Hsiao Sin-ju 少佐がいた*2。マイルズは丸顔で明るい

Hsiao少佐に親しみを感じ、夫婦でお互いの家を頻繁に訪ね合うなど交際を深めた。実はこのHsiao少佐こそ、戴笠に直接つながる強力なパイプであることを、後にマイルズは知ることになる。ある夜、Hsiao宅に招かれて食事の後、夫人同士が別室で歓談中、マイルズとHsiao少佐は中国とアメリカ海軍との連携作戦の議論に夢中になり、真っ白な絹の織物の高価なテーブルクロスにそのプランを書きなぐって夫人から呆れられたこともあった。真珠湾攻撃による日米開戦後、二人の議論はますます深まった。

＊2『OSS in China』では、「Major Xiao Bao (Hsin Ju Pu Hsiao)」と表示されているが、本書では、「Hsiao少佐」で統一することとする。

《マイルズへの中国派遣命令、「恐るべき戴笠」のことを知る》

一九四一年一二月八日の真珠湾攻撃による日米開戦の数週間後、マイルズは、突然アーネスト・キング提督から呼ばれ、次のように命令された。

「君は中国に行って、中国が今どうなっているか見てきなさい。そしてできるだけ早く中国に海軍の拠点を作れ。三、四年後には海軍が中国の沿岸部に上陸することになるだろう。海軍の役に立ち、日本軍を困らせることなら、君がやれることをなんでもやれ。これは極秘の命令だから誰にも話すな。君を推薦したのはリー少将だ」

マイルズは驚いた。

日米が開戦したため、海軍から人を中国に派遣し、中国沿岸から日米戦の状況を観察して本国に報告するとともに、中米が協力し、華中華南地域を中心として抗日戦を強化する必要性についてマイルズとHsiao少佐の考えは一致していた。当時、アメリカ陸軍は中国に大きな拠点を持っていたが、海軍には全くなかった。陸軍のジョセフ・スティルウェル将軍が、重慶の蔣介石の下で中国・ビルマ・インド戦線の総参謀長となっていた。マイルズは、手掛かりを得ようとHsiao少佐に相談した。Hsiaoは、無電で蔣介石に報告して相談するから、と答えた。マイルズは、中国大使館にHsiaoの上司でかねてから知っていた武官がいたので、彼に相談しようかというと、Hsiaoは「この話は大使館を通すな」と釘をさした。

わずか数日後、Hsiao少佐から、驚くべき話が伝えられた。それは、「蔣介石は、マイルズの訪中を心から歓迎し、戴笠将軍がアレンジしてマイルズを世話する」とのことだった。Hsiaoは、大使館の指揮系統を通さず、戴を通じて蔣介石から直接指揮を受けていたのだった。実は、これに至るまでには、陸軍や海軍、ＯＳＳによる中国での諜報工作活動のための進出について、組織間の対立などによる複雑な経緯があった。これについては、「中国を混迷させたＯＳＳ」で後述する。

Hsiao少佐の提案は、マイルズが、ゲリラ戦や情報戦に専門性を持った強力なスタッフと共に訪中し、戴笠と連携して、抗日戦を共に戦おうというものだった。その目的は、日本が占領する沿岸地域における機雷攻撃作戦の組織化、無線傍受と分析、気象観察、日本軍の監視拠点の確保、破壊妨害部隊の編制などだった。マイルズは戴の名前が初耳だったので、情報を集めたところ、「藍衣社」の首領でテロリストとして悪名の高い男だとのことだった[*3]。

後にマイルズが重慶で会うことになるアメリカ大使館の武官でマイルズの海軍大学校の同窓生だったジェームズ・マクヒュー中佐の報告ですら、戴笠を「ぞっとする男だ」としていた。しかし、Hsiao少佐によれば、日本軍が支配する危険な地域に侵入するには戴笠を頼るしかなく、中国国内での滞在や移動もすべて戴笠の許可が必要だという。曲折を経て、マイルズは一九四二年の春、リー将軍から中国への派遣を命じられた。

＊３　当時、国務省の共産主義者であったジョン・デービスやジョン・サービスの一派は、重慶のアメリカ大使館に派遣され、スティルウェル将軍の政治顧問となっており、延安の共産党を支持支援し、蔣介石の国民党政府を誹謗中傷していた。彼らは、蔣介石の右腕の戴笠について、残忍、冷酷なテロリストだと誹謗中傷する

報告を送り続けていた。

✺いよいよ重慶へ―入念・緻密にマイルズの人物を把握していた戴笠

当時、中国の重慶に到達するには太平洋側からのルートでは不可能だった。マイルズは、一九四二年四月五日、ニューヨークを出発し、大西洋からアフリカ、インド、セイロン、仏印を経る困難な飛行ルートで、一か月近くもかけて重慶にたどり着いた。重慶の空港で、マイルズは軍服の男から「貴方は Hsiao 少佐をご存知か」とだけ尋ねられ、案内された宿で、それから二日間、何の連絡もなく待たされた。

戴 笠

実はこの二日間、戴笠は、部下にマイルズの行動を仔細に監視させていたのだ。当時、蔣介石も戴笠も、イギリスのアジア植民地支配を維持しようとする野望に対して強い怒りを抱いており、同じ連合国でありながら、イギリスを敵視していた。当時、ガウス大使やマクヒュー武官ら大使館関係者とイギリスとの関係は密接である反面、蔣介石や戴笠との関係は冷淡だった。マイルズが宿で二日間も放置されたのは、マイルズが大使館などのイギリス関係者やイギリスの軍人と接触することがないか、厳しく監視していたのだった。しかし、マイルズはイギリス関係者との接触をしなかった。

二日後、突然の迎えによりマイルズは、戴笠の本拠に案内された。そこは広大な建物で、迷路のような廊下を辿って戴笠に対面することとなった。威厳のある戴笠は、マイルズに中国に着くまでの経路などを細かく尋ね、特にセイロンのコロンボに立ち寄った目的について関心を示した。それは、セイロンはイギリスとの関係が深いので、マイルズがセイロンに立ち寄った際に、イギリス関係者と接点をもったかどうかの吟味だった。このような戴のイギリスに対する極めて厳しい警戒心は、戦争中を通じて、戴と、親イギリス的だったOSSとの摩擦や対立を象徴するものだった。

夕食の招宴が開かれたが、戴笠は、マイルズに、その息子たちの消息を尋ねた。マイルズは、戴笠が、自分の家族のことまで詳しく知っているのに驚かされた。更に驚いたのは招宴の食事に鶏やダックの料理が一皿もないことだった。同席したマクヒュー武官は、これは中国の宴会ではあり得ないという。実は、それは Hsiao 少佐が、戴に、マイルズの家族のことのみならず、マイルズは鶏料理が苦手で食べられないことまで報告していたからだった。鶏の代わりに出されたのが「田鶏」と呼ばれる食用ガエルの料理だった。その席で、戴はマイルズに「梅樂斯」という中国名をこれから使うように、と言った。その中国読みが「マイルズ」に似て響くもので、その意味は「Winter Plum Blossom Enjoy This Place」ということだった。梅は、中国（現在は台湾）の国花であり、それが咲く場所を楽しむ、という縁起の良い意味だ。

こうして様々な会話や行動監察によってマイルズの人物の信頼性を確信した戴笠のその後の動きは驚くべきものだった。既に、マイルズのために防空シェルターもある広壮な邸宅の活動拠点が用意されており、また、補佐役、ガード、通訳のため Liu Cheng-feng 大佐ら二人の軍人を付けてくれることとなった。

こうして、すべて戴笠の指示や手配により、マイルズのアメリカ海軍と国民党との連携の枠組みが立ち上げられることとなった。いったんマイルズの人物を見極めた戴の信頼は盤石だった。その後、マイルズは、戴が部下から報告を受け、指示をする会議の場まで同席できるようになった。

《マイルズが驚いた藍衣社の秘密研究所》

マイルズは重慶郊外の藍衣社の秘密の研究機関にも案内された。それは、駐在武官のマクヒューですら訪ねたことがなかった極秘の機関だった。荒廃した農家を装い、地下に設置された研究所では、三万以上の諜報設備や器具などが開発され、数百以上が作戦に実用されているという。カメラのフィルムで、日本軍に押収されても平凡な風景しか映っていないが、回収して中国の特定地域のタバコを使って再生すると秘密に撮影した映像が再現されるものとか、石鹸に仕込んだ毒薬など、マイルズはそれらの巧妙さに驚いた。マイルズはその後、戴笠から、この研究所の委員に任命する正規の辞令を受けた。

✺中国沿岸部への危険な旅に戴笠と共に出発

マイルズが、戴笠に、中国海岸線に近い所に諜報の拠点を確立するために出発したいと告げると、戴は「分かった、来週、私と一緒に行こう」と即座に同意した。マクヒュー武官は驚いた。国民党との関係が冷淡だったガウス大使やマクヒュー武官にとっては、マイルズが短期間でこれほど戴の信頼を受けたのは信じられないことだった。マクヒューは面子を潰された思いで嫉妬心を感じた。しかし、それは、ずっと以前からの Hsiao 少佐からの詳細な報告や、重慶到着後の行動観察、会話を通じて、戴がマイルズは信頼できると確信していたためだった。

マイルズらは出発した。トラックの荷台に揺られ、日本軍の支配地域を避けながら、方向転換を繰り返す困難な旅だった。マイルズの口添えで、アルガン・ルーゼイ（Alghan R. Lusey）も同行できることとなった。彼は、ガウス大使に近く、OSSのウイリアム・ドノヴァン将軍の下で働いていると思われ、マイルズにはよそよそしかった。しかし、その中国についての博識にマイルズは感銘していたので口添えしたのだった。ルーゼイは、この旅の中で、それまで誹謗中傷されていた戴の人物や統率力、配下の部隊の規模範囲や実力を知り、ドノヴァンに対し、OSSがマイルズの路線に乗って戴と連携することを進言することになった。

《戴笠の人物と組織に驚いたマイルズ》

一九四二年五月二六日、マイルズらはトラックで出発し、困難な長旅を経て、戴笠と落ち合う場所である福建省北端の浦城（Pucheng）にたどり着いた。そこは戴の藍衣社の抗日作戦の拠点だった。そこでもマイルズは戴の諜報組織の首領としての凄さを目の当たりにすることとなった。次々と情報をもたらす報告者の中には、上海で日本軍の指揮下で働いている警察官二名もいた。さらにマイルズが驚いたのは、一人の日本人がおり、彼の話を聞くと、彼が、現在、あるいは過去に日本の宮中へのアクセスを持っているということだった。

これらの経過により、マイルズは、以前聞いていた、戴は単なる「テロリスト、暗殺者」だという否定的評価は間違いで、卓越した諜報組織の指導者であると知り、その人物と能力に深い敬意を抱くようになった。

マイルズらがいた浦城は、戴がいるとの情報を掴んだ日本軍の飛行機から激しい爆撃を受けた。マイルズも倒壊して燃える家の中で足に大やけどを負った。しかし、戴は、マイルズに重大な提案をした。戴の傘下には五万人もの抗日中国人がいるが、武器もなく訓練も乏しいという。戴はマイルズに、もしアメリカが武器を提供し、マイルズが抗日軍の将軍として戦いに加わって彼等を訓練してくれれば、それは中国にとってもアメリカにとっても重要な意味がある、アメリカはマイルズにそれを許すだろうか、と聞いた。

マイルズは一瞬躊躇したが、即座にこれを受け入れると答えた。傍で聞いていたルーゼイは、ワシントンの許可が必要ではないかと心配した。しかし、マイルズは、このようなチャンスはまたとなく、アーネスト・キング提督から「やれることはなんでもやれ」と指示されていたことを思い出したのだ。戴は、中国人には不慣れな握手をマイルズに求めた。こうして、マイルズと戴との連携が確立した。マイルズは、足の怪我のため帰国することになったルーゼイに、このことをワシントンでリー少将らに報告するよう托した。ルーゼイは、帰国すると、ＯＳＳか、それと組織が分かれたばかりのＯＷＩ（Office of War Information）のいずれかで勤務することになっていた。

《中国沿岸部への移動》

重慶に戻る戴笠と別れたマイルズらは、中国沿岸部への移動を開始した。途中、湖南省で機雷の製造工場を訪ね、戴の配下の指揮官から、これまで八万トン余の日本艦船を機雷で沈めたことや、その設置には、中国の南京政府の傀儡軍の中国兵士たちが密かに協力していることなどを知った。傀儡軍は、外見上、日本への忠誠を示しつつ、裏では、国民党軍とつながっていた。時には傀儡軍の者たちを食事に招待したり、働きかけて五〇人もの兵士を傀儡軍から離脱させたこともあったことなどを知った。

マイルズらは温州（※上海と厦門のほぼ中間の沿岸都市）を遠く見下ろす山に至った。その移動過程を通じて、マイルズは、日本軍は大きな都市を占領しているとはいえ、それは点としての支配に過ぎず、中国人らは国民党軍に協力的であり、移動に大きな困難はないことを知った。温州沖に停泊する日本艦船を観測することができ、今後の日本海軍の動向の掌握に自信を深めた。

マイルズは、日本軍の攪乱作戦のために、台湾で抗日暴動を起こさせることや、そのための海賊の活用など、様々な方策を考えた。マイルズは、抗日のために日本の艦船を爆破した者に対してはアメリカからの資金で報奨金を与える案も考え、後日これを戴に提案した。しかし戴は「必要なのは忠誠心であって金ではない。金で買った相手は、もし日本軍がそれ以上の金を与えれば寝返ることになる」と反対した。マイルズは、戴の見識への敬意を深めた。マイルズらは、温州から、更に、福建省の福州までたどり着いた。そこは、日本軍の占領地域からわずか一五〇マイルだった。

それからマイルズらは、厦門など沿岸地域で偵察を続け、厦門では遭遇した日本軍と銃撃戦も行った。

✺重慶に戻り、連携の企画を進める

マイルズは、約一か月半の沿岸部への探索の旅の後、重慶に戻った。アメリカ海軍からは、なんの連絡も、物資の支援も届いておらず、マイルズは失望した。しかし、戴笠は、マイルズがただ一人のアメリカ人としてこのような多くの危険を冒した偵察を行ったことで、マイルズへの信頼を深めた。マイルズはリー少将に手紙を書き、戴笠将軍の指揮下で、六〇〇〇人の中から厳選された一三〇人の抗日抵抗軍幹部を結集して日本軍の占領地域に潜伏させていること、マイルズが戴を補佐して彼らの訓練の任務に就いていることを報告し、機関銃二〇〇〇丁、三八口径コルト拳銃三〇〇〇丁、手りゅう弾一万個などの支援を要請した。

当時、陸軍のジョセフ・スティルウェル将軍が、連合国軍で蔣介石の総参謀長として、中国やビルマでの対日戦争の指揮に当たっていた。しかしスティルウェルは、ビルマ戦線での作戦方針の違いなどから、蔣介石との間は険悪だった。また、国務省から派遣され、スティルウェルの顧問となったジョン・サービスやジョン・デービスら親共産主義者たちから、蔣介石や戴笠への誹謗中傷と延安の共産党礼賛を吹き込まれていた。当時、ヒマラヤ越えで中国に空輸される連合国からの軍事物資は、蔣介石の国民党軍に対しては乏しいものであった上、サービスらは、それを延安の共産党軍に提供することも画策していた。マイルズは、アメリカが中国に送るべき軍事物資はわずかで、圧倒的に大量の物資がイギリスやソ連など他国に送られていることを知り、怒った。

スティルウェルは、蔣介石や戴笠との信頼関係を築いたマイルズが、中国に海軍の活動拠点を設けることを嫌っていた。スティルウェルは率直でぶっきらぼうで、正規戦を好み、ゲリラやサボタージュ作戦については批判的だった。スティルウェルはそのような戦闘を「違法な戦い」（Illegal action）と呼び、また、「自分の戦いの種類は、直接対決する正面戦だ」（His kind of war was fought face to face）だとマイルズに語った＊4。

＊4　これがマイルズの著書『A Different Kind of War』のタイトルの由来である。また、マイルズが日本とのみでなく、連合国内部で、共産主義者らに支配された大使館やＯＳＳ、陸軍との間で内部の戦いをしたという意味も含まれているかもしれない。

マイルズは自分の計画についてスティルウェルの理解を得るのに苦労した。ただ、スティルウェルは、マイルズが抗日戦に参加することに反対して妨害しようとまではしなかった。スティルウェルは、戴笠が外国人嫌いで、自分の傘下で戦う気がないことは知っていたが、マイルズが戴の下で活動することは同意し、状況だけは知らせるようにと言った。スティルウェルは、アメリカがインドのイギリス軍に供与した武器の一部をマイルズが譲り受けるよう指示した。マイルズはインドに渡ってワーベル将軍と会い、理解を得て機関銃五〇〇丁、五〇〇〇〇個の手りゅう弾などの供与を受ける約束をした。

マイルズはこのような苦労の中で、重慶近郊に設置する強力な通信装置と通信員チーム派遣の嬉しいニュースを知った。マイルズは苦心惨憺の上、八月末、銃器や通信設備、通信員らをインドから重慶に運ぶことに成功した。しかし、マイルズはインド北部のアラハバッドの駅で列車に乗ろうとしたところを、日本の傀儡軍のテロリストから襲われ、ナイフで重傷を負った。その犯人は、戴笠が突き止めたが、以後、戴はマイルズに、護衛なしでは外出するな、車は頻繁に変えよ、自分のコックが料理した以外の食物は食べるな、と指示した。

✺マイルズらの活動・組織に巧みに入り込んだOSS

インド戦線の混乱などのため、イギリス軍から譲渡を約束された武器の到着は数か月も遅れた。しかも、マイルズは、自分の知らない間に海軍からOSSの重慶での代表を命じられていた。それは、マイルズと別れて帰国したルーゼイが、ワシントンでOSS長官のドノヴァン将軍に、重慶での諜報・抗日妨害作戦は今後OSSが所管すべきであり、そのためにマイルズが開拓した戴笠との連携の枠組みを利用することを進言したためだった。ドノヴァンは、ヨーロッパのみでなく、世界中の重要地域にOSSの拠点を設けようと極めて精力的に動いていた。しかもドノヴァンの野望は、OSSを陸軍からも海軍からも独立し、統合参謀本部に直属する組織にすることだった。中国ではすでにスティルウェル将軍率いる陸軍が大きな拠点を持っていたが、ドノヴァンはＯＳＳが陸軍の指揮下に入ることは受け入れられなかった。かといって、いきなりＯＳＳが中国に独自の活動拠点を設けるのは困難だった。そこでドノヴァンは、ルーゼイの進言によって、既に蔣介石や戴笠と信頼関係を築き、拠点を設けつつある海軍のマイルズを利用することにした。そのためドノヴァンは、海軍に警戒されないよう、用心深く、協力の姿勢を示して、ワシントンで海軍中央にＯＳＳの参加を認めさせ、マイルズの知らない間にマイルズを中国のＯＳＳの代表に任命したのだった。

この動きは、それまで戴笠の配下の指揮官として働いていたマイルズには意外で、不本意だった。しかしマイルズは、ＯＳＳが豊富な機密費を有し、お役所的でない仕事ができる利点があることから、頭を切り替え、重慶でのＯＳＳの代表として働く決心をした。戴もこの方針に同意した。

マイルズは、ワシントンに要員の派遣を求める際、頑健であること、中国人と摩擦を起こさず協調できる友好的な人物であることが重要であり、中国についての知識はむしろ少ないほうがよい、と注文を付けた。マイルズは、'Old China hands'（支那通）と呼ばれるアメリカ人はこの任務にふさわしくないと考えていた。それは、かつての白人の優位性に対して中国人は民族意識や排外意識を強めており、支那通のアメリカ人が中国の後進性を見下すような態度をとれば、戴笠らから受け入れられないことを知っていたからだった。

ＯＳＳは、当初、マイルズの希望に沿った優秀な要員を派遣した。一九四二年の夏に初めてＯＳＳから重慶に派遣されたのは七人で、秋には一五人に増加した。彼らは、爆発物・化学・機械工学・通信・気象・軍医関係など様々な分野の専門家だった。マイルズらの活動の本拠地は重慶郊外のハッピーバレーという安全な山間部に置かれた。マイルズらを悩ませたのは、インドから届くはずの武器がなかなか届かない

蒋介石と会見するマイルズ

戴笠のファミリーとマイルズ
前列左で少女を抱いているのが
マイルズ、中央は戴笠の母親

ハッピーバレー全景

ハッピーバレーのクリスマスを楽しむ戴笠、マイルズと子どもたち

（いずれも *A Different Kind of War* より）

上、ワシントンに要請した無線通信関係の設備機器の荷物が一部しか届かず、それも長距離の運搬により損傷していたことだった。

しかし、マイルズらは乏しい設備や材料にもかかわらず、植物油を利用した爆弾の製造や、短波によるアメリカ本土との通信の開始に成功した。戴笠の部下の若い青年に、米袋に隠した爆弾製造の材料を持たせて仏印に派遣し、三〇〇〇トンの日本船を爆発炎上させたり、日本軍指揮下の上海の中国人警察官を叔母の葬式名目で呼び寄せて訓練し、上海に戻って日本軍基地で三機の日本機を炎上させる破壊作戦にも成功した。

戴や側近たちは、マイルズら全員を、中秋の会やクリスマス・蔣介石の西安事件での解放記念のパーティーなどに招待し、親交を深めた。マイルズらは全員、私服で活動した。

✹ＳＡＣＯ協定の締結とＯＳＳによるその骨抜き

ＯＳＳは、当初はマイルズや海軍に協力する姿勢を示しながら巧みにマイルズが戴笠と築いた連携のスキームに入り込んだ。しかし、ＯＳＳは、マイルズを中国の代表に命じたとはいえ、マイルズや戴笠の意に反して独自の作戦行動を行おうとしたため、対立や混乱が生じていた。そのため、マイルズは、ＯＳＳが戴やマイルズの方針に反する勝手な活動をしないよう、連携のスキームにおける指揮権を明確にするために、中米間の正式な協定を締結すべきだと考えた。マイルズらが、一九四二年の秋から約三か月をかけて練り上げたのがSino-American Cooperative Organization（ＳＡＣＯ　中米合作社）という組織を設立し、日本軍を屈服させるための様々な活動を協力して実行するという案だった。

この案では、ＳＡＣＯは戴が長官でマイルズが副長官だった。マイルズは中国でのＯＳＳの代表に任命されていたので、必然的にＯＳＳの活動は戴やマイルズの指揮下に置かれることになる。マイルズは、連携の活動が中国で行われる以上、その指揮は中国の指揮官の下に置かれるべきだとの信念があった。しかしドノヴァンは、もともと中国で、陸軍を始めどの組織からも独立したＯＳＳの活動を行うことを目指していたので、この協定案は、実質的にドノヴァンの意に全く反していた。しかし、もしＯＳＳがこれに反対すれば、マイルズらが構築した連携のスキームに入り込んでこれを利用することができなくなる。そのため、ドノバンは深謀遠慮の末、この協定案に賛同することとした。ドノヴァンは、まずはこの協定を認めてＯＳＳがこの枠組みに参加できさえすれば、いずれはＳＡＣＯの主導権をＯＳＳが奪おうと考えていた。面従腹背で最初から衣の下に鎧を隠していたのだった。

SACO協定に調印する戴笠
(*A Different Kind of War*)

　協定は、海軍のキング提督、陸軍のマーシャル将軍、ＯＳＳドノヴァン将軍らの同意を得て、ルーズベルト大統領の承認のもとに、一九四三年四月締結された。この協定に基づく連携は、アメリカの支援によるゲリラの訓練、諜報工作、襲撃、サボタージュ、気象観測、通信傍受基地の設置など多岐に及んでいた。

　こうして協定は締結されたものの、ＯＳＳは戴笠やマイルズを軽視して冷淡であり、早くも協定を骨抜きにし、ＳＡＣＯへの不当な介入を始めたため、マイルズは悩まされた。終戦に至るまで、マイルズや戴は、ＯＳＳからＳＡＣＯの組織や活動で様々な抵抗や妨害を受け続けた。衣の下から鎧をむき出しにしたＯＳＳは、一九四三年一二月にはマイルズを中国のＯＳＳ代表を解任し、ＳＡＣＯ協定の制約に背いた独自の活動を広範に展開するようになった。延安の共産党を礼賛支持していた国務省のジョン・デービスら一派もこれと歩調を合わせてマイルズや戴と敵対した。一九四四年一〇月に、スティルウェルの後任として重慶に着任したウエデマイヤー将軍も、マイルズらのＳＡＣＯの活動を、ウェデマイヤーの完全な指揮下に置こうとして、マイルズに様々な弾圧を加えた。これらは、第４章で詳述する。

✺組織の矛盾に苦しみながらも、マイルズと戴笠は戦いを進めた

これらの困難の中でも、マイルズと戴笠はゲリラの訓練などに懸命に努力を続けた。ハッピーバレーでの訓練により、メンバーたちの技術は向上し、「誰もが虎になる」ほど士気も高まった。訓練は、中国人になじむよう工夫され、楽しみの無さへの忍耐も求められたが、戴は頻繁にメンバーを招待して慰労した。組織同士では対立や軋轢があっても、現場の作戦を担うアメリカのメンバーと戴らとの一体感は高まった。

課題は様々だった。気象観測地点と観測に当たる要員の確保は重要であり、そのためのアンテナ基地の設営が必要だった。ゲリラチームをひどいトラックに載せて、危険な地域に機雷設置や待ち伏せの拠点を設けることも進めた。遥か離れた上海やその周辺地域で破壊活動を行う準備も進められた。三二〇人のゲリラが数か月準備を行った後、訓練されたスパイたちは頻繁に上海と重慶を往復し、物資調達にも努力した。鉄道破壊などのサボタージュ工作も進んだ。一九四三年九月、訓練された九三人の工作者を送り込み、江蘇省の傀儡政府の知事で特務機関の長のテロに成功した。また、上海の空港で日本機九機を破壊した。

戴笠は日本軍の占領地域の中国人警察官を密かに掌握していた。日本軍の空襲の出撃情報も無線で入っていた。戴とマイルズは話し合ってＦＢＩ研修を始めた。マイルズは、戴が、アメリカで思われているようなヒムラーやゲシュタポとは違う人物だと理解を深めた。戴は戦後に向けて中国に近代的警察を作り上げようと考えていた。ワシントンから極めて有能な四人のスタッフが到着し、五〇〇人の中国人の若者にＦＢＩ研修の教育を開始した。しかし、スティルウェルやデービス一派、ガウス大使、ＯＳＳはこれを嫌った。国務省は、ＳＡＣＯが中国の警察を訓練することに反対していた。デービスとＯＳＳの関係は親密だった。マイルズは、海軍のオブザーバーとして大使館にも属していた。しかし、デービスら大使館・国

務省関係者は、マイルズが何も役に立つ働きをしていないと中傷を続け、スティルウェルもそう思い込まされていた。デービス一派は、戴への中傷攻撃もやめなかった。国務省の極東局長で、国務長官特別補佐官だったスタンリー・ホーンベックも、OSSと同様に、戴を批判していた。

しかし、海軍は一貫してマイルズを理解し、支援を続けた。出張でワシントンに戻ったマイルズは、キング提督から激励された。海軍は、SACO専用にC47型機二機を提供した。マイルズは大使館の海軍オブザーバーの任務を解かれたが、准将に昇進した上、中国の米海軍グループの指揮官に任命された。戴笠は、「私はアメリカの海軍は信用する」と語っていた。OSSや陸軍のいいなりにならない戴に対する批判は厳しく、そのため期待されたSACOへの軍事物資の提供は貧弱だった。しかし、戴は、「気にするな、日本人がわれわれを助ける」と言った。その意味は、戴の指揮する部隊が、日本軍の基地などを襲って、物資を奪ったり、上海から物資を密かに仕入れて密売するなどして不可欠の物資を確保していたからだった。

ゲリラ兵士としての二〇〇〇〇人以上の若者の訓練も充実した。湖南省を中心として、敵の無線基地の探索と破壊、敵の無線の傍受によるシェンノート*5率いるフライング・タイガース航空部隊による空爆の支援、河川への機雷設置、小型船による攻撃など様々なゲリラ攻撃を活発に展開した。日本の無線スパイ基地の摘発にもしばしば成功した。

*5 クレア・リー・シェンノート将軍。アメリカ陸軍航空隊の将校だったが、中国に派遣され、第一四空軍の長として国民政府軍の航空参謀長を務め、「フライング・タイガース」を指揮して活躍した。フライング・タイガースは、中国軍と協力して中国の基地から日本軍への活発な空爆を行っていた。シェンノートと蔣介石や戴笠との関係は円滑だったが、スティルウェルとは対立していた。

一九四四年春、日本軍は大陸打通作戦を開始して烈しい攻撃により長沙や衡陽を占拠したため、中国軍は降伏、撤退し、マイルズと戴笠らの一団も撤退を余儀なくされた。

マイルズは落胆したが、戴は事態を楽観しており、「我々はこれから動くのだ。敵が進撃すればその後方が脆くなる」と泰然と語った。中国軍は退却しても敵軍の背後から潜入して攻める戦いを七年も続けてきたのであり、長沙などの敗退は、長い戦の一局面に過ぎないというのだ。

マイルズらは、長沙の二〇〇マイル東方、江西省の鄱陽湖を目指すこととなった。マイルズらはグループに分かれて、日本軍後方の数百マイル東方の背後に進入していった。日本列車や橋の破壊などに成功し、困難な陸路を進む道程で、村の人々から歓迎された。マイルズらのグループは約三か月の戦で、Ｈｏ将軍指揮下の中国の正規軍と緊密に連携した。味方のゲリラの犠牲は一六人の戦死と一〇人の負傷のみで、九六七人の日本軍兵士を戦死させた。

マイルズらは数百マイル隔てていくつかの地域に分かれて活動した。一〇万人の中国人ゲリラ兵士の間に一〇〇人のアメリカ人兵士が混じって戦った。マイルズらは、湖南省から広西省を経て福建省にまで達した。しかしそれらの戦いは、正規軍による正面戦ではないため、アメリカでは全く報道されなかった。

《戴笠の故郷を訪ねる》

帰還の途上で、戴笠とマイルズらは戴の郷里の母親や家族が住む村を訪ねた。二〇〇〇人ほどの住民がおり、日本軍にかつて襲われた村だが、立派に修復されていた。マイルズは、戴の母親や、この地域でゲリラ戦に取り組んでいる息子にも会い、戴の家族と写真を撮った。戴は、村の人々から尊敬され、崇められていた。戴は、苦労を掛けている母親に新しい家を建てようかともちかけたことがあった。しかし、母は、「私はまだ勇敢に日本と戦っている息子のお前の母に値するような人間ではない。それは、この村の人々が、壊された家が全部修復されて屋根の下に住めるようになってからにしてほしい」と言ってそれを断った。

《海賊もゲリラ活動に加える》

マイルズは、一九四四年三月、ワシントンに戻った時、キング提督から「中国沿岸を備えよ。一二月までに米軍が上陸する可能性がある」と伝えられた。マイルズは時間が足りないと焦った。思いついたのが、沿岸部を根城とする中国の海賊との連携だった。海賊は戦争には関心がなかったが日本を憎んでおり、戴笠を支持していた。マイルズは海賊を利用することについてワシントンの了解を得、武器の提供も要請していた。海賊の首領の一人は、揚子江河口の島に根城があり、一万八〇〇〇人の海賊を抱えて、海賊行為や密輸、アヘン取引などをしていた。彼らは上海から温州までの沿岸地域を支配していた。

マイルズは福州の西方にある拠点で海賊の首領たちと集合し、カエル料理などをもてなされながら計画を協議した。彼らとの会話では、アメリカインディアンへのアメリカ人の仕打ちの批判もでた。会議には、ひげの海賊幹部も現れた。上海に根城をもつこの海賊は、戴に協力するつもりで遠路、派遣されてきた。日本軍は嫌いで、女の海賊も抱えており、上海には様々な潜入工作のルートがあるという。海賊たちは日本軍からも金をもらって外見上その支配下にあったが、既に日本の敗北を見越していた。

海賊たちは日本軍が支配していた島や灯台を奪うことを約し、その協力の条件として、戦後、彼らの身分と住める島を保証することを国民党が許すことを約束させていた。海賊たちには、当面は日本軍に協力しているように装いつつ、情報の提供や日本艦船への機雷の設置などの工作をさせることとした。また、私服の海賊らには、藍衣社に協力したために上海で拘束されている者の救出工作をさせることとした。中国人を妻にもつ日本の「野口政務官」は、彼らに協力的で、拘束された中国人の情報をくれて、賄賂で釈放させていた。海賊たちの協力拠点として、福州の近くに第七キャンプを設置することとなった。ＳＡＣＯと海軍のユニットとキャンプは、北は、モンゴル国境近く、南西は昆明を始め、全土に一五か所もあり、日本軍の占領地域が多い沿岸部ですら、その合間を縫って、六か所に設置されていた。

ＯＳＳは終始ＳＡＣＯを妨害し、マイルズや戴笠への非難中傷を続けたが、それでも、マイルズらの努力により、ハッピーバレーでは物資の供給が増え、無線設備が極めて強化された。日本軍の無線も傍受して解読し、逆に日本軍の通信に見せかけた攪乱のための送信なども行えるようになった。沿岸地帯での日本の艦船の停泊位置も詳細に把握できるようになり、これは米海軍の日本や台湾近海での効果的な作戦遂行に役にたった。気象情報は重要で、中国全土、太平洋、日本付近の広範囲の気象状況を正確に把握できるようになった。一九四四年の終わりころ、カーチス・ルメイ将軍＊6が来たとき、マイルズらは会談し、ルメイからは「東京の気象情報のみが必要だ」と言われた。

＊6　最終階級は空軍大将。第五代空軍参謀総長を務め、Ｂ29による日本本土大空襲や原爆投下作戦を指揮した。

✺シェンノートとは友好な協力関係を築いた

第一四空軍でフライングタイガースを率いるシェンノート将軍とは、マイルズは早くから信頼関係を築いた。一九四二年の終わりころ、マイルズは、昆明のシェンノートのオフィスを訪ねた。マイルズは、シェンノートがマイルズと同じように中国を敵視せず、戴笠を信頼し、その力と人間性を理解していることや、フライングタイガースが陸軍に所属しながら海軍に対抗心を持っていないことを知り、たちまち意気投合した。シェンノートとスティルウェルの違いは、スティルウェルがビルマ戦線のみを重視し、中国戦線を軽視していたのに対し、シェンノートは中国での日本との戦闘の重要性を認識していたことだった。

シェンノートはマイルズに香港攻撃の際の航空写真を見せた。マイルズはその写真分析による的確な攻撃目標について説明するとシェンノートは大いに感心した。以後、マイルズは、シェンノートの飛行部隊にＳＡＣＯの写真専門家を派遣することとし、密接な協力関係が築かれた。これにより、シェンノートの飛行部隊の発進基地周辺の日本のスパイの摘発、日本の無線の傍受、天候情報の提供が効果を発揮し、日本軍の妨害を避けて効果的な爆撃が推進された。シェンノートも、ＳＡＣＯの物資輸送などについて全面的に協力した。両者の協力の成果は、陸海の情報収集により、西太平洋戦線での日本の艦船の行動状況の把握が容易になったことにも表れた。一九四四年一〇月、柳州から発進したシェンノート指揮下のＢ24が、レイテ沖海戦での日本の空母の位置を把握して海軍に通報するなど、その勝利にも貢献した。

さらに、米軍の飛行機が撃墜された際にパラシュートで脱出した搭乗員の救出では両者の協力が極めて効果を発揮した。マイルズらは、中国沿岸の海賊をすでに味方につけており、戴は、中国の住民から畏敬されていたので、彼らがパラシュートで降下した米兵を日本軍の探索から守り、救出された米兵は数十人に及んだ。

✺蔣介石と、スティルウェル、イギリス、そして共産党との暗闘

スティルウェルと蔣介石の確執は深かった。スティルウェルの頭は、ビルマ奪回作戦のことで占められていた。カイロ会談で、チャーチルもいったん承認した援蔣ルート開拓のためのイギリス軍も加わるビルマ作戦は、その後のテヘラン会談で、蔣介石やスティルウェルの知らない間に、チャーチルがフランス戦線を優先してビルマ戦線を縮小することにしたため、反故にされた。スティルウェルはこれに怒り、ビルマ戦線に国民党軍を増強するよう蔣介石に求めたが、蔣介石がこれに消極的だったため険悪な関係になった。スティルウェルとしては、ビルマ戦線は中国を救うためだと確信していた。しかし、蔣介石は、中国本土での日本軍の大陸打通作戦により、ビルマ戦線の六倍もの日本軍から激しい攻撃にさらされており、また、北方では毛沢東の共産軍からの圧迫を受け、これに耐えるために中国での戦力を割くことはできなかったのでスティルウェルの要求には応じなかった。しかし、目の前のビルマでの戦闘しか考えていないスティルウェルにはそれが理解できなかった。一九一二年の辛亥革命以来の孫文や蔣介石の中国統一と近

代化への努力や共産党との戦いの困難さの経緯について、スティルウェルは考えが及んでいなかった。

　また、スティルウェルは、延安にいたジョン・サービスらから、蔣介石の国民党軍は、日本とは戦わず共産党を相手に戦っている、国民党軍は背信的で日常的に日本軍と裏で通じている、国民党軍は腐敗しており共産党軍や地方軍の方が信頼できる、国民党に中国を任せるべきでない、などと吹き込まれていた。スティルウェルはそれを信じて、一九四四年七月に延安に共産党支援のためのディキシーミッションを派遣していた。サービスは、スティルウェルに、国民党は、米国の援助がなければ直ちに崩壊するのであり、ルーズベルトに訴えて蔣介石を排除すべきだとも進言した。サービスに吹き込まれたスティルウェルは、ルーズベルトに、中国戦線は自己が統率指揮し、蔣介石はその配下に入るべきだと懇請する電報を送った。問題解決のために、一九四四年九月六日、パトリック・ハーレーがルーズベルトの特使として派遣された。スティルウェルの進言はいったん認められ、その電報が届いた。しかし、ハーレーは、それは蔣介石には屈辱的なものなので示すべきでないと諫めたにもかかわらず、スティルウェルは蔣介石にそれを突き付けた。

　怒った蔣介石は、ルーズベルトにスティルウェルの解任を要求した。ハーレーは、中国との関係を維持するためには蔣介石の要請を受けるべきだとルーズベルトに電報で上申した。その上申の電報は極秘で送る必要があったが、陸軍を通じることはできないため、マイルズを通じて海軍の無線を用いてワシントンに送られた。ルーズベルトはそれを認めてスティルウェルの更迭を決意し、一〇月一八日、スティルウェルは解任されて中国を去ることとなった。

　一〇月三一日、スティルウェルの後任にＡ・Ｃ・ウェデマイヤー将軍が着任した。ウェデマイヤーは、蔣介石との間では、スティルウェルよりは遥かに良い関係を作り始めた。しかしウェデマイヤーも、周囲の共産主義者たちやＯＳＳに影響を受け、ＳＡＣＯの組織や運営について、マイルズや戴笠と激しく対立するようになった。

《共産党の抗日戦の実情を知っていたマイルズ》

一九四四年秋ころ、マイルズは、むしろ、共産軍こそ日本軍と合意し、日本軍を助けているという複数の報告を入手した。日本軍は、撤退後に共産党の革命のための種を残していくことを決断していたとマイルズは考えた*7。

＊7 このマイルズの認識の根拠は定かでないが、確かに、その当時、日本の陸軍は延安の共産党やソ連に接近して、それを志向した和平工作に傾斜していた。海軍は、陸軍よりも早くから連合国との和平を模索し、一九四四年八月、一九四四年八月、高木惣吉少将が、米内、及川、井上から極秘で和平工作の研究を命じられたことは著名だ。しかし、高木を始め海軍幹部は、重慶の蒋介石との和平やアメリカとの直接の和平交渉の余地はないと考え、和平に持ち込むためにソ連や延安の共産党に接近しようとした。

共産党は、日本との戦闘について華々しい戦果を挙げているようなレポートを出していた。それによれば、共産党軍は、一か月の間続けて、九〇分ごとに大きな戦闘をしていたことになるはずで、ありえない誇張だった。共産党軍が日本軍と効果的に戦っている状況はほとんどなかった。マイルズやシェンノートはこれをよく知っていた。しかし、それでも共産党は巧みにアメリカ軍やＯＳＳ、大使館を味方につけることに成功していた。

ディキシーミッションは、延安の共産党の大きな強化となった。この使節団には、大使館の二等書記官でスティルウェルの政治的アドバイザーに任命されていたジョン・サービスも加わり、半分以上がＯＳＳのメンバーだった。彼らは完全に共産党のシンパだった。団長はデビッド・バレット大佐だった。しかし、共産党のゲリラたちは、実際にはほとんど行動を起こしていなかった。どんな悪状況でもゲリラとして戦っていたＳＡＣＯとは大きく違っていた。ＳＡＣＯは、中国全土に七つの部隊を持ち、一九四四年八月から一九四五年二月までの間に、日本軍に対して、一八一回の攻撃を行い、二三〇〇人以上を殺害し、七〇〇人以上を負傷させた。また、日本の大陸打通作戦により奪われた鉄路や都市の周辺背後で活動し、鉄道や列車、倉庫、車両、航空機の破壊、日本軍が慰留した武器の回収確保、シェンノートの航空軍との情報提供による日本軍陣地の爆撃などの成果を上げた。しかし、共産党軍は実質的にはほとんど日本と戦わなかった。

✺戴笠の「忠義愛国軍」とSACOとの連携による戦い

戴笠は、藍衣社のほかにも、国民党の正規軍と異なる「忠義愛国軍」（Loyal Patriotic Army）を率いていた。忠義愛国軍は、上海近郊の山間部、揚子江沿岸や河口付近に密かに基地を設置し、日本軍の背後や側面から様々な攻撃を行った。約一万二〇〇〇人以上の兵士を有し、それ以上の数の傀儡政府に属する中国人と密接に接触、通謀し、その支援を受けていた。忠義愛国軍とSACOのゲリラ部隊とは、緊密に連携した。

彼らは、その地域で、日本軍の航空基地での飛行機の破壊など様々なゲリラ攻撃を行った。例えば、日本軍が大量のTNT火薬や爆弾を貯蔵していることをつかんだが、そこを直接爆撃して爆破させると付近の中国人民を死傷させるおそれがあった。そのため、忠義愛国軍はシェンノートの飛行部隊と連携して、その地域にビラをまき、日本軍に火薬爆弾の貯蔵を知られていることを認識させ、日本軍が爆撃を回避しようと火薬爆弾を近郊の丘などに運搬して隠匿しようとしたところを襲撃し、これらをすべて爆破するとともに日本兵を戦死させた。

上海南方のSACOのゲリラたちは、日本軍の軍票を大量に偽造し、忠義愛国軍に提供して闇市場で日本軍の物資を大量に購入した。SACOは、忠義愛国軍の負傷した兵士たちのために病院も設営した。

国民党軍が、日本軍の攻撃に対し、後退を繰り返す戦法は、アメリカ人から見ると本気で戦っていないと思われた。SACOの戦いも、広範囲に散らばり、正規戦でなくゲリラ戦による日本軍との戦いであったため、その戦果を重慶の中央に具体的に報告したり公にすることはできなかった。そのため、SACOらの戦いの成果は、重慶の米軍中枢や大使館から知られることがなく、理解されなかった。

戦後、マイルズは、日本軍との戦いの間、SACOの兵士たちには、武器弾薬が極めて乏しく苦しい戦を強いられたこと、それにもかかわらず、日本の敗戦により、日本軍の大量の武器が共産党軍の手に渡ったことを悔やむことになった。

《気象観測拠点や沿岸部の監視拠点の確立》

中国各地に気象観測拠点を設置することは極めて重要な使命だった。日本や西太平洋の天候は、中国西北部からの天候が移動してくる。そのため、アメリカ軍の中国沿岸部への上陸作戦や、台湾・沖縄戦、そして近い将来予想される日本本土への上陸作戦では、気象状況を正確に把握する必要性が極めて高かった。特に、陝西省北部でモンゴルとの境界にも近い第四キャンプは、気象観測基地として極めて重要だった。

これらの拠点の確保は、日本軍の無線の傍受のためにも役に立った。SACOから優秀なメンバーが困難な陸路を経て派遣され、一九四四年一月に設置された。このキャンプは、中国人の若者たちの抗日ゲリラ戦の教育のためにも活用され、現地の若者たち四クラス合計五六九人の訓練が行われた。一九四五年二月、戴笠とマイルズは飛行機で第四キャンプを訪ねた。このキャンプで訓練された兵士たちは、一九四五年五月、三時間の戦闘で、戦車を持った敵軍と戦い、二台の戦車、四台の装甲車を破壊し、六〇人の日本兵を殺害し、多数の銃器を奪うなどの大きな戦果を挙げた。

《米軍の中国上陸作戦に備える》

キング提督から、三、四年以内に米軍が中国に上陸するので、沿岸の情報を収集するようにといわれていたことをマイルズは忘れなかった。マイルズたちは、戴笠と相談しながら、約六か月間、米軍の上陸準備をした。福建省の福州近くの島に拠点を置き、厦門に観察拠点を設営した。温州の近くに第八キャンプが設置された。チェスター・ニミッツ将軍の指令で沿岸地方の探索のためにやってきた将校には、沿岸部の写真などの情報を提供した。

ＳＡＣＯのアメリカ人隊員たちは、戴の忠義愛国軍兵士たちの支援を得ながら、危険を冒して、上海付近から、東南沿岸部、サイゴンやシンガポールに至るまでの日本艦船の行動を、無線を傍受したり、海を見下ろす丘に潜み、双眼鏡で監視して観察を続けた。彼らは、中国服を着て、中国人と同じように振る舞った。また墜落した米軍機の搭乗員の救出にも活躍した。これらの観察部隊は、四年間の間に、わずか三人が日本軍に捕らえられただけだった。厦門付近の入り江で、木の枝をかぶせて隠していた駆逐艦を発見し、航空隊に連絡して直ちに爆撃し、撃沈させたこともあった。敵軍に潜伏する戴の配下の工作員からは、絶え間なく無線で敵軍の動向が知らされた。ただ、厦門付近で観察していたＳＡＣＯのメンバーが日本軍に捕らえられたこともあったし、ＳＡＣＯの中に日本軍のスパイが潜入していたこともあった。

一九四五年一月、ハルゼー提督からの要望で、マイルズたちは、インドシナ海での日本海軍艦船の状況探査を行った。マイルズらは、灯台看守、税関職員なども含めた広範な情報収集網を活用して情報探査を指示した。重慶にいたマイルズらに、まもなく、カムラン湾を始めとする日本海軍支配領域の日本船の大きさ、スピードなどの詳細な情報がもたらされた。ある灯台看守からは、二六隻の日本の輸送船が通過し、その進路やスピードを詳細に報告してきた。これらの情報はすべてハルゼー提督に報告され、米海軍はその日、報告に基づいて攻撃目標とした日本船四〇隻計一二万トンを撃沈し、これは日本海軍を消耗させ、早期の終戦に貢献した。情報収集は、時には、ＳＡＣＯと通じた海賊たちが漁民のふりをして日本船に魚を売りにいく方法ですら行われた。これにより、一一隻の輸送船が厦門から台湾の基隆に向かうことを把握し、最も近くにいた潜水艦により、撃沈するとともに、停泊していた駆逐艦三隻の撃沈にも成功した。

もっとも、各キャンプの運営や兵士たちの訓練は、資質の問題や海賊たちの派閥の違いなどもあり、各キャンプでは、新人の兵士らの訓練に苦労した

しかし、結局、当初想定されていた沿岸部への米軍の上陸はなかった。

《ハーレー大使、ハッピーバレーを訪問》

重慶のアメリカ大使館で、前任のガウス大使は、蔣介石に冷淡でイギリスと近かったが、後任のパトリック・ハーレー大使は、蔣介石の良き理解者となった。マイルズは、ハーレー大使をハッピーバレーの視察に招いた。アメリカや中国の兵士たちは、見事な隊列を作り、ファンファーレで大使を迎えた。大使が案内された大広間には、五〇〇人の中国人とアメリカ人との招宴のディナーが用意されていた。ディナーの途中、子供たちの合唱隊が、ハーレーのテーマソングだった「レッドリバーバレー」を合唱して大使を大いに喜ばせた。子供たちは、戦死した中国の兵士たちの孤児だった。ハーレーは、オクラホマの出身で、現在は国務省の外交官だが、もともとは筋金入りの陸軍軍人だった。ハーレーは最初、大使らしい真面目な挨拶を始めたが、途中からリラックスして、ジョークだらけのスピーチに変えてしまった。

スピーチの後、子供たちは、「レッドリバーバレー」を今度は中国語の歌詞で歌った。翌日、大使は戴笠らと昼食を共にした。この訪問によって、ハーレーは、中国兵士とアメリカ兵士が密接かつ友好的に連携していること、規律の保持、戦死者の子供たちのための孤児院での明るい教育などを目の当たりにし、SACOの意義を理解することになった。

✺マイルズらの最後の戦い―杜月笙の支援も得て上海を奪回

海軍はマイルズを支援し続けたが、ウェデマイヤーは、海軍の関与を嫌い、SACOを陸軍の指揮下に

置くことに執着していた。ウエデマイヤーは、中国でのアメリカの陸海軍の軍事や諜報の全ての活動を自分の指揮下において統括しようとした。そのため、ウェデマイヤーは、ＳＡＣＯで戴笠の指揮下にあるマイルズが戴との関係を断ち切ることを強く求め、マイルズが戴と協力していることは、議会の調査の対象となるとさえ言って恫喝した。

ウェデマイヤーやＯＳＳによる圧力や妨害の中でも、ＳＡＣＯの中国兵やアメリカ兵士らは、中国沿岸部の多くの拠点から、日本軍への効果的なゲリラ攻撃を続け、アメリカ海軍の海戦支援のために役立つ多くの情報を送り続けた。

マイルズは、繰り返し、延安の共産党は、ソ連の支援を受けて勢力拡大を図っていることを報告していた。マイルズは、共産党が日本軍と通じている確かな情報も多数把握していた。日本軍が撤退すると共産党軍がすぐにその地域に、戦闘なしで侵入して支配を確保し、日本軍が残した武器を接収することが繰り返された*8。

＊8　延安の共産党が、日本の支那派遣総軍と密かに通じて国民党軍への攻撃を支援していたことについては、『毛沢東―日本軍と共謀した男』（遠藤誉、新潮選書、二〇一五年）に詳しい。

一九四五年七月、マイルズは戴笠と行動を共にし、沿岸部で日本軍と背中合わせの地域で、戦闘を重ねたり日本軍の襲撃を受けたりしながら、戦いを継続した。日本軍との小競り合いは続き、ある時は、マイルズと戴が同部屋で睡眠中、四人の刺客の襲撃を受けてかろうじてこれから逃れたこともあった。刺客の一人は共産党軍に属していた者で、ポケットには延安の新聞の切り抜きが入っていた。二人は日本人と朝鮮人で、山東省の日本の「暗殺学校」で暗殺の訓練を受けていた男だった。

マイルズらは、日本に原爆二発が落とされた情報も聞いた。マイルズは、原爆が日本の市民を無差別に殺戮したことへの怒りを語っている。

日本の降伏に備えて、重慶で会議が開かれることになったが、マイルズらを乗せる飛行機は到着が遅れてこれに間に合わなかった。陸軍は、沿岸部の支配もことごとくＳＡＣＯや海軍から奪おうとしていた。

日本の降伏は目の前に来ていたが、マイルズらが対峙していた地域の日本軍はその実情を理解していないように思われた。マイルズは戴笠から示唆を受けて、日本軍の司令官にメッセージを送ることとした。

「私はアメリカ海軍の幹部で今中国にいます。戦争は終わりました。これは中国軍の権限ではありますが、私たちが降伏受け入れの窓口になることができます。私たちはわずか二〇人で貴方たちは二〇〇〇人ですが、よろしければまず私たちに連絡し、回答をください」という内容だった。マイルズは、使者に白旗を持たせて日本軍に送ったが、使者は戻ってこず、後日、彼は殺されたと聞いた。

《上海の奪回、杜月笙の活躍》

日本の敗戦は確実となったため、戴笠とマイルズは、上海をどのように接収して支配を回復するか作戦を練った。戴は、そのために、杜月笙にその任務を与えた。杜月笙は、蔣介石の側近であったが、その名を聞いただけで人を震えさせるような上海の地下組織「青幇」の首領である一方、港湾、運送、などから、歓楽街やアヘン吸引場所まで上海の表と地下の膨大な組織を実質的に支配していた。日本軍の上海占領以降ですら、杜月笙の地下組織は生きており、上海に網の目のような情報網を持っていた。しかし、マイルズと会った杜月笙は、紳士的で礼儀正しい男だった。戴らは、杭州から余り離れていない村に拠点を置き、日本敗戦後の上海接収作戦を練った。

マイルズと戴は、上海の奪回作戦の検討中、共産党が、上海の発電所や装置を破壊しようとしている情報を掴んだ。それは、上海の排水機能を麻痺させ、伝染病の蔓延を招くものだった。しかし、杜月笙配下の「組合」がその防衛に成功した。上海や南京の傀儡軍の多くは蔣介石や国民党の側に立っていた。戴は、周仏海と会い、周が国民党のいかなる指示にも従うことを約束させた*9。

＊９　青幇は、上海を中心とし、当初はアヘン密売などの犯罪組織として成長したが、次第に裏社会のみでなく、金融、不動産、港湾労働、新聞など、表社会を支配するようになった。杜は、蔣介石が第一次国共合作を崩壊させて共産党を弾圧した一九二七年の上海クーデターで、蔣介石側についてこれを成功させて以来、蔣介石の右腕として、抗日戦や和平工作などに大きく活躍した。上海が日本に占領されてからも、杜の上海の表裏の組織への影響力は維持されていた。周仏海は、汪兆銘に次ぐ南京政府の大物で、一九四四年末の汪の死後は、実質的に南京政府の最高実力者だった。周仏海は、重慶とも様々なパイプがあり、杜月笙もその一人だった。戴笠とも連絡の接点をもっていた。周仏海は、日中戦争前から膨大な「周仏海日記」を残し、戦後出版された。周は、漢奸として戦後逮捕され、死刑となったが、無期に減刑され、獄中で死亡した。

日本の降伏後、八月一九日にＳＡＣＯのメンバーが上海に入った。マイルズは、九月四日に空路上海に入ったが、日本軍は秩序正しく迎えた。杜月笙が全てをアレンジしており、マイルズのためにキャセイホテルの豪華な部屋が用意され、マイルズの専用車などもすべて用意されていた。ＳＡＣＯのためのオフィスビルも確保された。マイルズらは、それから、米海軍の上海上陸のための準備を鋭意行った。

九月九日、南京で降伏調印式が行われた。ＳＡＣＯに協力した海賊たちも上海で引き続き協力した。彼らは金ではなく、忠義心のある市民であることを納税者名簿にその名前を記載して明確にすることを望んでいた。

✺マイルズの召還と失意の帰国―戴笠の死を知る

マイルズは、かつてワシントンで上司であり、マイルズの中国での戦いを四年間一貫して後押ししてくれたウィリス・リー将軍が死亡したとの知らせを受け、衝撃を受けた。ＯＳＳやウェデマイヤーの弾圧によって孤立無援となっていたマイルズは、九月末、本国に召還され、階級も下げられることとなった。戴笠が空港に見送りに来たのが彼との最後の対面だった。マイルズを失ったＳＡＣＯは、その規模や任務を大きく削減された。マイルズは、蔣介石から、マイルズが中米の友好のために貢献したことに対する軍人としての最高の栄誉をたたえるメダルを送られた。帰国したマイルズに、二か月余り後、戴からの真情の溢れる手紙が届き、それにはこう書かれていた。

「ＳＡＣＯが達成したこと、私たち二人の永遠に変わることのない友情は、私たちの小さな仲間にとっての幸いであっただけでなく、中国とアメリカ両国の友好的な関係のために極めて大きな意味を持っています。中国は、八年間の血なまぐさい戦争と、長く厳しかった苦しみの後、これからは建設のための大きな歩みを始め、国の強さを取り戻さなければなりません。しかし、さまざまな意味で発展が遅れた我が国は、技術的にも、経済的にも、これから継続して、友国であるアメリカからの援助の手を求めています。しかも、世界の状況を概観すると、中国とアメリカの二つの大国の運命は、これから先、複雑に織り交ざっています。長い戦いの間、同じように喜びと苦しみを分かち合ってきた貴方と私は、現在の状況について理解を共有していると思います。私は、私たちが、これまで分かち合ってきた協力による成功の価値を高く評価するのみでなく、これからも私たち二つの国の未来の利益と繁栄のために共に働くことができると固く信じています。どんな組織においても、その初期においては困難や障害を避けることができません。しかし、私たちの目的が一部の人々の利益を求めるのでなく、また、固い決意と忍耐をもって歩みを続けることにより、その結果が立派なものであるか否かにかかわらず、世界はそれを知ることになるでしょう。私は、今、なんらかの励ましと慰めが求められていると思います。私は、これからの状況は、私たちが、最も正しく、また友好的な精神を持続していくことが求められていると信じています」

マイルズは、もし、アメリカがもっと戴笠を理解し、支援していたならば、極東の歴史は変わっていただろうと回想する。

《戴笠の死を知る》

マイルズは、帰国後、戴笠から心のこもった手紙を受け取った。しかし、一九四六年三月、マイルズは戴の死を知った。海軍のクーク将軍が、青島に海軍のための宿舎とオフィス用地の確保が必要となり、戴にその手配を頼み、戴は快く引き受けた。戴は多忙の中に、「小さな将軍」と名のついた海軍の飛行機で青島に飛んだ。現地の大勢の地主たちを回り、彼らは戴の要請に応じて、必要な用地の確保ができることになった。戴は蒋介石に報告すべく即座に南京に飛ぼうとしたが、その飛行機がすぐに準備できなかったため、中国の飛行機を調達し、南京地方に疎いパイロットに操縦をさせて出発した。その日は曇天で有視界飛行だったが、数時間後、南京北部のどこかから、天候のために引き返す、との無電があったのち消息が絶たれた。

マイルズがこの悲劇の知らせを聞いたのは三月二一日のことだった＊10。チェスター・ニミッツ将軍は、マイルズに、戴の葬儀で遺族に授与する勲功章のメダルを用意し、マイルズを葬儀に出席させようとした。しかし、マーシャル将軍は、「もしそうするなら自分は辞任するとトルーマンに訴える」と海軍のフォレスタル長官に伝えた。マーシャルは、当時、国民党と共産党の対立の調停に奔走していたため、このような戴の死への海軍の手厚い対応はその障害になると考えたからだった。結局、マイルズの戴の葬儀出席は実現しなかった。

＊10　戴の墜落死については、テロであったという説が根強い。戴の飛行機は、ＯＳＳ型の爆弾で爆破されたのであり、犯人はＯＳＳであったとの説がある。他方、国民党の特務機関で、戴笠の藍衣者とは対立、対抗関係にあった、陳果夫、陳立夫らのＣＣ団によるとの説もある。

✺再び中国を訪ねたマイルズ―戴笠の埋葬式への参列

帰国後、健康回復に努めていたマイルズに、海軍は海上勤務を命じ、一九四七年初め、マイルズは巡洋艦コロンバスの艦長となった。マイルズは、上海を訪ね、南京で行われる戴笠の埋葬式に出席しようと考えた。クーク将軍にその希望を伝えたところ、クークは、当時国務長官となっていたマーシャルに相談したが、マーシャルは出席に同意しなかった。しかし、クークは、マイルズが非公式に私服で参加するならよい、と了承してくれ、マイルズの南京行きが実現した。当時、共産党と国民党との調整は暗礁に乗り上げ、共産党の動きが極めて目に見えるようになっていた時期だった。

マイルズはその船で上海を訪れ、大歓迎を受けて、戴の埋葬式に参列した。蒋介石とマイルズの二人が弔辞を読み、マイルズはいたるところで大歓迎を受けた。上海のＳＡＣＯの本部を訪ねたマイルズは、孫文や蒋介石の写真と共に、戴とマイルズの写真額が並んでいることに驚いた。

国共の内戦により国民党軍が敗北し、蒋介石らが台湾に逃れたことにマイルズは心を痛めていたが、次第に、マイルズの見識が正しかったことが、理解されるようになった。

３　「鉄人」アイフラーの戦い

カール・アイフラー（Carl E. Eifler　最終階級大佐）が訓練し、率いたＯＳＳの第一〇一部隊は、ビルマ戦線で活躍した。約一万平方マイルの地域で、約三〇〇人のＯＳＳの工作員と約三二〇〇人のカチン族の兵士らが、勢力で遥かに勝る日本軍を相手に様々なゲリラ戦を戦い、僅か三七人の味方の犠牲で、一二四七人の日本兵を殺し、重機や輸送施設、通信手段を破壊するなど顕著な戦績を上げた。一〇一部隊はアイゼンハワー将軍から表彰されたが、ＯＳＳの単独部隊が大統領から表彰されたのは唯一であり、これはＯＳＳの作戦の大きな成功だった。ＯＳＳで獅子奮迅の活躍をしたアイフラーはまさに鉄人の名にふさわしかった。サンライズ作戦は、ダレスらの「智略」「謀略」の成果だったが、アイフラーらの活躍は、ビルマのジャングルでの実戦としてのゲリラ戦が中心だった。以下は、主にアイフラーの部下だったトム・ムーンが著した『The Grim And Savage Game』による。

✺スティルウェルに能力を発見されたアイフラー

アイフラーは、元々は税関職員で、カリフォルニアで勤務していた。一九三四年春、アイフラーは、メキシコ国境近くのティファナにあるバーで、漁師のスタイルをした数人の日本人たちの不審な行動に気付いた。アイフラーは数日監視を続け、地元の協力者を使ってその素性を調べさせた。その結果、彼らはエビ漁の漁師を装ってメキシコに来た数百人の日本軍の一員であり、ティファナの南方にキャンプを張り、そこに自然の飛行場を建設していたことが判明した。日本がメキシコの大学と教授を交換していることや、メキシコと密かに通じ、カリフォルニア半島南部（メキシコ領）を、日本軍の部隊や補給の基地として提供を受ける見返りに、日本がアメリカに勝利したら、アリゾナ州とニューメキシコ州をメキシコに割譲することを画策しているとの情報も得られた。

アイフラーは詳細な報告書を作成したが、税関の上司や仲間はまともに取り合わなかった。アイフラーは、陸軍の予備部隊にも所属していたが、その司令官は、ジョセフ・Ｗ・スティルウェル中佐だったので、スティルウェルに直接会って報告した。スティルウェルは、以前中国で勤務していたとき、日本軍の満州への進出工作状況をよく知っていたので、興味を示し、高く評価してワシントンにも報告した。日本とメキシコとの目論見は結局実現には至らなかったが、これがアイフラーとスティルウェルとの強い信頼の絆を作ることとなった。

スティルウェルはカリフォルニアの予備部隊の司令官の職に不満をかこっていたが、アイフラーの熱心さを評価した。スティルウェルは一九二一年に語学生として北京に派遣され、山西省では数か月間、労働者や農民と生活を共にし、一九二七年には天津で中国の内戦を観察した。その後北京の駐在武官となり、中国の外務や軍事の高官と接した。スティルウェルは昔気質の軍人で、第一次大戦で活躍したが目を大けがしてその後遺症に苦しんでいた。「ビネガー・ジョー」のあだ名があり、頑固で辛辣な性格だった。スティルウェルは、部下たちに中国での日本軍の動きなどを講義したが、アイフラーは最も熱心でスティルウェルといつも一緒にいたがり、東洋のことを質問攻めにしていた。

一九三五年、スティルウェルは、北京の大使館付武官として中国に戻った。中国の軍隊には汚職や権力乱用が多くあり、これは以前と変わっていなかった。スティルウェルはこれを批判し、自分が一流の軍隊に育てたいとの夢を持っていた。蔣介石はその原因を装備の不足だと弁解していたが、スティルウェルは、そうではなく、適切な指揮指導の不足にあると主張した。これがスティルウェルと蔣介石との長い対立の始まりだった。

✺真珠湾攻撃に遭遇する

アイフラーは、一九三六年にホノルルの税関の首席監察官に昇進してハワイに赴任した。まもなく日中戦争がはじまり、アメリカの排日や経済制裁が厳しくなった。中国で日本軍の動きを観察していたスティルウェルは、准将に昇進し、海路で一時帰国を命じられた。それを知ったアイフラーは、ボートでホノルルの二〇マイル沖に停泊していたスティルウェルの船を訪ねて再会した。アイフラーは、当時、予備軍に所属して兵士の訓練教官をしていたが、スティルウェルに、もし自分を正規軍の将校にしてくれれば、開戦までに一〇〇人の優れた兵士を提供できると陳情し、スティルウェルは、できるだけのことをしようと約束してくれた。アイフラーは既に日米の開戦は必至だと予測していた。間もなく、アイフラーは、正規軍将校登用の辞令を受けた。

一九四一年三月、アイフラーは日本の攻撃準備を確信し、厳しい訓練を開始した。アイフラーは、ホノルルの第三五歩兵連隊に所属し、最も士気能力に劣る予備中隊のＫ中隊の指揮官だった。後に中国東南アジア戦線で共にＯＳＳの指揮官として働くことになるジョン・コーリンは、最も優秀なＬ中隊を指揮していた。隊員たちの基礎能力には歴然とした差があったが、アイフラーはあらゆる研究をしてコーリンの部隊に追いつこうとした。アイフラーの統率は優れており、大声を出さなくても部下は従った。ある日、アイフラーは隊員を並べて「お前たちは自分で思っているほど強くはない。誰一人俺をノックダウンできないぞ。俺の腹を思いきり殴って見ろ」と命じた。七七人の隊員が次々とアイフラーに殴りかかったが誰一人彼を倒せなかった。

一九四一年一二月七日の日曜の朝、真珠湾攻撃が始まった。アイフラーは、大混乱の中で、戦艦アリゾナが撃沈されるのを目撃した。遂に日米は開戦した。敵対する疑いのある日系人のキャンプを設営する作業が始まった。女性キャンプには、アイフラー夫人自身が看守となり、売春婦から日本の皇族女性まで様々な日本女性が収容された。真珠湾攻撃をした二人乗りの日本の潜水艦が沈没し、日本兵一人は死んだが一人は生き残って捕虜となった。これが初の日本兵捕虜だった。彼は典型的な日本軍人で、礼儀正しく超然としていた。彼はアイフラーに、彼を指揮所に連れて行き、そこで切腹させてくれるよう懇請した。アイフラーはそれを許さなかった。その後彼は模範的な捕虜となった。

✺ＯＳＳに参加したアイフラー――スパイ学校での訓練

一九四二年二月一七日、アイフラーはワシントンからの電信で、ＣＯＩ（※Coordinator of Information 六月にＯＳＳに改組）への移籍と極東への派遣を打診された。後にＯＳＳの副長官となったグッドフェロー大佐（M. Preston Goodfellow）の根回しによるものだった。アイフラーのメキシコ国境での日本軍の動きの調査報告や、ホノルルでの部隊の指揮統率の優秀さがワシントンにも知られていたのだ。アイフラーと上司は最初断ったが、グッドフェローは陸軍のスティムソン長官の友人だったので、その影響力を用いてアイフラーを承諾させ、任命にこぎつけた。

三月九日、アイフラーはワシントンに呼ばれ、ＣＯＩのビルでグッドフェローと会談した。グッドフェローから、中国に「破壊活動家」(saboteur) の指揮官として行くように指示された。それは、中国で蔣介石の総参謀長となっていたスティルウェルの推薦によるものだった。アイフラーは、「暗殺、偽造、強盗」を連想して反感を覚えたが、迷った末承諾した。アイフラーは、強力なメンバーを集めることを要請し、ホノルルで一緒だったジョン・コーリン大尉ら数人を推薦した。彼らもそれに応じることとなった。

三月一七日、アイフラーはホノルルを離任してワシントンに赴任した。アイフラーは、中国だけでなく、インドや仏印、マレーシア、日本、朝鮮全体での活動の指揮権を与えられることとなった。アイフラーとコーリンは中国での破壊活動の計画を議論し、優秀な人材の登用に取り組んだ。消防局、国境警備隊、捜査官、パイロット、兵士、電気技師、鉄道建設技師、法律家、ビジネスマネージャー、化学者、会計士、医者、無線技士、爆弾専門家、大工、錠前師、宝石細工師、教師、各国の語学専門家、写真家などからの採用が進められた。採用に当たっては危険な仕事で死亡の危険があると伝えられた。

若い弁護士ジャック・パンプリンの採用面接のため、アイフラーが彼を部屋に招いた。アイフラーが、椅子から巨体を上げてパンプリンに近寄り、握手をしたとき、彼はこの男から体中の骨を折られてしまうのではないか、と感じた。アイフラーは、「俺の腹を思いきり力いっぱい殴れ」と言い、ためらうパンプリンを強く促した。彼は、体を引いて勢いをつけ、渾身の力でアイフラーの腹を殴ったが、アイフラーは一インチも動かなかった。インタビューの後、彼の採用が決まった。

《スパイ学校での訓練》

オンタリオ湖の北岸のカナダ領に「キャンプＸ」と呼ばれたイギリスのスパイ訓練校があった。イギリスは、アメリカよりもずっと早くスパイ活動の組織構築と訓練を進めていた。カナダとの協力により設置されたこのキャンプは、イギリスのＳＯＥ*1のブランチでもあり、ＳＯＥを始め、友好国アメリカのＦＢＩやＣＯＩなどの組織からも訓練参加が受け入れられていた。アイフラーら、ＣＯＩの中国派遣予定メンバーの中から八人が、イギリス私兵の身分を与えられてこの訓練に参加した。

参加者の年齢や軍人・非軍人は様々であり、真珠湾攻撃の二日後から開校され、二年後の閉校まで五〇〇人のスパイやゲリラを育てた。訓練は徹底した秘密主義であり、座学による諜報活動の教育や、実践的戦闘訓練が行われた。座学では、日本とアメリカの文化の違いや複雑な日本の政治や社会の事情などの講義もあった。実践訓練では、列車の爆破訓練や、敗戦を想定し、敗戦後に地下に潜って反撃を行う訓練さえ行われた。

教官の一人に、イギリス人で「恐れ知らずのダン」「上海のギャング」と呼ばれたウィリアム・フェアバーンがいた。彼は、柔術の専門家で上海の警察を指導したことがあるが、その主義は「ダーティーファイト」だった。ルールを無視して相手を倒すことだけが目的だった。傑出した生徒の一人にアトワ（Artois）少佐がいた。ＳＯＥに所属してフランス戦線で活動したが、資金が必要になると裕福なドイツ協力者を誘拐し、身代金を得ていた。自分の隊員五九人がドイツ軍に棒で殴打されて殺された報復に、ドイツ兵五二人を並べて一人ずつ銃殺した。戦後ＳＯＥに残ろうとしたが余りの過激さのため認められなかった。

＊1 ＳＯＥ（Special Operations Exective）は一九四〇年に、イギリスの伝統的な諜報機関であるSecret Intelligence Service（ＳＩＳ 略称ＭＩ６）から分かれ、ヒットラーに対抗する諜報やゲリラなどの特殊工作を行う組織としてスタートした。

アメリカにはこのような訓練の組織や経験がなかったので、キャンプXでの訓練終了後、これを見習ってワシントン郊外にアメリカの訓練キャンプが開設された。

訓練を卒業してワシントンに戻ったアイフラーは少佐に昇進し、コーリンもアイフラーの進言により同時昇進が実現した。こうして、いつでも中国に赴任できる準備はできたが、新参の組織であるＯＳＳが中国戦線に参入することを陸海軍が嫌っていたため、なかなか出発できなかった。ようやく、アイフラーと二〇人のＯＳＳ隊員たちの出発許可が下り、一行は、マイアミ、ブラジル、カイロを経由してカルカッタに到着した。その間、多量の爆薬を持ち込むため、アイフラーたちは税関通過手続きで様々な芝居や偽装手段をとった。

✺中国進入計画の挫折

しかし、アイフラーの一行はインドで足止めを食った。二〇人の隊員はニューデリーに残し、やっとアイフラー一人が、ヒマラヤ越えで重慶に入った。アイフラーはスティルウェルと会い、ＯＳＳの中国での活動の了解を求めたが、予想に反し、スティルウェルは「君たちはここでは必要ない」と言った。それは、もともと正規戦を本領とする昔気質の軍人である彼が、ＯＳＳの諜報やゲリラ活動にさほどの期待をしていなかったことに加え、当時スティルウェルは、蔣介石や戴笠と対立して険悪な関係にあったためだった。アイフラーたちＯＳＳが中国で活動することに理解や協力を得るには困難な事情があった。

しかし、強く了解を求めるアイフラーに、スティルウェルは「三〇日間与えるから、自分で何ができるか報告せよ」と指示した。アイフラーには、現地アメリカ軍を指揮するスティルウェルに対する使命のほかにも、大使館付武官としての使命があった。しかし、中国のアメリカ大使のガウスは、スパイ活動を嫌っており、その支援は得られなかった。中国政府を通した支援も期待したが、ワシントンで、彼を擁護してくれるはずだった中国の閣僚クラスの男は失脚していた。

アイフラーは海軍から派遣されていたミルトン・マイルズにもコンタクトした。マイルズは、沿岸監視拠点を作るため派遣されており、既に戴笠と緊密になっていた。一九四二年半ば、マイルズが駅の雑踏の中で背中を刺され、相手を蹴り倒し、顎を蹴って舌をちぎらせるという事件があったが、戴の組織が迅速に犯人を検挙したことがあるなど、アイフラーは戴の実力を知っていた。しかし、アイフラーは戴には会わせてもらえなかった。困ったアイフラーは、重慶政府の役人と会い、スパイ・破壊工作のネットワークを作り、朝鮮、そして最後には日本に侵入したいので連携したいと申し出た。その役人は喜んだが、作戦は自分が指揮する、金をくれるならなんでもやる、と言ったので、金目当ての協力だと分かり、この話はなしになった。

アイフラーは、スティルウェルと再び会い、自分の中国受け入れ工作が失敗したことを報告した。スティルウェルは、アイフラーの部隊が、ビルマで日本との戦線の背後で戦うことを指示した。スティルウェルはもともとビルマ戦線を重視し、援蔣ルートの再開を目指していたので、この方針は彼にとっても好都合だった。アイフラーはニューデリーに戻り、隊員たちに、中国ではなく、ビルマで戦うことを伝えた。

✺ビルマ戦線での戦いの開始―カチン族との連携

アイフラーは、ビルマ総督のドーマン・スミスと会談し、この作戦の理解を得た。しかし、その後アイフラーは様々な場面で、イギリスとの間で摩擦や軋轢に悩まされることとなった。

アイフラーの一〇一部隊は、インドのアッサム地方の小さな茶畑の村にナジラキャンプ（Nazira camp）を設営した。しかし、危機が生じた。グットフェローはＣＯＩの副長官になったがアイフラーの隊は忘れられ、予算も届かなくなった。アイフラーは、五万ドルをドーマン・スミスから借用し、後日スティルウェルと会って五万ドルを提供してもらってようやく返済できた。訓練の合間に、アイフラーはイギリスから派遣されていたリッチモンドらとの間で、アメリカ人とイギリス人のどっちが射撃がうまいか、の競争をし、頭の上に載せたコップ、更には、口にくわえたタバコを相互に撃ち落とすことを競い合った。

キャンプの近くの藪で長さ三メートルもある数匹のキングコブラが見つかった。アイフラーは直ぐに飛んでいき、村の住民が恐れて見守る中でキングコブラと格闘し、しっぽをつかんで振り回し、頭をナイフで切り落としてしまった。翌朝、アイフラーの宿所の前に住民たちが集まってきた。アイフラーが死んでいないかと心配したのだった。

キャンプはフル回転で活動準備を進めた。キャンプの北方に、獰猛な人食い族のナガス（Nagas）族が住んでいた。アイフラーらは密林を通り抜けてその地域に入り込み、彼らと対面した。驚いたことに、彼らは、「私たちはアメリカ軍に協力する」と英語で書いたメモを見せた。その後の作戦で、彼らの部族は日本軍兵士のパラシュート降下の通報をするなど、一〇一部隊に協力した。

アイフラーは、諜報活動を強化した。一つは、売春婦を通じた情報収集だった。日本軍が駐留する地域で人気のある売春婦を協力者とし、日本軍の動向に関する情報を聞き出させた。ビルマ全域にコンパクトな七二台の無電機を設置することにも成功した。

一九四二年九月初旬、ラングーン沖で米軍機が墜落したとの情報が入った。アイフラーは、反対意見を押し切り、カルカッタに到着したばかりの六三フィートの高速救命艇を直ぐに荷ほどきし、ガソリン缶を山積みして出航し、九〇〇マイル離れた遭難海域を目指した。闇夜での浮遊物との衝突や日本軍機からの攻撃の危険をかわしながら現場に到着し、生存九人のアメリカ兵を救出し、燃料切れ寸前で生還、救出に成功した。

雇用する現地人の指揮を執れる強くて賢い人材が必要となり、優秀なインド人 Pete を採用し、彼に指導させて多数の現地人の使用人を雇用した。

これらの周到な準備を進めた上、一九四二年一二月から、いよいよビルマの日本軍支配地域への侵入作戦が開始された。作戦のためには、ビルマ北部の有力な民族であるカチン族との連携協力が不可欠だった。カチン族の兵士たちは勇敢で智略に満ちていた。一九四三年一月七日、日本軍がミートキーナから北上するとの情報が入ると、アイフラーやコーリンは一〇一部隊を率いて、カチン族と共にゲリラ戦を開始した。無電機器を持ったパラシュート部隊を、日本軍の後方の狭く虎もいる地域に降下させ、日本軍が使用する橋を爆破した。

カチン族の兵士たちのための武器が必要となり、アイフラーは、ワシントンにそれを要求したが、ワシントンが最新の機関銃をビルマ戦線に回すのは容易でなかった。アイフラーは、カチン族の兵士は散弾銃や昔ながらの先込め銃を好んでおり、火薬も自分たちで作ることができると知っていた。ワシントンに、南北戦争当時の未使用の先込め銃五〇〇丁が大量に保存されていることがわかり、それは直ちに一〇一部隊に送られた。

アイフラーは、ワシントンから一般的な作戦の指揮を受けたが、具体的に戦場でどのような作戦をとるかは任されており、ほとんど報告しなかった。アイフラーは、常にワシントンやＣＢＩ（※中国・ビルマ・インド戦線）の高級将校たちとの官僚的な指揮体制との間で苦しんだ。それらとの戦いが九割で、真の日本との戦いは一割に過ぎない、とこぼしていた。

✺日本軍を手玉にとった「名物男」宣教師スチュアート

アイルランドの宣教師のジェームズ・スチュアートも一〇一部隊に加わった。彼は布教活動を通じてカチン語に堪能で、現地を知り尽くしていた。あるとき、スチュアートは、数百人の現地の避難民が潜んでいる村の近くまで日本軍が進軍していることを知り、彼らを助けようと策を練った。

スチュアートは大胆にも、丸腰の粗末な身なりで、前進してくる日本軍の隊列の前に立った。部隊の隊長が、彼が白人であることに驚き、様々問いただしたが、スチュアートは、自分はアイルランド人の宣教師で、近くの村の避難民たちの世話をしていると語り、大胆にも、彼らに食料を提供してほしいと頼んだ。隊長は、それに騙され、食料は出せないが、おとなしくしていれば害は加えないと約束して進軍を続けた。

スチュアートは村に戻って避難民らを安心させ、滞在して精神的な指導や食料の調達に努力した。滞在する中でしばしば日本軍の陣地を訪ねて食糧を求めたりするうち、スチュアートに親しみを感じる日本兵が増え、彼らから巧みに日本軍の動向の情報を聞き出した。日本兵の中にクリスチャンがおり、特にスチュアートと親しくなった。ある時、その日本兵が来て、こっそり、隊はスチュアートを殺そうとしていると教えてくれた。部隊から怪しまれるようになっていたのだ。

スチュアートは忽然とジャングルに姿を隠して一〇一部隊に戻った。彼はその日本兵のためにその後も祈り続けた。スチュアートは、隊に戻ると直ちに軍服姿となった。彼は、兄がアイルランド革命軍だったため、イギリスから、彼も監獄に入るか、牧師になるしかないと言われ、牧師の道を選んだ。しかし、彼の本当の目的は軍人として日本と戦うことだった。「人を助けるのが自分の使命だ」とスチュアートは信じていた。

一〇一部隊は、徹底的に冷酷でもあった。二人の隊員が、敵側の人間と思われる現地人二人を捕まえて尋問したが、自白しないので、弱そうに見える一人をその場で射殺し、残る一人から、それが敵側の隊員であることを自白させた。後ろ手に両手を縛られている捕虜を、「つかまったらこうなると分かっているだろう」と言いながら、大きな墓穴の前で、一息にその首を切り落としこともあった。

✺作戦の進展と部隊の増強

一〇一部隊は、日本軍から徐々に北側に圧迫され、中国国境との間まで追い詰められることもあった。その時は、無線で中国の通貨と旅券を要求し、境界付近にそれを空から落として中国内に逃げさせ、またビルマに戻るということもした。しかし、困難な中にも作戦は進んだ。

一九四三年初め、イギリスのアーヴィン准将が、アイフラーに、ベンガル湾に面したビルマの海岸線のアキャブで、日本軍による北部とラングーンの道を遮断する作戦を提案した。同意したアイフラーは作戦準備を始めた。同年五月六日、非常に危険な作戦の中でアイフラーは重傷を負い、八月には入院となった。しかし、アイフラーは医師の指示に反して巧妙な策略で退院し、戦線に復帰した。この間も作戦は進行した。一〇一部隊の隊員らは、日本軍からは捕まえようがなく、また多数の言語の現地隊員による日本軍破壊工作も進んだ。

あるとき、日本軍のパイロットを捕虜にし、飛行機を隠している場所を追及したが、自白しなかった。アイフラーは、彼の名誉を保ちつつ、巧みな取り調べで、森の端の地面の裂け目に飛行機を巧みに隠している場所を、自白剤を用いずに自白させ、翌日の攻撃で日本機を爆撃破壊した。

五人のイギリス系ビルマ人の隊員らが、中国との国境付近に潜入したとき、その地域の中国軍の司令官から、たびたび「保護料」の金を要求されたことがあった。これに懲りて別の地域にパラシュートで降下した五人の隊員らが、さまざまな貴重な報告をした。しかし、彼らは日本軍に逮捕され、激しい拷問を受けていると報告された。救出のため、その監獄を米軍機が正確に攻撃して建物を破壊した。

九月、極めて正確な方向探知機の新しい装備が届いた。隠された爆弾を飛行機から発見する装置も含まれていた。紙製パラシュートやストーブ、充電器のセット、アスピリンに似せて青酸化合物を入れた錠剤で、日本兵の現地用務員に持たせ、将校を殺害させるもの、ストーブや蒸気機関車用の石炭に爆発物を含ませたもの、木材を使う地域では木材を割いてその中に爆薬を装填するものなど、アイフラーの求めに応じて様々なものが製作されて一〇一部隊に送られてきた。一九四三年一一月までには多数の暗号解読員や無線技士らが到着した。

ビルマでは、虚偽の日本新聞を作成し、その中に日本軍の実行不可能な宣言を書き、現地人に対して日本軍の信用を失墜させるようなブラックプロパガンダ作戦も行った。知名度の高い日本人が連合国に協力するとの虚偽の情報、部隊の上官が日本軍に降伏したとの虚偽の情報などが流された。ワシントンで偽造された日本軍の膨大な軍票を大量に使用したり、ばらまいて現地経済を混乱させることもした。

一〇一部隊は、現地兵を除いて二〇〇人に達していた。分野や能力は様々だった。現地での採用も認められていた。カイロで、現地人の少年や女性を、ホテルのロビーで敵側のエージェントの会話を立ち聞きさせることなども行った。ワシントンから工作員は補充されたものの、インテリのエージェントは常識にかけ、柔軟性がない問題もあった。エリートの親族の縁故採用もあった。また、共産主義者の侵入も疑われる一方、ロシアの没落貴族の末裔もいるなど、工作員のバックグラウンドは多様だった。

✺スティルウェルから「蔣介石暗殺計画」を指示される

アイフラーは、スティルウェルから、蔣介石の暗殺を指示された。一九四三年の初秋、ニューデリーで、アイフラーはスティルウェルから呼ばれて密談した。スティルウェルは「もしアメリカが合理的な道を進むのなら、蔣介石を排除しなければならない。君が、逮捕されたり巻き込まれることなしにそれがやれるか？」と聞いた。蔣介石を暗殺しようという意志だったことは明らかだった。アイフラーは驚かなかった。彼はうなずき、「方法は見つけられます」と答えた。スティルウェルは、「それには君やその部下が報復されないやり方が必要だ」と言った。アイフラーは敬礼し、握手してその場を離れた。

アイフラーは直ちに蔣介石暗殺の方策を考えた。単純な方法は、スナイパーを使って蔣介石を銃撃することだったが、スナイパーが逮捕されない保障はなかった。アイフラーは、死体を解剖しても死因が判明しない毒物による殺害しかない、と考えた。アイフラーは三人の部下を呼び、「今は言えないが、君たちにある作戦をやってもらおうと思う。この作戦には実行開始までは名前も付けられない。君達には、私が命じるものが何であろうと、君たちは完全な信念と意思が必要だ。これは極めて危険で、嫌な任務だ。しかしやらなければならない。もし君たちがそんなことはやりたくない、と思うなら、遠慮せず今そう言ってくれ」と言った。三人は直ちに全員が、アイフラーに従う、と言った。

ところが、一か月ほどたったころ、アイフラーは、ビルマのベースキャンプでスティルウェルと会う機会があった。将校らの会議の後、スティルウェルはアイフラーを夕食に招いた。食事後、退室したアイフラーを追ってきたスティルウェルは、ドアの外で「アイフラー、危ないことは避けろよ」と言った。蔣介石暗殺のことだとすぐにわかったアイフラーは、「将軍。これはタダの遊びじゃないと言ったでしょう」（I told you this was no Boy Scout game）と答えた。スティルウェルは、「分かった。分かった。しかしアイフラー、飛行機の性能ぐらいはちゃんと知っておけよ。頼むから」と言い、二人は別れた。蔣介石暗殺をアイフラーに持ち掛けたスティルウェル自身がためらいを見せ始めたが、アイフラーの決意は固かったのだ。

✺ジョン・フォード映画監督チームの来訪

ドノヴァンは、ＯＳＳの作戦活動についてワシントンの理解を深めさせるため、有名な映画監督ジョン・フォードのチームをビルマ戦線に送り込んで一〇一部隊の活躍を撮影させようと考えた。正規戦と異なって諜報工作やゲリラ戦はなかなかその姿が見えないので、ドノヴァンは議会に対し、ＯＳＳに与えられた膨大な予算が無駄に使われていないことを示す必要があった。ドノヴァンは、フォードのチームをアイフラーの作戦撮影に使うことを打診し、アイフラーは同意した。激しい気質のフォードはワシントンのＯＳＳ会議の出席を拒んでいたが、ドノヴァンの提案には応じた。勇敢なフォードはミッドウェー海戦でも危険な撮影に成功し、ヨーロッパでは、ドイツ軍の戦車に取り囲まれた危険な地域で最も良い撮影ポイントに潜んで撮影した実績があった。一九四三年一一月、カルカッタに、ジョン・フォード指揮下の撮影者を含む海軍の隊員たちが到着した。アイフラーは、フォードに電話で「なぜ早く来ないか！」と怒鳴り、口論となった。しかし、到着したフォードのチームは、アイフラーと意気投合し、期待通り、アイフラーの隊員たちに同行して危険な現場の状況やカチン族の兵士と行動を共にする作戦の撮影をした。

✺ドノヴァンの来訪

一〇一部隊には、満足な飛行機が配置されていなかった。アイフラーは、ドノヴァンを現地に招き、実情を見せて飛行機の提供を要請しようと考えた。ドノヴァンはこれに応じて来訪した。ドノヴァンはアイフラーに、一〇一部隊が「恐ろしいほど組織的にあいまいだ」と批判した、アイフラーは、ドノヴァンが彼を格下げしようと考えていることを察知し、それが、ＯＳＳ幹部の不適切な報告によるものだと悟った。アイフラーはスティルウェルの腹心だったので、スティルウェルと緊張関係にあったドノヴァンは、アイフラーに親近感をもっていなかったのだ。しかし、アイフラーは、詳細に現地の状況や作戦を説明し、豊富な戦歴を持つドノヴァンはそれをよく理解した。

アイフラーは、ドノヴァンを現地視察に誘い、これに応じたドノヴァンは、一九四三年一二月七日、到着した。フォードの撮影チームも加わった。目的地は、ナジラキャンプから、約二五〇マイル、敵陣から約一五〇マイル付近にあるキャンプだった。危険な飛行により現地に到着し、キャンプの隊員が歓迎したが、スチュワート牧師やカチンの兵士らも歓迎した。スチュワートは伝説的人物となっていた。帰りの離陸の際、浮揚力が弱く、飛行機が森の茂みに突っ込みそうになる間一髪のスリルを味わった。これが、ドノヴァンに飛行機の必要性を理解させ、新たな飛行機が供給されて一九四四年と四五年の間に非常に活用された。

✺ワシントンへの一時帰還と新たな任務の指令―ドイツ原爆科学者の誘拐計画

一九四三年一二月九日、ドノヴァンはアイフラーにワシントンへの帰国を命じた。アイフラーは暫定業務としていったんワシントンに戻り、その後、ロンドン、北アフリカ、カイロを回ってからナジラキャンプに戻ることとされた。隊員たちは不思議がり、それはアイフラーの怪我が原因だと思った。ドノヴァンは、アイフラーへのこの指示は、彼の貴重で豊富な経験をワシントンや他の地域に教えることが目的だとアイフラーに告げた。

ワシントンに到着したアイフラーは、ＯＳＳのスタッフの増加に驚いた。しかし短期間に急激に増強された組織のスタッフは玉石混交で、現地の実情をよく理解できてない者も多かった。アメリカは近代的な心理戦・諜報戦には習熟しておらず、イギリスに後れを取っていた。中国などで不慣れな現地生活に耐えられるような適材の確保は容易でなかった。工作員採用のテストでは、テントを短時間で立てさせる実験での能力判定とか、一〇〇ポンドの石を背負って細い川を濡れずに通り抜く試験とか、激しい罵詈雑言の非難を浴びせる実験、などが行われ、人種的偏見の有無なども調査された。

ある弁護士スタッフは、アイフラーは怪我のため記憶喪失で十分に働けないと報告していた。怒ったアイフラーは彼の手をねじり上げて壁に押し付け、身体を数センチ持ち上げて「俺の仕事を邪魔するなら殺すぞ」と脅した。

アイフラーは、部内の幹部やスタッフへの説明会で、戦場での経験と困難さを語り、現地の報告をもっと読んでほしいと訴えた。スティルウェルについて「最も戦う将軍だ」と絶賛した。スティルウェルがペーパーワークと中国の複雑な政治事情のために忙殺されていることや、イギリスの指揮下から米軍を解放する必要性を語った。フォードが撮影したフィルムを上映し、現地兵士の戦いやひどい負傷の状況、また、アメリカ隊員が現地人の服装で戦っているところなどを見せた。現地の物資要請がいかに重要かを説明し、例えば、咳止め薬は、戦地では酷い風邪にかかりやすく、日本軍の進軍を間近で監視している隊員が、咳をすると発見されるために不可欠であることなどを訴えた。聴衆は、日本軍が現地でどのように侵入しているか、アイフラーの隊員たちがどのように現地兵と共に活動しているのか、カチン兵士の情報ルートがＯＳＳの無線電信よりもしばしば早いことや彼らの忠誠心などに感銘を受けた。

《驚くべき指令、ドイツの原爆開発の物理学者の誘拐計画》

その後の秘密会議で、ドノヴァンは、アイフラーに驚くべき任務を命じた。ドノヴァンは、ドイツから逃亡した労働者がフランスのＯＳＳエージェントに語った情報により、ドイツがノルウェーから重水（※原子炉の減速材として使われる）を輸入していること、その後の調査で、ドイツが原爆を開発しようとしており、その拠点はベルリンのカイザーーウィルヘルム研究所から密かにドイツのある町の中の小さな集落に移転されていること、ドイツの核開発物理学者からスイスの物理学者に届いた手紙によってその場所が分かること、彼は核開発研究の最高の物理学者で、彼をドイツが失えば核開発は困難となること、などを把握していた。

ドノヴァンは、小さな侵入チームを作ってその学者を誘拐しようと企てており、アイフラーに白羽の矢を立てた。ドノヴァンは、幹部の会議で、「アイフラー、君はその男を誘拐して我々の処に連れてこられるか」と聞き、アイフラーは、「やれます」と即答した。一人が机を叩いて喜び、「これはこの戦争の全てで最も胸のすくことだ。これまでやれるといった者は誰もいなかった」と言った。アイフラーは人選を任され、数日で決めることになった。

ドノヴァンがアイフラーにこれを命じたのは経緯があった。それは、モーリス・「モー」・バーグ(Morris "Moe" Berg)によるドイツの原爆開発の情報収集活動だった。バーグは、シカゴ・ホワイトソックスの捕手として最高殊勲選手になったこともあり、ベーブルースと共に一九三四年に訪日したこともあった。来日中、バーグだけがハル国務長官の紹介状を持っていた。

彼は出産したアメリカ人の母親に会うとの理由でエキジビションマッチに出場せず、その間、当時最も高かった建物の一つだった病院の屋上から都内の写真を撮影した。それは一九四二年のドゥリットル作戦の計画に役立ったという。バーグは、流暢な日本語で、日本はアメリカと戦争すべきでないと放送し、ルーズベルトはこれを高く評価した。バーグは、プリンストン、コロンビア、ソルボンヌの学位を持ち、一二か国語を話し、相手の話を聞いただけで出身地を判別できるという語学の権威で弁護士ビジネスマンとして成功していた。

開戦と共にOSSはバーグを採用し、彼はユーゴに潜入して諜報活動を開始した。次の任務はドイツの科学者の調査だった。バーグはドイツに派遣され、身分を知られずにドイツの物理学者から原爆開発状況の情報を収集した。一八か月間、OSSとマンハッタン計画関係者は、ドイツの動きを観察し続けた。ドイツの原爆開発計画が進展している状況が認められたので、これを破壊する時期にきたとドノヴァンは判断し、アイフラーに命じたのだった＊2。

＊2　有馬哲夫『アレン・ダレス』でも「異色のスパイ、モー・バーグ」として、バーグのドイツの原爆開発阻止工作の活動が詳しく紹介されている。ただ、有馬は、バーグが東京でビルの屋上から撮影した写真は軍事目的に使えるような代物ではなかったこととか、ダレスに対して敬意を表さず独自の活動をしがちなバーグがダレスと険悪な関係にあったことなど、伝説的なバーグの一生はかなり異なっていると指摘している。

アイフラーは情報収集をしたが、ナチのドイツに侵入するのは極めて危険かつ困難だった。相手を誘拐して連れてくるため、数日間プランを練り、ドノヴァンらに報告した。それはまずスイスに入ることだった。そこからドイツを観察し、密かに侵入して相手を誘拐し、アメリカの大型飛行機で大西洋を渡るというものだった。スイスの中立性を冒す問題をどうクリアするかについては、スイス駐在のアメリカ大使には知らせない、イギリスも経由しない、大西洋に出れば、彼を落下させ潜水艦で救出してアメリカに送る、もしスイスで発見され、飛行機に乗せられない場合には、アイフラーが彼を殺し、殺人罪で逮捕されればよい、その時はアメリカ政府はアイフラーにこの誘拐を指示したことを否定する、というものだった。この計画は了承され、アイフラーの希望で、西海岸で元税関の二人を採用することも認められ、こうして計画がスタートした。しかし、この計画は、その後、アメリカの原爆開発計画成功の見通しが立ったため、中止されることになった。

✺蔣介石毒殺計画、ＯＳＳの「モリアーティ」スタンレー・ロベル

アイフラーは、ワシントンに滞在中の一九四三年の秋、スティルウェルから命じられていた蔣介石暗殺の計画を練る必要があった。毒殺が唯一の方法だと考えていたアイフラーは、ＯＳＳのスタンレー・ロベル（Stanley Lovell）の研究所を訪ねた。ロベルと相談の結果、以前考案した、売春婦に忍ばせて日本将校

を殺すボツリヌス菌の毒物を用いることとした。これは肺機能を破壊するが、死亡後解剖しても原因がわからないため、医者は肺炎で死亡したものと考えるものだった。アイフラーは、スティルウェルにこの毒殺準備ができたことと、蔣介石に投与する方法を報告しようと考えた。

ワシントンのＯＳＳ本部では、従来にない武器や毒薬など様々な工作用具を開発していた、科学者のロベルがリーダーであり、七〇もの特許を獲得していた。ドノヴァンはロベルを「モリアーティ」になぞらえた*3。アメリカ人の感情からは、とても認められないような「汚い武器」を作ることについて、ドノヴァンはロベルに、「ナイーブになるな」と言った。遵法精神は無用だった。ロベルの下で、様々な武器や用具が開発された。静かで光の出ない銃、ドイツ人の寝室で爆発するろうそく、列車の車輪破壊道具、ペンシル型の一回使用のピストルなど、映画の００７を連想させるようなものだった。

ゲシュタポに逮捕されて車に乗せられた工作員が、そのピストルを使って車の運転手の頭部を撃って突き落とし、自分で車を運転して逃れ、その場所を報告して爆撃することに成功したこともあった。各国の偽札、偽書類なども作られたが、これは技術的にも、また財務省との関係でも困難な問題があった。一九四三年四月、ロベルとドノヴァンは、統合参謀本部で協議した。ホテルでナチに発見されたエージェントが、ロビーを混乱させるために大爆音を出すクラッカーのデモンストレーションが行われ、参加者は驚愕した。実現はしなかったが、ロベルとドノヴァンは、工作員をヒトラーの会議場に侵入させ、花の鉢にマスタードガスのカプセルを入れてそれを潰して逃走し、しばらく後に参加者全員が目と中枢神経を冒される方法も議論した。

＊3　ジェームズ・モリアーティ教授は、コナン・ドイルの推理小説『シャーロック・ホームズ』シリーズに登場する架空の人物で、素晴らしい能力をもつ科学者だった。

ドノヴァンとロベルの意見が一致しなかったのは細菌兵器だった。ロベルは，科学アカデミーに呼ばれて、細菌兵器研究の学者グループと議論した。ロベルは銃剣で刺し殺すのと毒で殺すのと違いはない、との考えだったが、ドノヴァンは同意せず、ルーズベルトも強く反対した。しかし、北アフリカ上陸のトーチ作戦で、ロンメル将軍から連合国軍が苦戦させられているとき、統合参謀本部は、極秘でロベルを招き、スペインのモロッコ支配を防ぐためにはいかなる手段もとる、と言った。ロベルはドノヴァンにも報告できなかった。ロベルは、ヤギの糞に似せて、その中に、オウム病菌と野ウサギ病菌、ペスト菌を含ませたものを製作した。これを攻撃地域に散布すると、ハエがたかり、ハエを介して人に移り、人を死傷させるものだった。しかしドイツ兵のみでなく住民も被害を受けるものだった。しかし、ドイツ軍が退却したため実行はされなかった。

✺ドイツ原爆科学者誘拐、蔣介石毒殺計画の中止とアイフラーの新たな任務

約四か月のワシントン滞在で一連の用務を終えたアイフラーは、いよいよヨーロッパと北アフリカに出発することになった。一九四四年三月八日、ヨーロッパと北アフリカのOSSの全指揮官に対し、アイフラーがドノヴァンの直接の命令により訪欧し、最高の重要性がある特殊な作戦を行うこと、それについて現地の指揮官の同意や関与は必要でないことなどが伝えられた。特殊な作戦とは秘密にされたが、ドイツの原爆科学者の誘拐計画だった。

四月初旬、アイフラーは出発し、まずロンドンに向かった。ロンドンではその破壊状況やイギリス人の英雄的戦いを知り、またOSSの組織や活動状況を把握した。ロンドンのCOI・OSS本部は真珠湾攻撃の前、一九四一年一一月に設置されていた。一年後には、一四の支部、二〇〇〇人のスタッフとなっていた。軍事的に圧迫されていたイギリスはOSSを歓迎し、協力していた。しかし、OSSは他の機関との間で、権限やその限界についてしばしば争いあった。OSSは当初大使館に同居したが、広さの限界や

秘密保持の問題があった。

ＯＳＳは、ロンドン郊外の豪華な邸宅を使ってトレーニングキャンプを開設していた。破壊活動、解読、無線、静かな殺害、爆破などの訓練が行われた。どんな人材が必要かについては「士気を持った泥棒」という考え方だった。タバコが不足している地域に潜入する場合には、たばこの「やに」を指からこすり落とすこと、パイやケーキの切り方、料理をナイフで切った後でフォークに持ち換えるアメリカ人とそれをしないヨーロッパ人の違い、タバコの吸い方、虫歯治療のブリッジの付け方、眼鏡はヨーロッパ製のものにすることなど、ドイツやフランスなどに侵入しても怪しまれないための様々な準備や教育が行われた。工作員がゲシュタポに逮捕され、尋問されることに備えて、配給券、労働許可証などの偽造が必要だった。工作員には完璧なカバーストーリーが用意された。アイフラーは、原爆科学者誘拐作戦のために、これらを綿密に検討した。

アイフラーは、次はカイロへ飛んだ。ここは中東のＯＳＳの活動拠点だった。ＯＳＳの活動状況には様々な問題があることをアイフラーは知った。

《スティルウェルとの再会、蔣介石暗殺をあきらめたスティルウェル》

ロンドンとカイロでの任務を終えたアイフラーは、一九四四年春、インドへ戻り、ナジラキャンプを訪ねた。このキャンプは既にコーリンに指揮権限を委譲していた。アイフラーはミートキーナの戦いで苦戦していたスティルウェルに再会し、スティルウェルに蔣介石殺害の方法が見つかったことを話した。しかし、スティルウェルは、「別の考えがあるので今はやらない」と言った。スティルウェルの蔣介石殺害計画の腰は砕けていた。アイフラーはこれを閉ざす必要はないが、自分は降りる、実行するなら他の者を探してほしいと告げ、この計画は胸から捨てた。

しかし、結局スティルウェルは、蔣介石との争いに敗れ、一九四四年一〇月、更迭されてしまった。アイフラーはスティルウェルに深く同情した。

《原爆科学者誘拐計画も中止された》

アイフラーはこの任務実行のため、一九四四年六月、公式にコーリンらに権限を移し、一〇一部隊を離れた。

七月一五日、アイフラーはアルジェリアに出発した。ロンドン経由でスイスに入り、物理学者誘拐計画の実行を準備するためだった。アメリカではメンバーが訓練を続けており、いつでも呼べる状態だった。しかしその計画は直ぐに変更された。アルジェリアでドノヴァンとグッドフェローが待っていた。ドノヴァンは、「命令は変更された。マンハッタン計画で核の秘密を明らかにした。ドイツに勝てる。君への指令は取り消す」と言った。既に覚悟していたアイフラーには不満だった。ドノヴァンは、「君は、このようなリスクに遭わせるには惜しい人材だ」と慰めた。

次の任務を尋ねたアイフラーに、ドノヴァンは、「マッカーサーが、フィリピン上陸作戦のために現地のゲリラとコンタクトできる経験豊富なエージェントを要請してきた。君が最適任だ。もし君がマッカーサーの下に行けば、私は君を指揮することはしない。しかし装備と資金は引き続き提供する」と言った。

しかし、マッカーサーは、ＯＳＳを評価せず、彼の指揮下での活動を禁じていた。アイフラーは、ドノヴァンが国益を最優先に考えていると知っていた。アイフラーは、「貴方はこの二年間、日本への侵入を求めていた。私として選択できるのなら、マッカーサーより、日本を選びたい」と申し出た。ドノヴァンは、アイフラーの希望を理解し、ワシントンに、マッカーサーには他の人物を派遣し、アイフラーは外すように電報させた。アイフラーはたった五分間の協議で、侵入先をナチのドイツから日本へ変更されたのだった。

✺最後の任務の日本侵入作戦―実行直前に日本降伏

アイフラーは、いったんワシントンに戻ったが、日本侵入作戦を西海岸で準備するため、ワシントンを発った。三日間の休日をもらい、ニューヨークで義父のミラード・ケーンと久しぶりに再会した。ケーンは、太平洋艦隊勤務当時、艦隊でのヘビー級のチャンピオンだった。二人は、ホテルの室内でボクシングをし、二人はネクタイ、指輪、時計を外して殴り合ったが、アイフラーは義父を四回ノックダウンさせ、遂にギブアップした義父と愉快に酒を飲んだ。

西海岸に飛んだアイフラーは、ロスアンジェルス周辺で、日本侵入の作戦準備と訓練を開始した。日本への侵入には日本語が流暢で怪しまれない朝鮮人の協力が必要だった。

朝鮮人の有能なエージェント「アレックス」は東洋に派遣されていたので、呼び戻し、彼を朝鮮人逃亡者のキャンプ・マッコイに収容者を装って入らせ、収容者の中から工作員としての適材を探させた。適切な候補者を選別すると、健康上の理由の名目をつけてキャンプから出してホテルに移らせ、客室を盗聴して彼らの信用性を吟味し、ロスアンジェルスからカタリナ島に移動させて訓練を開始した。

朝鮮人を日本に侵入させるためには様々な準備と訓練が必要だった。二人乗りの潜水艦で海岸に接近し、脱出して空気で膨らませるボートで陸地に上がり、そこから無電機を設置し、中国かフィリピンで無電を受ける装置を準備した。ロスアンジェルスに、「秘密西海岸訓練センター」を設置し、三五～四〇人の様々な軍や民間、外国人のエージェントの訓練を進めた。日本侵入には一〇チームの派遣を計画した。最終目的は、日本軍を妨げる反乱の誘発、通信の破壊、満州の日本軍の帰還を防ぐこと、だった。アイフラーは早く日本に上陸したかった。その詳細な計画書を作成し、統合参謀本部の企画委員会に提出して説明すると、全面的に賛同・支持された＊４・５。

そのころ、スティルウェルは既に更迭されて帰国し、後任にウェデマイヤーが任命されていた。アイフラーは深く失望し、同情した。スティルウェルに会いたかったが、彼は、プレスとの接触は許されず、MPの監視を受けていたため、会えずにアイフラーは、サンフランシスコに戻った。

アイフラーは、一一月下旬にようやくスティルウェルに会うことができた。スティルウェルは、蔣介石に梯子を外され、ルーズベルトから裏切られたと話した。マーシャル陸軍参謀総長もスティルウェルを支えきれなかった。ルーズベルトは、フランスがインドシナの権利を没収されたので戦後は蔣介石に任せると伝えていたが、スティルウェルは、蔣介石は自分の国さえ支配できない、と寂しく言った。

アイフラーはスティルウェルと日本侵入プランを議論した。スティルウェルは、ソ連の南下と朝鮮半島侵入の可能性を告げ、アイフラーは企画の再検討が必要だと感じた。

一九四五年の新年、一〇一部隊から多数の隊員が帰還した。二人乗り潜水艦が完成し、朝鮮人エージェントの訓練も進んだ。まず、朝鮮半島に上陸し、更には日本本土に上陸させ、二〇〇万人の朝鮮人労働者が強制的に働かされていた工場や農場に潜入させる計画だった。同年五月一日、アイフラーはドノヴァンに計画の具体的実行と更なる訓練センター設置を要請し、訓練を進めるとともに実行の時を待った。

八月初旬、アイフラーは、朝鮮人エージェントの準備が整ったので、作戦実行のため、部隊に潜水艦を要求した。ドノヴァンは、アメリカ太平洋艦隊司令長官兼太平洋戦域最高司令官のチェスター・ニミッツ元帥の承諾を得るためホノルルに飛んでいたので、アイフラーはドノヴァンに会うためにホノルルに飛ぼうとした。そのころ、広島と長崎に原爆が落とされた。アイフラーらが、朝鮮と日本への上陸をまさに開始しようとしていた時、日本は降伏した。アイフラーはサンフランシスコのホテルでそれを知った。

＊4　加藤哲郎前掲書によれば、COIやOSSにおいて、一九四二年の春頃から、対日戦の戦略計画である「日本計画」が構想されていた。それには、日本を敗戦に導き、またその戦後計画を進める上で天皇を象徴として利用するという考えがあり、曲折はあったがこれは一貫して維持されていた。また、その推進のための具

体方策には、「アジア及び南西太平洋の征服された民衆の大規模な反乱を準備する」「日本において現在の政府に対する革命的運動を準備し、敵対する派閥間の内戦を促進する」「現地人の抵抗をシステマチックに組織する」「日本人の反逆、破壊活動、暴動への不安をかきたて、……日本の反スパイ活動を増大させる」なども含まれていた。「日本計画」は、対中国の「ドラゴン計画」、朝鮮人工作員を育成して日本に送り込む「オリビア計画」とも連動していた。アイフラーの日本侵入プランも、このような計画の流れに位置づけられるのであろう。

＊5　春名幹男前掲書（上巻一四五頁〜）によれば、日本の敗戦が決定的となっていた一九四五年六月ころから、ＯＳＳのＭＯ（士気工作局）では、多数の日系人工作員を使って、日本を降伏に導くためのプロパガンダ作戦を進めた。朝日新聞通信員の経歴をもつ坂井米夫や、ジョー・コイデらが計画の中心だった。坂井は、工作員を皇居にパラシュートで降下させ、直接、天皇に無条件降伏を訴えるという大胆な作戦を計画した。コイデの本名は鵜飼宣道であり、東大教授、国際基督教大学総長を歴任した憲法学者鵜飼信成の実兄だった。コイデはアメリカ共産党に入党して地下活動に従事していたが、合法活動に転換し、共産党を脱党してＯＳＳに加わっていた。このように、戦争末期のＯＳＳの対日作戦は、ＭＯによるプロパガンダ作戦と、アイフラーらによる反乱誘発や破壊活動工作の両面から計画されていた。

✺アイフラーの見事な引き際―カチン族兵士らの恩義に報いる

一九四五年五月一八日、アイフラーに功績メダルの授与の話が生じ、詳細なアイフラーの功績を列挙した推薦状が陸軍省に提出され、顕著な功績に対するメダルが授与された。本章冒頭に書いたアイゼンハワー大統領による一〇一部隊に対する表彰は、直接にはアイフラーの同部隊離任後の活動に対するものであったが、それはアイフラーの同部隊の建設、育成、作戦指揮の賜物であることは明らかだった。

アイフラーは、作戦活動に協力した外国人の功績に報いるための努力を惜しまなかった。日本上陸作戦準備で活躍した朝鮮人「アレックス」にパスポートを与えるのには様々な障害があったが、アイフラーは国務省の担当官と粘り強い迫力に満ちた折衝でこれを認めさせた。ビルマで共に戦ったカチン族の兵士たちには、アイフラーは、武器やメダルや物資を贈ると約束していた。しかし、これは、ビルマの植民地支配維持を目論むイギリスとの関係では障害があった。しかし、アイフラーは、熱心に根回しと準備を行い、一〇一部隊の解散式に備えて、カチン族兵士たちのためにメダルを作成した。彼らは、上着を着ないのでメダルにはリボン帯を付け、首にかけられるようにした。武器の供与は、イギリスが反対し、ビルマ政府も不満を示したので、約束した量には及ばなかったが、一〇一部隊のショットガンやライフルを寄贈した。

ＯＳＳは一九四五年九月、解体された。その活動に対して様々な政府部門や社会から抗議を受けたためだった。アイフラーには、ＯＳＳは戦争中にはよく働いたが、戦後社会では必要ないとされたように感じられた。

アイフラーは、自分の管理下にあるＯＳＳの残った資産の整理と返納を行い、膨大な書類を作成して報告した。報告は認められ、「パーカーペン一本のみが足りないので一二・五ドルを支払ってほしい」との指示だった。

ＯＳＳを退役したアイフラーは、中古車を買って、西海岸への帰郷のドライブを楽しんだ。ロスアンジェルスで家族と再会してクリスマスを過ごし、生き残った喜びを味わった。

第2章

OSSとは何か

OSSは、その前身のCOI（Coordinator of Information）から含めて、設立後、僅か四年余りの間に急激に巨大な組織に成長して世界の各戦線で活動し、戦後間もない一九四五年九月にトルーマンにより解散された。これは国家機関としては極めて特殊で、稀有のものだった。

OSSの活動や思考の様式は、伝統的な軍や政府の国家機関とは異なり、ドノヴァン長官の強烈な個性と行動力を反映し、良くも悪くも自由奔放とさえいえるものだった。そのため、OSSの作戦活動は、目を見張るような成果もあげた半面、様々な失敗もし、また、イギリスやフランスなど連合国との間のみでなく、アメリカの軍や国務省（※日本の外務省に相当）など国家機関との間でも様々な摩擦や軋轢を生じさせた。OSSの組織と活動は、戦後の国際社会にも影響を及ぼし、その多くは、負の面を含めてCIAに継受されることとなった。

✺「ワイルド・ビル」ことドノヴァンの野望とOSSの設立

ドノヴァンは若いころから「ワイルド・ビル」と呼ばれた。第一次大戦で陸軍の勲章を三度受けた英雄であり、共和党、アイルランド系のカトリックだった。戦後は、ウォールストリートの弁護士として大成功し、大金持ちだった。しかしカトリックだったため、フーバー政権には入れなかった。ＯＳＳを指揮した当時は五〇代後半だった。

ドノヴァンは一九三二年に訪独し、外交官、軍人、教育者など多くの人々と会談した。ヨーロッパの危うい情勢を目の当たりにしたドノヴァンは、アメリカ軍強化の必要性を痛感した。当時のアメリカの軍事力は世界で一七位だった。

一九三五年、ドノヴァンは北アフリカを視察した。ドノヴァンは、知己だったイタリア大使のロッシ(Rossi)のルートを使って、ムッソリーニとの会見に成功した。ドノヴァンは国際ビジネスをしており、そのためにイタリアの状況を知りたいという名目だった。その年、イタリア軍はエチオピアに侵攻して支配していたが、アメリカの要人が北アフリカのイタリア軍支配地域に入ることなど当時は不可能と思われていた。

そこでドノヴァンは一芝居打った。ドノヴァンはムッソリーニに、自分が第一次大戦で一九か月フランス戦線に従軍して三度の戦傷を受けた体験を話し、「イタリアの軍隊はたいしたことない。兵隊の規律も悪く、将校の質も低い」と酷評して挑発した。怒ったムッソリーニは、「今は違う」と反論し、自分からドノヴァンに北アフリカの視察を持ち出した。これでドノヴァンの北アフリカ行が実現した。ドノヴァンは、アスマラ、アドサム、ベンガジなどを歴訪し、バドリオ将軍の司令部にも滞在した。アフリカの現地のイタリア軍の視察で得た情報が、一〇年後のイタリアの枢軸脱落へのＯＳＳの貢献につながった。

帰国したドノヴァンは、軍に、イタリア軍が士気も高く、武器や飛行機も充実していることなどを伝えた。一年後はスペイン戦争を視察し、ドイツやソ連が供給した武器、特に新しい八八ミリの対空・対戦車砲の威力を知った。帰国してマリン・クレイグ将軍に報告したが、アメリカは兵器の改善をせず、一九四二年のアフリカの戦いでは、アメリカ軍はこの砲によって大きな打撃を受けてしまった。ドノヴァンは、ルーズベルト政権にアメリカの戦争が近いことを意識させた。一九四〇年の陸軍は五〇万人以下だったが、一九四一年秋には一六三万人以上に増加した。

✺ＣＯＩからＯＳＳへ

ルーズベルトは、ウィリアム・フランクリン・ノックスに海軍長官就任を要請した。ノックスは一九四〇年から海軍長官を務め、一九四四年四月二八日に心臓発作で死亡した。海軍の統帥権については、作戦部長アーネスト・キングが大部分を掌握していた。ジェイムズ・フォレスタル＊1は、ノックスの下で海軍次官だったが、フォレスタルはノックスの後任として一九四四年五月一九日から海軍長官となった。

＊1コーネル・シンプソン『国防長官はなぜ死んだのか』（佐々木槙訳、成甲書房、二〇〇五年）によれば、フォレスタルは、早くも一九四三年には、ソ連は真の同盟国ではなく不誠実な敵だと見抜き、ルーズベルト大統領に、ノルマンディー作戦のずっと前から、ソ連に対して断固とした態度をとるよう警告を発していた。ヤルタ密約の裏切りにも気づき、ルーズベルトがスターリンの要求にすべて同意したことで、戦後のアメリカを危険な立場に陥らせる大きな誤りを犯したと指摘していた。

ドノヴァンと親しかったノックスの要請で、一九四〇年七月、ドノヴァンは渡英し、国王やチャーチルらから歓迎を受け、欧州戦線の状況を知った。帰国後、ドノヴァンは、イギリスの諜報機関の長のウィリアム・ステファンソンと知り合って意気投合した。ドノヴァンは、ステファンソンと共に、英国の費用で、一九四〇年一二月から翌年三月まで、地中海からエジプト、中東、ギリシャ、東欧、トルコなどを視察した。これがドノヴァンに、アメリカに諜報活動を統括する機関としてＣＯＩ（Coordinator if Information）を設立する構想を生ませた。ＯＳＳとイギリスの諜報機関との関係の強さの背景はここにあった。

ドノヴァン

一九四一年四月、ドノヴァンはノックスに長い手紙を書き、この機関は、大統領に直属し、独立の資金を持ち、陸海軍等いかなる軍事関係機関に従属することなく独立して諜報活動を行うべきことを提言した。ドノヴァンは、ノックスを通じてルーズベルトにこれを主張した。ドノヴァンは、イギリスはドイツ空軍の攻撃では破壊されないと予測し、大胆に、アメリカも参戦すべきだと考えており、ルーズベルトに熱心にそれを説いた。そのために、ドイツの第五列のスパイ組織に対抗するため、アメリカもスパイや破壊工作、ゲリラ戦、ブラックプロパガンダなどを担う組織を設立することを提案したのだ。

同年五月、ドイツ戦艦ビスマルクが、イギリスの戦闘巡洋艦を撃沈し、プリンスオブウェールズを大破したことで危機感をもったルーズベルトは、ドノヴァンの提案を受け入れ、五月二七日、中央情報機関の設置を宣言した。

しかし、この構想は、陸海軍等の大きな反発を招いた上、議会でも、このような期間はゲシュタポのようなものだとの批判が生じた。アメリカの諜報機関は、軍部やＦＢＩを始め、政府の各機関がそれぞれ諜報工作の部門を持って乱立していたため、更にＣＯＩがこの分野に参入することには、これら各組織が強く反発していた。

ＣＯＩの設立が公表されたとき、得体がしれない、うさんくさい、ナチのゲッペルスのプロパガンダ機関のようだ、などと様々な批判が巻き起こった。陸軍は、ジョージ・マーシャル将軍配下のＭＩＤ（Military Intelligence Division）副長官のシャーマン・マイルズ（Sherman Miles）准将が、マーシャルに、ドノヴァンが全ての軍事的諜報活動を支配しようとしているとその危険性を訴えた。シャーマン・マイルズはドノヴァンの最大の敵だった。しかしドノヴァンはその裏をかき、「国家的に重要な情報の確保のための補助的な活動」として、軍事の実践面までをＣＯＩの任務に含めて大統領の命令に含ませることに成功し、ＣＯＩが発足することになった。ルーズベルトは、ＣＯＩの長官候補として、ノックスの進言もあり、ドノヴァンに白羽の矢を立てた。

ＣＯＩの組織の中で、プロパガンダを担当する部門は、ＣＯＩから分離されてＯＷＩ（Office of War Information）となり、一九四二年六月、ドノヴァンのＣＯＩはＯＳＳとなった。ＯＳＳはドノヴァンが産んだいわば子供だった。ＯＳＳは、軍人と民間人が混在した組織で、古い陸軍士官学校出身者の軍人たちからは「ドノヴァンの竜騎兵だ」と嘲られた。ドノヴァンは飽くなき情熱と豊富な人的資源をもち、頻繁に危険を顧みず戦線に赴き「自分の現場はワシントンと、現地の戦線だ」と言っていた。彼のバイタリティーと行動力がＯＳＳの大黒柱であり、設立当初の約六〇〇人から、ピーク時の一九四四年末には正規職員だけでも約一万三〇〇〇人を抱える組織に育て上げた。非正規職員や一時的に採用された職員も含めた数については資料によって様々であり、二万一六四二人（『Women of OSS』による）、約二万四〇〇〇人とか約三万人などが伝えられている。

✺ＯＳＳの組織

ＯＳＳは、組織の手がかりをイギリスのSecret Intelligence Service（ＳＩＳ、略称ＭＩ６）から得た。ＳＩＳから分かれて一九四〇年にヒトラーに対抗するゲリラ運動の組織としてスタートしたＳＯＥ（Special Operations Executive）がモデルとなった。ドノヴァンはこれに倣い、ＯＳＳの中核的部門として、諜報局ＳＩ（Secret Intelligence Branch）と、特殊工作局ＳＯ（Special Operation Branch）を設置した。

ＳＩはスパイなどの諜報活動、ＳＯはゲリラなどによる破壊工作と外国のレジスタンス地下運動との連携が任務だった。もう一つの重要な部門はＲ＆Ａ（Research and Analysis Branch）だった。これは、単に情報を収集するだけでなく、効果的な作戦遂行や戦略の検討に資するために、収集した情報を分析調査するための研究部門だった。

また、敵軍の士気をくじく地下放送工作であるブラックプロパガンダを担当するためのＭＯＢ（Moral Operations Branch、士気工作部）も設置された。これらの組織を中核としつつ、更に派生して幾つかの専門的部門も設けられた。そして、世界の各戦線を地域的に分割し、それぞれについてワシントンの本部内で対応する部門と、各戦線における活動拠点が設けられた。主な組織は以下のとおりだが、このほかにも組織の拡張に伴い様々な部門が設けられた。

◎ＳＩ　Secret Intelligence　諜報局

敵側の軍事関係のみならず、政治・経済・社会・心理的な諸情報を収集する諜報工作部門だった。その活動の多くは、工作員を敵陣に潜入させたり、レジスタンス勢力と協働するなどの非正規の方法によっても行われた。ワシントンの本部にはヨーロッパ、アフリカ、中東、極東の四地域に分けたデスクが設けられた。現地においては、言語に通じた多くの現地の工作員が採用された。ＳＩの中に労働課（Labor Section）が設けられ、外国の労働組合を通じて工作員が登用された。艦船観察班（Ship Observe Unit）も設けられ、海員組合や船舶乗組員らを通じて、ドイツの艦船の動向に関する諜報工作が行われた。

◎ＳＯ　Special Operations　特殊工作局

非正規戦であるゲリラ活動や破壊工作を実施する部門だった。工作員チームは自ら活動するのみならず、各地のレジスタンス勢力に対し、武器を供給し、訓練し、これらの活動を指揮・指導し、支援した。戦線における活動は、各戦線の連合軍司令部の指揮のもとに置かれた。ＳＯの中には、作戦班（Operational Group）、海上班（Maritime Unit）、と、技術開発班（Technical Development）が置かれたが、技術開発班は後に独立の局となった。

作戦班は、ＳＯの中に、一九四三年五月、独立部門として置かれた。自ら、またレジスタンス勢力を支援指導して敵に対する直接の非正規戦を実行する部隊であった。ただ、他のＳＯの組織と異なるのは、作戦班の要員は原則的に軍服を着用したことだった。要員の多くは、ヨーロッパ各国の第二世代の軍人であり、現地語に通じていた。一九四四年、ヨーロッパの作戦班は全体として大統領の表彰を受け、カール・アイフラーが指揮したビルマの一〇一部隊もその表彰を受けた。

◎Maritime Unit　海上班

一九四三年六月に、ＳＯから分かれ、独立の部門となった。海上において、レジスタンス勢力への物資の供給支援、海岸線での偵察活動、敵艦船の破壊工作などを遂行した。

◎ＭＯ　Moral Operation　士気工作局

一九四三年一月に設置された。ＯＷＩとの基本的な違いは、ＯＷＩはホワイトプロパガンダを担い、その情報源も主に連合軍から提供されるものだったのに対し、ＭＯはブラックプロパガンダを実行し、その情報源も、レジスタンス勢力や敵国自体から入手されるものが主であった。敵国の公的発表内容を否定したり、噂や偽りの内容の宣伝工作を行った。ヨーロッパの様々な地域からドイツ国内向けにラジオ放送を流し、偽りの情報を伝えたり、マレーネ・ディートリッヒを活用して歌を流し、ドイツの軍民の士気をくじき、アメリカへの親近感を醸成させた。それらのためにドイツ人の戦争捕虜も活用した。連合軍がドイツ国内に侵攻したときには、ドイツ軍を攪乱《かくらん》するために連合軍の動きに関する虚偽の情報を放送した。

ＭＯは、ＣＢＩ（中国・ビルマ・インド）戦線でも活発に活動した。タイではタイの国民に対して、反日感情を高めるための虚偽のラジオ放送をしたり、一九四五年四月からは、サイパン島から、日本本土に向け、あたかも日本自身によるラジオ放送を装って、日本の敗戦が不可避であることを宣伝する工作をした。これらには、日本兵の戦争捕虜が活用された。MOは、紙媒体でも、様々なパンフレット、新聞などによるブラックプロパガンダ作戦を、ドイツに対しても日本に対しても活発に行った。

◎X2　Counterespionage　防諜（反スパイ）工作部

一九四三年六月までに創設され、OSSに雇用される工作員が敵側のダブルエージェントでないかの探知、OSSの作戦活動に関する情報漏洩の予防やチェックなどを行った。

◎R&A　Research and Analysis　調査分析局

OSSの組織と活動の重要な柱だった。アカデミズムの分野から歴史、経済、社会、外交、などの専門家である多彩な人材を登用し、軍事作戦考案に役立てるための膨大な情報を収集して整理分析し、OSSの他の部門に提供した。Map Division（地理部）も設置され、OSSが世界各地の戦線で行う工作活動に役立てるため、交通・輸送ルート、通信、産業、天然資源、気候などに関する膨大な情報を盛り込んだ地図が作成された。Central Information Division（中央情報部）も設置され、R&Aが収集した膨大な情報について、OSSの効果的な作戦に役立つように、一九四五年までに三〇〇万枚の情報カード、三〇〇万枚の写真などが作成された。

◎R&D　Research and Development（技術開発局）

もともとは、SOに属する技術開発課だったが、一九四二年一〇月に独立部門となった。OSSの作戦活動に用いる、特殊な武器・機材や設備が開発され製作された。

◎**Field Photographic**　現地撮影部

著名な映画監督のジョン・フォードを長として設置された部門で、もともとはSIの一部門だったが、一九四三年一月に独立組織となった。撮影活動の目的は、特殊作戦実行のため、戦略検討のため、作戦活動の記録のため、であった。

◎その他

そのほか、ＯＳＳの作戦遂行のための通信手段の考案や運用を担当する通信部（Communication）、ＯＳの工作資金の確保と運用を担当する特別資金部（Special Funds）、ＯＳＳの人員の治療など医療体制の確保と運用を担う医療部（Medical Services）が設置された。特別資金部では、現地の外国での活動のためにその国の外貨を確保したが、そのために、賄賂を用いたり、極東ではアヘンも活用された。

＊左から右まで多様な人材を登用したＯＳＳ
《Oh So Social〟なＯＳＳ》

これらの組織を担う人材は、官民の広い分野から極めて積極的に登用が進められた。ＯＳＳが軍などの諜報機関と異なる大きな特徴は、単なる軍事作戦のための諜報活動ではなく、より大きな戦略的視点から収集した情報を研究分析するＲ＆Ａを主要な部門の一つとしたことにあった。人材の多様性は殊にＲ＆Ａに顕著だった。ドノヴァンはＲ＆Ａを企画するため、議会図書館のアーチボルド・マクリーシュ（Archibald MacLeish）に相談して協力をとりつけた。

マクリーシュは、公文書館や社会科学研究院や多くの一流大学の社会科学者を集めて協力のための会議を開催した。ハーバード大学のウィリアムズカレッジ学長のジェームズ・バクスター博士（Dr.James P.Baxter Ⅲ）がＲ＆Ａの長への就任を七月三一日に受諾した。それを中心として、全米の三五の大学から四〇以上の言語に通じたスタッフが採用された。真珠湾攻の二か月前には、トップクラスの大学の研究者や教育者の教授の研究スタッフは二〇〇人近くになった。他の分野の専門家も多数採用し、終戦時には、

R&Aはワシントンだけでも一六〇〇人の社会科学者を抱えた*2。

*2　R&Aの組織とそれを担った中心的な人々の顔触れなどについては、加藤哲郎前掲書六四〜八三頁が詳しい。

OSSの奔放さは、人材の採用にも顕著に現れた。ドノヴァンにとって、OSSの目的は、枢軸国に勝利するということにあり、併せて、植民地支配に抑圧された国々を解放するということにあった。その目的にかなう人材であれば、思想や経歴、職業を問わず、自由かつ大胆に登用した。その人材の多様さは、批判者から「Oh So Social!　なんとまあ、社会（主義）的な」と揶揄された。また、初期のOSSでは、裕福な家庭のIVYリーグの大学の卒業者を多数雇用したこともこのような批判を受ける原因の一つだった。OSSが短期間で急激に組織を拡大するためには、職員採用の十分な審査手続きは無用だった。

《左翼に寛大だったOSS》

OSSの人材は、右から左まで、実業界、大学等アカデミズム、報道界、労働組合、弁護士その他あらゆる分野から登用された。

ドノヴァンは、本来的には保守主義者だったが、OSSにはイデオロギーを持ち込まなかった。後年、彼は共産主義に強い憎しみを抱くようになったが、OSSの時代にはそうでなかった。目的は枢軸国に勝つことだけであり、ドノヴァンは「もしヒトラーをやっつけるために役立つのなら、スターリンに金を払って雇ってもいい」とさえ言っていた。COI、OSSを設立させたルーズベルト大統領自身が、共産主義やスターリンのソ連に対する警戒心がなく、容共的であり、側近には多くの共産主義者やそのシンパがいた。

OSSは、左翼には寛大であり、共産主義者であっても、それが外部の共産主義組織やソ連と秘密に連携しようとの意思がない限り雇用した。戦後、OSS内で活動した共産主義者たちをFBIが捜査しようとしたとき、ドノヴァンは「安全だが何もやれない組織を選ぶのか、それともチャンスを狙うのか、どっちかだ。狼に出会うのが怖いのなら、森の中には入っていけない」と答えた。ドノヴァンは、左翼主義者たちは、諜報活動において、しばしば最も勇敢なエージェントだと考えていた。

Ｒ＆Ａでは、多くの左翼主義者たちがスタッフとなった。アカデミックな分野との融合を図るためだったが、当時のアメリカの大学などには左翼思想が広まっていた。政治、経済、心理学、地理学など広範な分野の大学・研究所、図書館から人材を招き入れた。その中に、中国の外交政策の研究者だったジョン・フェアバンク（John King Fairbank）もいた。

ＯＳＳに「労働部」も設けられたが、それは、ヨーロッパでの諜報工作活動で、左翼労働組合の反ナチのレジスタンス勢力との連携を求めるためだった。この組織化のためにアメリカの左翼の弁護士団体や、ルーズベルトが反労働組合運動を防止するために設立した国家労働関係委員会関係者の協力も得た。同委員会からＯＳＳに採用されたGerhard Ven Arkelは北アフリカに派遣され、後にアレン・ダレスのスイスとドイツでの工作の有力な補助者となった。

Ｒ＆Ａは、世界の各部局から挙げられる報告をまとめた週刊報告を作成していたが、ラテンアメリカ局から送られる報告は共産主義傾向が顕著だった。若い歴史家だったアーサー・シュレジンガーもＲ＆Ａにいたが、シュレジンガーは、マルクス経済学者のポール・スウィージー（Paul Sweezy）と、「ヨーロッパ政治報告」作成を担当した。二人が、南ヨーロッパやバルカンでの「緑革命」が、農業改革による民主化運動の盛り上がりであると分析したとき、スウィージーは、「赤軍が東ヨーロッパの各地で熱狂的に歓迎されている」との個人コメントを付加し、それはアイゼンハワーから罵倒された。

敵軍の士気をくじく地下放送工作であるブラックプロパガンダを担当するＭＯでは、ロンドンとベルリンに拠点が設置された。これにはハリウッドやブロードウェイのリベラルな脚本家たちが多くのスタッフとして採用されたり、協力をした。

《多くの企業幹部も参加》

しかし、ドノヴァンは、他方で、反ルーズベルトの企業弁護士や実業家も多数採用した。SIでは、労働組合側の弁護士を採用したが、その局長は、中央アメリカ国際鉄道会社の副社長だった。MOにはリベラルなハリウッドの脚本家多数を採用したが、局長はオハイオ製鉄会社の副社長だった。SOは、世界中の左翼勢力の地下運動と連携していたが、二人のニューヨークの企業弁護士と二人のペンシルベニアの投資銀行の銀行家が継続的に指揮していた。カイロのOSSは、ギリシャやユーゴの共産主義者への物資提供を担っていたが、指揮官はボストンの銀行の副頭取だった。

企業はOSSへの人材派遣や活動に極めて協力的だった。スタンダードオイルは、スペインとスイスのOSSに人材を提供し、ゴールドマンサックスは、北アフリカのレジスタンス勢力に多額の資金を提供した。アメリカの大富豪の子弟もOSSに加わった。大富豪で実業家、合衆国財務長官を務めたアンドリュー・メロンの息子のポールは、ロンドンのSOの特殊工作員となり、後にMOのルクセンブルグの指揮官となった。世界で最も金持ちの女性と言われた姉のエルザは、弟の上司で、ロンドンにあるOSSのヨーロッパ本部長だったデビット・ブルースと結婚した。ブルースは、上院議員の息子で彼自身が富豪だった。

ほかにもメロンファミリーはマドリッドやジュネーブ、パリで諜報工作員を持っていた。J・Pモルガンの二人の息子は、ロンドンでの諜報工作資金配付や、工作員のカバーストーリー作成部門で活動した。鉄道王のバンダビルトや化学会社デュポンのファミリーからも、特殊工作のスタッフが採用された。唯一の例外がロックフェラー家で、ネルソン・ロックフェラーは、「Coodinator of Inter-American Affairs」という別組織を率いており、初期にOSSとの間で、ラテンアメリカでのプロパガンダ問題で争いがあり、以後、ドノヴァンとネルソンは戦時中、互いに口を利かなかった。

反ポルシェビキで、ロシア貴族の末裔も含む一派もいた。トルストイの子孫であるイリア・トルストイもおり、中国戦線で活躍した。ロンドン本部の最後の長でシカゴ銀行の銀行員だったレスター・アーマーの妻は、ツアーのニコラス大帝の親族だった。ロシアの「プリンス」で、ロシア帝国軍人であり、革命後アメリカに亡命したサージ・オボレンスキーは、ノルマンディー上陸作戦のとき、フランスの左翼のレジスタンス派と連携して、ＯＳＳの特殊工作グループを指揮した。反共産主義でありながら、ＯＳＳでは共産主義勢力と連携するという複雑な立場だった。

戦争の緊迫は、生まれて間もなく、階層的に固く組織化されていないＯＳＳがドノヴァンのリーダーシップの下に多数の男女スタッフを効果的に活用させることになった。ＯＳＳの女性工作員の活躍にはしばしば目を見張るものがあった。

ドノヴァンは、貴族やエスタブリッシュメント、保守勢力も、社会主義者共産主義者たちも共に擁護した。政治とはかかわりなく、現実的に、共通の目的のために協働できると考えていた。

✺内部からも批判された人材の混沌

しかしこのようなドノヴァンの自由奔放な人事方針に対して、戦後、ＯＳＳの幹部はアカだと批判された。しかしＯＳＳの幹部の中にも当時からこれに批判的な者が少なくなかった。

アレクサンダー・バーマインは元赤軍の将軍だったがスターリンの粛清を逃れるためアメリカに逃げ、ＯＳＳに採用され、オボレンスキーの下で、入手した毛沢東のゲリラ戦術のマニュアルを作成した。バーマインはＯＳＳに在職中の一九四四年、大統領選挙の前に、リーダーズダイジェストに、ルーズベルト政権が共産主義者、全体主義者に対して盲目であるため彼らの数えきれない策謀を成功させており、それが共産主義者たちがルーズベルトの再選を求めている理由なのだ、との記事を書いた。バーマインはその二日後ＯＳＳを解雇された。アメリカの保守のジャーナリストだったヒレール・デュ・ブリエは、一九四二年に中国で、フランスのレジスタンスグループを支援したことを原因に日本軍に拘束され、一九四四年にOSSにより救出された後、すぐにOSSに入った。しかし、数か月後にOSSを辞めた。その理由は、OSSの左翼勢力が、保守勢力を排除しようとすることに対する強い不満からだった。

スタッフの中には、民間人ではあったが軍の肩書を持っている者も多かった。彼らは肩書は高くても軍人としての経験が乏しいので、肩書は低いが現場戦闘経験のある隊員たちとの摩擦軋轢が絶えなかった。保守的なOSSの幹部の目からは、若い隊員の多くは、軍の厳しい規律から逃れてきた、ただ熱狂的なだけの者たちに見えた。しかし、保守的なOSSの幹部たちは、金融関係や政治の分野での高い将来性を犠牲にして参加した者たちだった。

相互の対立と反感が、OSSの作戦の多くの場面で問題を生じさせた。組織的な混沌は、OSSの活動をその初期から阻害することが少なくなかった。献身的な保守主義者と熱心な共産主義者が、ニューディールの民主党と伝統的共和党の異種の混成状態の屋根の下で働いた。本質的に異なる人々が、不明確な任務のために雇用されるためには、何かがそれを編み合わせなければならなかった。OSSのヨーロッパ本部長だったデビット・ブルースは、「その分極化はドノヴァンという一人の人物からもたらされた」と回顧した。この争いや摩擦は戦時中OSSに一貫していた。ただ、すべてのOSS職員がイデオロギーで対立していたのではなく、多くの元職員は、戦争勝利のために、思想にはかかわりなく共に戦ったと回想している。

✺「ワイルド・ビル」―ドノヴァンの本領
《楽観主義者で万事に強気なドノヴァン》

ドノヴァンは快活な楽観主義者だった。空軍のアーノルド将軍は、「ドノヴァンから『それはできない』と聞いたことがない」と回想した。敗北主義とは無縁で、「何が欲しいのか、いつ欲しいのか、やってやろう、どんな場所にでもスパイや偵察員、小部隊を送り込み、必要な情報、を収集して提供しよう」と言うのが常だった。計画が奇抜で変わっているということで反対するのはＯＳＳでは御法度であり、どんなに間抜けに見える秘密工作企画でも、ＯＳＳでは好意的に受け止められた。

ドノヴァンはウェストポイント（※ニューヨーク州にある陸軍士官学校）の出身者だったが、階級や規律を重視するその校風や教育とは無縁であり、いわば異端者だった。軍におけるような一般的な作戦の手続きは、ＯＳＳではほとんどタブーであり、作戦の実効性がすべての目的だった。ドノヴァンは陸軍士官学校の方式には全く従わなかった。軍のプロトコールはほとんど不要であり、階級もあいまいで、服装、礼儀的挨拶などは自由奔放だった。上官への不従順はあたりまえのようになったが、ドノヴァンは意に介さなかった。ドノヴァンはしばしば「私は、組織化されすぎた大佐が自分のために考えて行動するよりも、命令に従わないほどガッツのある少尉や中尉を持ちたい」と語っていた。

あるアメリカのビジネスマンが、中国の日本軍の前線の背後に秘密の航空基地を作るという突飛なアイデアを、海軍省のスティーヴンソン特別補佐官に提案した。スティーヴンソンは、ドノヴァンに、「この計画を貴方は却下するでしょう。私には別の計画があるのでそれを同封します」と言って伝達した。しかし、ドノヴァンは「直ちに一緒にやりましょう。私は何も無視しません」と答えた。ドノヴァンは、作戦の失敗は意に介さず、大胆かつ奔放に作戦を実行してそれが何らかの成果を生みさえすればよい、と割り切っていた。

ドノヴァンはしばしば部下の問題行動について批判を受けた。海軍が日本の暗号の解読に成功した後、それを知らないＯＳＳの工作員がポルトガルの日本大使館に忍び込み、暗号コードブックを盗み出したため、日本が直ちに暗号を変更し、重要な情報が入らなくなって統合参謀本部は激怒した。ユーゴでは、イタリアのＯＳＳ工作員が、イギリスの地域司令官の承諾なしに、チトーの共産主義ゲリラに武器を密輸した。モロッコでは、マドリッドのアメリカ大使館に知らせることなく、共産主義者のゲリラをスペインに送り込んだ。ドノヴァンはこれらを激しく非難されても、部下をかばい、彼らの自由な行動を許した。

ＯＳＳの隊員たちの間では、ＯＳＳでは失敗や不正行為をしても制裁を受けない、という意識が浸透した。ギリシャやフランス、イタリアなどで、資金が銀行の口座から不審に消えてしまったこともあった。国内外に愛人を持つ隊員も少なくなかった。泥棒やドンファンもいた。多くの隊員は、危険や昂奮を好み、伝統にない華々しさを求めていたとベテラン隊員は回想する。

ドノヴァンは、プロパガンダは真実でも虚偽でも役に立つものはなんでもする、という考えで、真実のみを宣伝すべきだとする部下の法律家たちと対立していた。ルーズベルトの仲裁により、ＣＯＩはプロパガンダだけを行うＯＷＩと、それ以外のすべての工作を担当するＯＳＳとに分かれたが、その後、ＯＳＳ内でも前述のようにブラックプロパガンダを行うＭＯが設置された。

このようなドノヴァンの個性を反映した組織文化は、命令が来ても、現場の隊員たちが必要ない、と考えれば無視されるという事態を招くことも少なくなかった。ドノヴァン自身が被害者となることもあった。若いハーバードの歴史学者のスチュワート・ヒューが、北アフリカでイタリア情勢の調査をしていた。巡回指導で来訪したドノヴァンは、彼がイタリア語を話せると知って、パラシュートで、ドイツ軍支配のイタリア地域に降りて調査するよう命じた。ヒューはイタリア語も堪能とはいえず、パラシュート降下の訓練経験もないので、驚き恐れた。彼は、「どうしたらいいだろうか」と仲間に相談した。仲間は「将軍が出発するまで隠れていればいい」とアドバイスし、ヒューがそうすると、この命令は直ぐに忘れ去られた。

スタッフが、ドノヴァンに、膨大な資料を用意して作戦を提案し、認可を求めると、ドノヴァンはそれを一瞥しただけで、「よし、やろう」と言うが、そのあとでドノヴァンが別のアイデアを思いつくとそれらの提案は忘れ去られた。ＯＳＳのある少佐が、ノルウェーのレジスタンス勢力と協力してドイツの町を占拠する計画を本部に了解を求めたが、本部は許可しなかった。それに対し、少佐は「我々はわかっている。レジスタンスも求めている。だから我々はやる」と反抗した。熱狂的な若者たちはともかく、分別があり練達したアレン・ダレスも、ＯＳＳの現場が、ワシントンの本部にあまりに細かく報告し指示を受けることの問題性を指摘していた。

ドノヴァンの作戦面での自由奔放さは、数十億ドルに及んだと見られるＯＳＳのほとんど制限がなく公開もされない財源にも支えられており、予算の無駄遣いをも生んだ。ドノヴァンは他の幹部を驚かせるほど、現場の側に立っていた。マウントバッテン＊[3]に、「二〇〇〇〜三〇〇〇人の兵士でなければできないようなことが生じて、その要員が確保できないなら、いつでもＯＳＳに連絡してくれ。ＯＳＳは二〇〜三〇人を送ってそれをやってみせる」と豪語していた。

ＯＳＳの作戦活動に「倫理性」は求められなかった。敵を損ない、連合国を助けることならなんでも正当だとされた。通常の戦争のルールは無視された。科学者、警察、一流大学の教授たちでさえ、違法な手段をなんでもやるという組織文化が形成された。ＯＳＳの工作員たちの違法活動がしばしばＦＢＩに摘発されることもあった。

＊3　ルイス・マウントバッテン。イギリスの伯爵、海軍元帥。ヨーロッパ戦を指揮して活躍したのち、カサブランカ会談やカイロ会談にも参加。一九四三年八月に創設された東南アジア地域連合軍（ＳＥＡＣ）の総司令官に就任した。

《ドノヴァンのワンマンが招いた組織の混乱と停滞》

猛烈な勢いで短期間に人員が増加し、内部に様々な部門が新設されたＯＳＳは組織的な混乱に陥った。ドノヴァンは頻繁に戦線の現場に長期の出張をしてワシントンの本部を不在にすることが多く、その間報告書類は山積みとなった。ドノヴァンは、ワシントンの本部では部下の幹部に裁量権を与えなかったため、不在中の指揮判断は停滞した。

ドノヴァンは、その反面、本部にいるときは、指揮命令系統や序列に関係なく誰でもその部屋に出入りさせ、中間管理の幹部を飛び越えて直接に指示や了解をすることも多かった。膨れ上がったOSSの組織ではこのようなドノヴァンのワンマン体制の限界は顕著になり、幹部たちの間に無力感が漂うようになった。ジョン・マグルーダーら数名の幹部が、このような状況ではOSSの機能が効果的に発揮できないとして、ドノヴァンを、「Holding Company」のトップ的な最高の指揮判断を行う立場に置き、部下の幹部たちに権限を委譲する組織改革を提言した。

しかし、憤激したドノヴァンは、これを「宮廷の反乱」(Palace Revolt)だと批判してその提言を却下した。ドノヴァンは、軍においての作戦は、ワシントンでなく、戦線の司令官が指揮を担うように、OSSでもあくまで作戦の指揮権限は現地にあるのであり、しかもそれはドノヴァン自身が担おうと考えていた。軍のように組織で指揮命令権限が厳格に整えられることはOSSにとっては無用であり、自由闊達な現場中心の作戦企画と行動こそがOSSの非正規戦の工作の成果を生むものだとドノヴァンは確信していた。

✺イギリスに倣いつつ、イギリスとの摩擦や対立は絶えなかった

OSSはイギリスのSOEに倣って組織された。そのため、大戦中、イギリスとの緊密な連携は最大のプライオリティだった。大戦中イギリスはOSSの育成に大きな協力をし、OSSも戦争後半、SOEに物資などの援助をした。しかし、SOEは、諜報工作活動では、自分たちの方が遥かに伝統と実績があるとして、新参者のOSSを見下す傾向にあった。特に、ヨーロッパ戦線では、SOEはOSSの活動を自

分たちの配下に収めて従わせようとした。

一九四二年六月、ドノヴァンの使節が、イギリスで、ＳＯＥとＯＳＳは対等のパートナーとして活動するとの書面の合意をしたにもかかわらず、イギリスは、ＯＳＳが北欧や北アフリカで活動するのは、そこはイギリスの排他的な活動地域だとして反対、抵抗した。ＯＳＳの工作員たちは、次第にイギリス工作員と敵対することが多くなった。イギリスが枢軸国への勝利だけでなく、アジアの植民地の帝国主義的支配を維持拡大させようとしていることをＯＳＳは批判し、これが特に東南アジアでの現地の作戦において、しばしばＳＯＥとの間に深刻な対立をもたらした。ＯＳＳのＭＯもイギリスと摩擦があった。それは、ＭＯがプロパガンダに活用するハリウッドの脚本家、ニューヨークの宣伝家、有名作家などにユダヤ人が多かったことにも原因があった。

✺他の国家機関との対立や軋轢

ＯＳＳはドノヴァンの力で大きく成長したが、他の伝統的な官僚組織からは憎まれた。ＣＯＩのスタート時点から、各組織はこれを潰しにかかった。

ジョン・エドガー・フーバー長官のＦＢＩは、ＯＳＳに対し、特に猜疑的、警戒的だった。ＦＢＩは、既に南米に拠点を設けており、ＯＳＳはこれに関わろうとしたがフーバーは拒絶した。ルーズベルトが調整し、国境以南はＦＢＩが担うこととしたが、ＯＳＳは後にこれを無視した。この最初の衝突が、フーバーにＯＳＳの侵食に対する警戒心を一層強めさせた。フーバーのＯＳＳへの反感と警戒心は、その連携者であるイギリスにも及んだ。

一九四二年一月、ＣＯＩの工作員が、ワシントンのスペイン大使館に侵入してコードブックやフランコの親枢軸に関する書類を写真撮影した。フーバーはＣＯＩがＦＢＩの領域を侵していると激怒して抗議した。同年四月、COIは再びスペイン大使館に夜間侵入したが、それを嗅ぎつけたFBIは車で監視し、大きなサイレンを鳴らし、侵入した工作員を慌てさせた。ドノヴァンはFBIに激しく抗議し、ホワイトハウスにこの問題を提議した。しかし、ルーズベルトは、大使館侵入工作は以後FBIが担当することとして争いを収めた。

戦争が進むにつれて、OSSとFBIの関係は、関係幹部間では改善され、極東でのOSSの諜報機関について一定の協力が進んだが*4、フーバー自身の不信と怒りは解けていなかった。

*4 ミルトン・マイルズが試みた、戴笠の部隊に対するFBI研修は、その例であろう（59頁）。

一九四四年、ドノヴァンが動いてOSSとソ連のNKVD（モスクワの秘密諜報警察）との使節団交換の合意がなされ、アメリカのモスクワ大使館付武官や、ハリマン大使はこれを歓迎した。しかし、フーバーがこれは極めて危険だと激しく抗議し、ルーズベルトはやむなくこの企画を棚上げにした。ドノヴァン自身は基本的に保守だったが、共産主義者やソ連に対する警戒心は乏しく、甘かった。

OSSは、国務省との争いもあった。当初、OSSは、国務省の別館の一部を借りていたが、国務省はドノヴァンの出まかせな行動方針を警戒し、ファイルへのアクセスなどを拒んだ。国務省の伝統に制約された遅い仕事のペースはOSSと対照的だった。国務省は保守的な階級社会で、職員はキャリアの願望が強く、人種差別意識も強かった。アフリカ研究の優秀な研究者だったラルフ・バンチ教授は、一九四四年にR&Aから国務省に移籍したが、その文化の違いに驚いた。バンチは、国務省を慢性の官僚組織で独りよがりの自己満足社会だと酷評した。

国務省のそのような体質は容易にドノヴァンの剛腕の餌食となり、ドイツ、イタリーの大使、リトアニアの公使、フィリピンの副総督などは、迅速にOSSのポジションとなった。戦後も元OSS職員は、二〇か国以上の大使となった。ロンドンのヨーロッパ本部の長だったデビット・ブルースは、イギリス、フランス、ドイツの大使を務めた。ドノヴァン自身もアイゼンハワー政権でタイの大使となった。

圧迫された国務省は一九四一年八月、ＣＯＩと、情報の提供や海外のプロパガンダに関する合意に署名した。しかし職員には不満もあった。次官補のブレッキング・ロングは、一九四一年の日記に「最重要問題の一つはドノヴァンにコントロールされることだ。彼の組織は経験不足の人間でできている……どこの組織にも入り込もうとする……情報の取り扱いが稚拙で、この組織は多くの機関の棘になっている……ＣＯＩのプロパガンダは、しばしば正式の外交方針と反している」と書いた。

大使館へのＯＳＳの派遣は、現地大使館員との摩擦が絶えなかった。ビシー政府の駐仏大使であり、後に合衆国陸海軍最高司令官になったウィリアム・リーヒ提督は、ドノヴァンに「外交は私の仕事だ」とくぎを刺し、大使館に派遣されたＯＳＳ要員がスパイ活動に従事するのを制限しようとした。スイス、スウェーデン、スペイン、ポルトガルなどの中立国の大使館に派遣されるＯＳＳの職員は現地外交官の強い反発を受けた。

しかし、戦争により外交関係の空白ができた国には、ＯＳＳがその隙間を埋めた。大使館が置かれていない国では、ＯＳＳの中尉クラスの人間が、イギリスの大使や将軍と向かい合って会議することもあった。タイに関しては、ＯＳＳのある大佐が国務省の次官補に、アメリカのタイに関する外交方針を尋ねたところ、「まだ方針は決まっていない」との簡潔な答えだったので、ＯＳＳはハイレベルの情報収集のためにその間隙に突進した。国務省は戦争の状況下では正規の外交官が危険かつイレギュラーな任務を担えなかったので、しばしばＯＳＳの要員がそれにとって代わった。

ＯＳＳは、外国人部（Foreign Nationality Branch）も設置したが、それは国務省領域への侵入だった。外国からアメリカに逃れてきた多くの反枢軸国の人々はＯＳＳのための貴重な人的資源だった。しかし、それらの国は様々で、人々は相互に対立してそれぞれがアメリカ政府から合法性の承認を求めていたので、外国人部は政治的策謀に巻き込まれる場となってしまった。逃亡した指導者の調査活動ではFBIともしばしば衝突した。

戦争末期にはOSSの人々は枢軸国の降伏折衝にも多く巻き込まれた。ヒトラーの将軍たちの多くは、戦後処刑から免れるためには、ドイツの降伏の為に連合国と折衝しようとした。正式な外交交渉はできないのでOSSがそれに当たるのは効果的だった。サンライズ作戦はまさにそのようにして行われた。国務省もOSSによるドイツとのファーストコンタクトは適切だと考えていたが、外交官の多くはこれを好まなかった。

✺レジスタンス勢力支援がもたらした戦後の問題

レジスタンス勢力の枢軸国に対する抵抗運動は、だんだん武力闘争が強化されて暴動や革命につながる可能性があった。それは共産主義革命への道や、帝国主義の植民地解放運動ともつながる可能性があった。戦時中のOSSのレジスタンス勢力への支援活動は、戦後も植民地支配を維持しようとするイギリスやフランスとしばしば激しく対立し、また戦後のアメリカの対外政策に少なからぬ影響をもたらした。OSSは、共産主義者のテロ組織に膨大な武器や資金を投下したと批判された。それは正しい指摘をも含むが、その実態には様々な複雑な要因があった。

ドノヴァンは、現地の作戦におけるSIとSOの任務を融合した第三の Operational Group Command（OG）を設置した。これは、ターゲットとしてイタリア、フランスなど、国ごとに設置された。現地語に習熟した工作員を、パラシュート降下で敵陣に送り込んで諜報活動と破壊工作の双方を担わせた。彼らの活躍は、現地のレジスタンス勢力から称賛され、大西洋憲章を体現しようとするものと歓迎された。敵は悪でレジスタンスは英雄だった。OSSの工作員の多くは三〇歳未満で理想に燃えていた。

外国人と協力でき、偏見から自由で、人種的な寛容さを持つ人材が求められた。ナチから逃亡した人々は、社会主義志向があり、ファシズムへの戦いの意志があり、その男女は、ユダヤ人組織の幹部や、労働組合の幹部らが少なくなかった。仏印では、英仏の植民地支配と敵対するカチン族やホーチミンのベトミンと共に戦った。

ドノヴァン自身が民主主義の理想家だった。ＯＳＳの研究レポートには、民主的、進歩的、社会改革などの言葉が多用された。ＯＳＳの人々は来るべき時代についてそれぞれの考えを持っていた。ルーズベルト支持のリベラルにとってはニューディール政策の延長だった。ＯＳＳ内の共和党、保守主義者たちは、強い明確な政治的展望はあまりもっていなかった。

レジスタンスの闘士らに対して、現地のＯＳＳの工作員たちは、自分がアメリカそのものを代表しているという意識だった。ユーゴで現地のゲリラと共に戦ったある大佐は「私がアメリカだった」と書いた。元作家、弁護士のある少尉は「私は長く苦しんでいる人々へのメッセージを持っている」と言い、彼らは、レジスタンスのリーダーたちからアメリカの聖なる権威だと思われた。彼らの考えは、国務省にしてみれば何の重要性もなかった。しかし現地のレジスタンスたちにとっては、それがワシントンの外交政策を示していると受け止められた。

イギリスのＳＯＥは、イギリスの外交政策に基づいて地下工作を行うことの明確な自覚があった。イギリスやフランスは、枢軸国に対する勝利のみならず、アジアの植民地支配を戦後も復活維持することが至上の国策だった。ＯＳＳでも一部の幹部は、ＯＳＳの活動を戦後のアメリカの支配権の確立の基盤とする計画を持っていた。しかし、現地の一般の工作員にとっては、小さく弱い国の人々が大国のパワーポリティックスの犠牲になることへの同情が強かった。そのため、イギリスやフランスの旧植民地内でのＯＳＳの作戦活動は、しばしば英仏との激しい対立や混乱をもたらした＊5。

＊5　マーク・マゼッティ『ＣＩＡの秘密戦争』（小谷賢訳、ハヤカワ・ノンフィクション文庫、二〇一七年）（五〇頁〜）によれば、「一九四三年、チャーチル政権の特殊作戦執行部内のある人物は、『イギリス人は一般に長期的な展望をもち、時間をかけてゆっくり進めていくが、アメリカ人は気質として短期間に派手な成果を出したがる』と不満を漏らした……ＯＳＳの戦略は、武器庫の爆破や電話線の切断、敵の補給線への地雷敷設に頼っているので危険だ、と指摘した……ＯＳＳのように『カウボーイやインデイアンの戦いごっこにあこがれ』ていては同盟諸国に迷惑をかけるだけだ、とも警告した」という。

ＯＳＳの中には、ドイツとの戦いよりもソ連との戦いを志向する反共産主義者もいたが、ＯＳＳの大半の職員たちは、当初は、戦後にソ連と平和的に共存できると思っていた。ドノヴァンは、かつて一九一九年に、国務省に対し、反ボルシェビキの白ロシアを承認することを反対する助言をしていた。ドノヴァンは、「シベリアの労働者たちは、共産主義に憧れている」と考えていた。ソ連に対して警戒心が乏しかったドノヴァンは、ＯＳＳの工作員がソ連内でスパイ活動をすることを禁じた。しかし、ソ連の側はそうでなく、アメリカ国内でやりたい放題のスパイ活動をしていた。

しかしこのようなソ連への甘い期待が幻想にすぎなかったことは、戦争の末期にむき出しになったソ連の好戦性によって明らかになった。ルーマニアでは、捕虜になった連合軍の航空兵の救出のためにＯＳＳとソ連が結んだ協定に反し、救出成功後、ＯＳＳ要員らは追い出された。ユーゴでは、共産主義のレジスタンス勢力になんの支援もしなかったソ連の将軍らがチトーの勝利後、歓迎されたのに対し、ＯＳＳの工作員らは追い出された。満州では、ＯＳＳのチームが、ソ連が協定に反して日本の武装を解除して産業設備を略奪したのを撮影したため、彼らはソ連軍に拘束されてしまった。ドノヴァンは日本降伏の一か月前になってようやく、カイロとベルリンのＯＳＳの指揮官らに、これからはソ連の新しい脅威に注意を向けるべきだと指示した。しかし、既に遅かった。

極東では、ＯＳＳは伝統的なアメリカの反植民地主義に立っていた。しかし、マッカーサーが、その指揮範囲でのＯＳＳの活動を許さなかったため、ドノヴァンはイギリスとの連携に切り替え、カルカッタやニューデリーをＯＳＳの東南アジアの活動拠点とし、そこからビルマなどに工作員を送り込んだ。しかし工作員らはイギリスの帝国主義植民地支配の欲望の強さを知り、イギリスに強い反感をもつようになった。

ある工作員は、妻に「イギリスのインド支配はファシズムであり、我々はイギリスとの戦いを避けることはできない」とさえ手紙に書いた。この面についてはＯＳＳと国務省は一致していた。ＯＳＳが愛国の革命家たちと連携することは、抗日戦や植民地解放の戦いの大きな力になると考えていた。ホーチミンや他の反植民地主義の指導者たちは、アメリカの非公式な外交団であるＯＳＳから精神的な強い支援を得ていた。

一九四四年に入るとルーズベルトとドノヴァンの関係は次第に冷却し、ルーズベルトはドノヴァンの更迭を考えたこともあった。トルーマンになると更に同情は失われ、ＯＳＳの解体につながった。それを背後で強力に画策したのがＦＢＩのフーバー長官だった。

第3章

OSSの作戦の光と影——第二次大戦裏面史

急激に組織が成長したＯＳＳは、ヨーロッパを始めとした各地の戦線に拠点を設けて活発に諜報や破壊工作活動を行った。しかしその活動は、様々な作戦の成功と共に多くの失敗や批判を招き、また戦後の国際社会への不安定要因をもたらすことにもなった。その原因には次のようなものが挙げられる。

①枢軸国への勝利の目的は共有しても、戦後も植民地支配の復活維持を目論むイギリスやフランスと、その解放を目指すアメリカ、特にＯＳＳとの考え方の基本的な違い。

②枢軸国と戦うレジスタンス勢力は、王政の復活・維持を目指す勢力から、王政を否定する共和制、社会主義、共産主義の勢力まで多岐にわたり、相互の対立や主導権争いが激しかったこと。

③王政の復活・維持に積極的ないし同情的なイギリスと、これに反対ないし批判的だったアメリカ、特にＯＳＳとの違い。

④ソ連を始めとする共産主義勢力の浸透・支配拡大に対する警戒心が強かったイギリスと、それが薄かったアメリカ、特にＯＳＳとの違い。

⑤諜報活動や特殊工作では経験・実績が豊富なイギリスのＳＯＥと、その分野では新参者だったＯＳＳ

との対立や主導権争い。
⑥フランス関係ではドゴール派と反ドゴール派の対立、それに関するSOEやOSS内部での路線の違い。
⑦短期間で急激に組織を拡大したOSSの組織、活動や要員の思想傾向が良くも悪くも自由奔放だったこと。
⑧OSSはアメリカの軍部や国務省との間でも対立や摩擦が少なくなかったこと。

これらを視点におき、以下の世界各地の戦線におけるOSSの活動を知ることによってその実像、光と影が浮き彫りになってくる。それは、OSSを視点に据えた第二次大戦の裏面史でもある。

✺北アフリカ戦線—ドゴール派と反ドゴール派の対立の中でも上陸作戦に成功

ジブラルタル海峡に面したモロッコ、その東方のアルジェリアやチュニジアはフランスの植民地だった。

一九三九年九月一日のドイツのポーランド侵攻による大戦の開始後、ドイツ軍は、翌一九四〇年四月からノルウェー、デンマークに、五月からベルギー、オランダ、ルクセンブルグに、更にフランスに侵攻した。六月一〇日にはフランスはパリを放棄し、同月二一日フランスは降伏した。パリを始めとするフランス北部や西部はドイツの占領下に入ったが、フィリップ・ペタン元帥を首相とするフランス政府は、ドイツとの休戦協定により、中部の都市ヴィシーに政府を移し、ナチ・ドイツへの服従を前提としつつ、かろうじて主権国家としてのフランスを維持した。そのため、アフリカのフランスの植民地はヴィシー政権により管理されることになった。ペタンの部下であったが徹底抗戦派のシャルル・ドゴール将軍は、ロンドンに亡命して「自由フランス」を結成した。

連合国軍が地中海側からイタリアを攻略し、東欧を押さえつつ、フランスやドイツに進攻するためには、北アフリカの二〇万人のヴィシー政府軍が大きな障害であり、これを排除する必要があった。これは一九四二年一一月から行われた連合国軍によるモロッコとアルジェリアへの上陸のトーチ（ＴＯＲＣＨ）作戦によって実現された。しかし、英米の諜報関係機関は、ヴィシー政権成立間もないころから、レジスタンス勢力と連携して北アフリカのヴィシー政府を転覆させるため、様々な作戦の計画を始めていた。

《マーフィー外交官らの努力とＣＯＩの参加》

アメリカは、フランス情勢を把握する必要から、ヴィシー政府との外交関係は断絶せず維持していた。国務省の優れた外交官でルーズベルトの目にも止まっていたロバート・マーフィー（Robert Murphy）は、一九四一年初めころから、アルジェリアで、ヴィシー政府への経済協力を装いながら反ヴィシーの有力者との連携の道を探っていた。ドノヴァンは、パリの陥落後、フランスの弱腰を非難していたが、一九四一年六月のＣＯＩ設立後、北アフリカでの作戦を模索し始めた。真珠湾攻撃の当時、ＣＯＩは、ドイツがフランコ政権のスペインを通って北アフリカに侵攻するとの情報に基づき、英米がこの地域を先に支配する必要性を指摘した。同年のクリスマスに、ルーズベルトとチャーチルはこの問題で協議した。一九四二年の春には、北アフリカでのヴィシー政府転覆工作がＣＯＩの任務となり、同年六月に設立されたＯＳＳに引き継がれた。

ＣＯＩからは、ソ連の亡命者だったロバート・ソルボーグ（Robert Solborg）中佐が北アフリカに派遣された。ソルボーグは、まずロンドンでＳＯＥの下で学んだ後、一九四二年二月に、中立国ポルトガルのリスボンにＣＯＩの拠点を作った。ウィリアム・エディ（William Eddy）大佐も、ジブラルタル海峡に面したモロッコのタンジールに派遣されてＯＳＳの拠点を作った。エディは陸軍の諜報将校として第一次大戦で数々の勲功を挙げた実力者だった。彼らはマーフィー外交官とも密接に連携し、北アフリカのヴィシー政府に対するレジスタンス勢力の発掘と支援に取り組んだ。

しかし、彼らの活動はイギリスのSOEとしばしば対立した。また、マーフィーは別として、アメリカの大使館は、OSSがレジスタンス勢力と接近することに神経過敏となっており、非協力的だった。

エディやソルボーグは、ワシントンに、フランスレジスタンスへの武器や資金の援助を嘆願した。ドノヴァンは理解したが、統合参謀本部はレジスタンス勢力の力や姿勢が見極められず、援助したものが容易に敵の手に渡るおそれがあるとして反対した。

《アンリ・ジロー将軍の引き出し作戦》

マーフィーとエディ、ソルボーグらは、レジスタンス勢力への支援が極めて重要だと焦った。しかし事態は好転し、ドイツの収容所から脱出して南フランスに滞在していたアンリ・ジロー将軍を引き出す計画が持ち上がった。ジロー将軍は、ドゴールよりも上官であり、ペタン政権に批判的だった。マーフィーやソルボーグたちは、ジローを引き出すための様々な努力をした。北アフリカの植物油事業で成功し、親ドイツ的な姿勢を示しながら連合国にも親近感を持っていたジャック・ルメイ・デブリュー（Jacques Lemaigre-Dubreuil）がジローとの橋渡しを務め、ソルボーグが活発に動いた。マーフィーの要請で、ソルボーグはOSSの了解なしにカサブランカに行き、ルメイに会った。資金はレンドリース（武器貸与法）により、北アフリカのヴィシー政府を倒して臨時政府を樹立する計画を協議した。ルメイはそのための強力なリーダーとしてジロー将軍の名前を挙げ、ルメイがジローを説得することになった。ルメイは、南フランスに行ってジローに会い、説得に努めたが、ジローはフランス内での蜂起と北アフリカとの同時作戦を考えていた。

しかし、北アフリカ作戦について、イギリスを始めとする連合国内やアメリカ政府の統一的な方針はまだできていなかった。その状況の下で、マーフィーやソルボーグらの動きは性急で過激だった。ルメイがジロー説得のために滞仏中、北アフリカに来たドノヴァンは、ソルボーグの独断行動を怒り、作戦を中止してリスボンに戻るよう厳命した。自由奔放で積極果敢なドノヴァンでさえ、このような性急な北アフリカ作戦を許すわけにはいかなかった。ソルボーグには他のやりすぎもあった。彼は、ドゴール派と協議して、その工作員を北アフリカに受け入れることとし、ロンドンからイギリスの飛行機で渡ろうとしていた時、スペイン上空で墜落して工作員が死亡した上、極秘書類がスペインの警察に押収され、ドイツに間違いなく渡ったと思われる事件も発生しており、このことでもＯＳＳは厳しい批判を受けていた。

ドノヴァンは、ソルボーグの独断専行や不服従を許さず、階級を落とし、以後の関与を厳禁した。

しかし、エディは、その後も、北アフリカのレジスタンスに武器を供給して支援すべきことを強く主張した。ヴィシー政府では、ペタンが首相を退いた後、極めて親ドイツのラヴァルが首相に就任していたので、レジスタンス勢力への弾圧強化を恐れたためだった。エディらは、アラブの反乱勢力との連携も考えた。しかし、国務省はＯＳＳがアラブの反乱勢力と協力し、支援することには反対だった。ところが、エディが心配した通り、七月一一日、モロッコのヴィシー政権の警察がドイツの支援のもとに三〇〇人の「レジスタンス支援者」を逮捕してしまった。

七月下旬、エディはロンドンに行き、ＯＳＳの副長官で共和党員のエドワード・バクストン（**Edward Buxton**）大佐と会った。バクストンがパーティーを設営して、エディがドリトル将軍、パットン将軍*1、ストロング将軍（※新たに陸軍の諜報部の長となり、ドノヴァンのライバルだった）と会えるようアレンジしてくれた。パーティーで、エディの第一次大戦の勲章や戦傷のための足のひきずりは注目され、エディは将軍らに北アフリカレジスタンスへの支援を熱心に説き、将軍たちの理解を得た。こうして徐々にＯＳＳのレジスタンス支援計画は進展した。

一九四二年六月、ＳＯＥとＯＳＳの間で、秘密工作の影響範囲について実務的合意がなされた。ＯＳＳは北アフリカのヴィシー政権転覆作戦を最優位とし、中国・朝鮮・南太平洋とフィンランドを主な活動範囲とし、ＳＯＥはインド、西アフリカ、バルカン、中東を主に担当し、ヨーロッパについては双方が協働することとされた。この間も、エディやマーフィーは、ルメイやジローとの協議を続けた。

＊1 ジョージ・スミス・パットン・ジュニア（George Smith Patton Jr.）将軍は、大胆・勇猛さで知られ、北アフリカ戦線で激しい戦闘の末、ドイツ軍を北アフリカから駆逐した。その後のイタリア上陸作戦でも活躍した。その勇猛振りは『パットン大戦車軍団』の映画にもなった。

《ドゴール派と反ドゴール派》

北アフリカ作戦では、ドゴール派とアンリ・ジローを始めとする反ドゴール派の対立が複雑かつ深刻に影響した。イギリスは、ドゴールの亡命を受け入れ、「自由フランス」が設立されたとは言え、自己主張が強く傲慢なドゴールを嫌っていた。

アメリカの国務省とホワイトハウスでも反ドゴール感情が強く支配的だった。ルーズベルト大統領はドゴールを強く嫌っていた＊2。しかし、ＯＳＳの中では、反ドゴール派とドゴール派が混在していた。ドゴールは過剰な自信家で、英米が自由フランスを正式承認しようとはしない姿勢への怒りは激しかった。その反面、ドゴールの断固とした姿勢は、その人気を増大させた。一九四二年夏には、フランスの非占領地域で、ドゴールはレジスタンス勢力からの支持を獲得した。ドゴール嫌いの国務省もこれは認めざるを得ず、アメリカ陸軍もフランスレジスタンスとの連携について協議を始めた。

＊2 ルーズベルトやチャーチルが、ドゴールを強く嫌っていたことは、ハミルトン・フィッシュ『ルーズベルトの開戦責任』（渡辺惣樹訳、草思社文庫、二〇一七年）に詳しい。

ＯＳＳの中にはドゴール支持者が少なくなかった。ワシントンのＯＳＳの西欧部のチーフ、アーサー・ローズバロー（Arthur Roseborough）と、ロンドンのＳＩチーフでハーバードロースクールの卒業者だったホイットニー・シェパードソン（Whitney Shepardson）は、ドゴールの理解者で、ドゴールの秘密警察のアンドレ・デュワブリ（Andre Dewavri）と連絡が密だった。彼らは、フランスの非占領地域ではドゴールの指導性が支持されているとワシントンを理解させようとした。

一九四二年九月、ロンドンでＯＳＳとフランスから抜け出してきたレジスタンスグループとの協議会が行われた。彼らは、ヴィシー政権批判では一致し、ペタンやラベルはもとより、ジローでさえ支持できないと言った。彼らは右も左も、ドゴールこそがリーダーだと主張した。ロンドンのＯＳＳは、ドゴール派の運動こそが最もフランスで力があると結論し、ドノヴァンに「ドゴールこそフランスレジスタンスの象徴」だと報告した。ジローや他のリーダーがヴィシー政権と足並みをそろえていると批判し、ドゴールを支援して、ドゴールとジローとの仲裁をすべきだと進言した。しかし、ドゴールに対する支援方針は、国務省はもとより、イギリスでもまだ認められるには至っていなかった。

《トーチ作戦の決定と準備》

一九四二年七月、英米の首脳は、北アフリカ上陸作戦をアイゼンハワー将軍の指揮により一一月に開始することを合意した。これがトーチ（ＴＯＲＣＨ）作戦だった。マーフィーやエディらＯＳＳによるジローを引き出す策謀が、初めてアメリカの攻勢の基礎になることになった。

マーフィーは、ルーズベルトに、この作戦にドゴール派とイギリスが加わらず、この地域の植民地支配を引き続きフランスに委ねるのならば、北アフリカのフランスはアメリカ軍の上陸を受け入れるだろうと説明し、ルーズベルトは了解した。ドゴール派とイギリスは、ヴィシー政権と激しく対立していたからだ。九月中旬、マーフィーは、彼をアイゼンハワーの政治アドバイザーに任命する辞令を持って帰還した。ジローが上陸のための作戦会議を要請し、アイゼンハワーの副官のマーク・クラーク（Mark Clark）将軍のチームが潜水艦でアルジェリアの海岸に到着した。この移動作戦もＯＳＳが担った。ジローの代表は、上陸と蜂起の指揮権はジローが持つことを要求し、それはアイゼンハワーとジローの協議に委ねられることとなった。

そこに、予期せぬ事態が生じた。ヴィシー政府で親ナチだったジャン・ルイ・グザヴィエ・フランソワ・ダルラン将軍が、密かに連合軍側に就くとの意向を示してきた。アメリカは、ジローの指導力に懸念を持っていたので、ダルランがジローにとって代わる可能性が生じた。

この作戦にドゴール派を参加させるべきか否かは難しい問題だった。ドゴール派が参加すれば、上陸軍に対する北アフリカのヴィシー政権の激しい反発を招き、戦闘が泥沼化するおそれがあったからだ。そのため、もともとドゴール嫌いだったルーズベルトとチャーチルは、北アフリカ作戦にドゴール軍は参加させないと合意した。ドゴールの自由フランスの要員をモロッコのタンジールで連絡要員として受け入れることだけを認め、これでドゴールを満足させて作戦は実質的に自分たちでコントロールする方針をとった。ルーズベルトとチャーチルは、トーチ作戦について、上陸開始までドゴールに教えることもしない、と決めていた。ドゴール派の秘密保持は極めて緩いとの定評もあったからだった。

ＯＳＳは、こうしてようやく、北アフリカ上陸作戦に参加することが認められた。しかし、ＯＳＳの作戦は、すべてアイゼンハワー将軍の指揮下でなされるべきだとの条件がつけられた。エディらは、トーチ作戦による上陸開始前のＯＳＳによる準備作戦を企画した。しかし、アイゼンハワーは、秘密工作に対する同情心がなく、エディが企画した準備作戦の多くは却下された。ドイツ軍のゲシュタポの将校を毒薬で暗殺することも計画したが、これは却下された。エデイらは、モロッコの水先案内人二人を密かにモロッコからロンドンに密入国させた。連合軍の上陸の水先案内のためだった。しかし、イギリスは、誘拐だと怒り、アイゼンハワーも了解なしの作戦だと怒った。これはパットン将軍が事前に了解して期待していたにも関わらずイギリス側に知らされていなかったための混乱であり、連合軍の連携の悪さを象徴していた。ドノヴァンは、エドモンド・テイラー（※三五歳のジャーナリストでナチに詳しかった）をエディの補助に付けた。

《上陸作戦の開始》

上陸作戦の開始は一九四二年一一月八日と決定された。しかし、秘密保持のため、その三日前に初めてこれを知らされたフランス側は仰天した。北アフリカに渡って連合国の上陸作戦に協力する予定だったジローは、相変わらず自己が指揮権を持つことに固執し、直ちに出発しなかった。

上陸作戦が開始され、ＯＳＳの工作により、モロッコで親連合国のフランスの陸軍指揮官がヴィシー政府の知事を逮捕した。アルジェでは地下の数百人の協力者が町の主要拠点を確保して連合軍の到着を待った。しかし、イギリス軍の上陸が遅れ、親連合軍の兵士らに大きな犠牲が生じた。

ジローは、ようやく考えを変えて三六時間後に上陸した。ダルラン将軍は、連合国への協力をまだ迷っていたが、クラーク将軍による脅しと丸め込みにより、協定を結び、一一月一〇日、フランス軍に戦闘停止を命じた。ナチが休戦協定を破ってフランスの未占領地域である首都のヴィシーに侵入したと知ったからでもあった。

モロッコとアルジェリアでは戦闘は終結したが、チュニジアではフランスレジスタンスの到着が遅れ、大きな犠牲を出した。

《上陸地点の偽装計画に成功したＯＳＳ》

これは、トーチ作戦の成功につながったＯＳＳの顕著な成果だった＊3。当時、アフリカでは、連合軍が西アフリカのセネガルの首都ダカールに上陸したのち、北アフリカに進軍するという噂が広まっていた。ＯＳＳのメンバーは、この虚偽の噂を固めさせるためにあらゆる策を弄した。北アフリカへの直接上陸を目指していた連合軍にとっては、ドイツ軍の目が遥か遠くに離れたダカールに集中することは、またとない攪乱策だったからだ。ＯＳＳは、アメリカの広告代理店のドナルド・コスターを協力させ、フレディとウォルターと称する二人のフランス人に接近させた。フレディは、ドイツの大使館付陸軍武官だったテディ・アウアー将軍の親しい友人だった。コスターは、エディの指示でフレディとウォルターをアウアー将軍の下に送り込み、フレディらがコスターを通じてアメリカの貴重な情報を入手できると偽り、高額の報酬の下にドイツ側のスパイとして雇入れさせた。二重スパイに仕立てたのだ。

二人は、しばらくの間、アメリカのスパイなどに関する些末な情報を流し続け、アウアーを信用させることに成功した。そして、トーチ作戦開始約三か月前の八月、コスターはフレディに、「たったいま、私（コスター）から聞いたところでは、侵攻の最終計画が決まったらしい。英米連合軍の部隊が、この秋、ダカールに上陸する予定だとね」とアウアーに伝えるよう指示した。この偽装計画は大成功を収めた。三か月後、連合軍の史上最大の艦隊が北アフリカに到着したとき、それから四日の間、ドイツ潜水艦による襲撃はなかった。南大西洋上の全ドイツ艦隊は、ダカール沖に終結しており、再び北アフリカに引き返してくるまでに時間がかかったからだった。

＊3 これについては、アレン・ダレス編『ザ・スーパースパイ』（落合信彦訳、光文社）所収の「侵攻のプレリュード──北アフリカ上陸を支えた男たち」による。

《ダルラン登用の失敗》

一一月の最終週、ダルラン将軍は、北アフリカのフランス政府のコミッショナーとなった。しかしダルランは連合国側に寝返ったとはいえ、もともと親ナチだったため、これはアメリカのリベラルから批判を受けた。ルーズベルトは、当面の都合にすぎないと弁明した。しかしその後も問題は尾を引いた。ヴィシー政権の問題は解決されず、ダルランとクラーク将軍との協定は、引き続き批判を受けた。ダルランの政府は、依然として親ナチの体質を残しており、連合国への協力姿勢は弱かった。ＯＳＳでも、エドモンド・テイラーは、ダルラン協定を批判してドゴールへの同情を表明しており、ルメイとジローもダルラン体制に不満だった。

一九四二年一二月二四日、ダルランは二〇歳のレジスタンスの青年に銃撃されて暗殺された。ジローがその跡を継ぎ、ワシントンはそれを支持した。暗殺は背後にドゴール派の陰謀があると疑われた。この暗殺は、ヴィシー政府に反動とドゴール派の弾圧を招いた。ヴィシーの警察は、ドゴール派の指導者を暗殺計画の容疑で逮捕し、ドゴール派の多数の工作員やその疑いを持たれた者たちは、サハラの強制収容所へ送られることとなった。

ＯＳＳ内でドゴール支持派だったテイラーらは、ＰＷＢ（Psychological Warfare Branch）を組織していた。これは、アイゼンハワー指揮下の組織だった。しかし、ＰＷＢは、アルジェリアで、親ナチの政治家やジャーナリストを無令状でギャング並みの逮捕をした。ＰＷＢの本部は、警察に追われるドゴール派の隠れ場所となった。ドゴール派は、アメリカ人の部屋のクローゼットに潜んで逮捕を免れたり、テイラーは彼らの武器を集めて隠した。

しかし、アイゼンハワーは、ＰＷＢをトラブルメーカーだと強く非難した。ダルランの警察がドゴール派を逮捕したとき、テイラーが主導するＰＷＢはこれを批判し、サハラ砂漠の収容所に送られるのを救出しようとした。テイラーは救出活動のためマーフィーに支援を求めた。しかし、ジロー支持派だったマーフィーは、テイラーらドゴール支持派が北アフリカでアメリカの政策に反しているトラブルメーカーだと考えていたため、これはフランスの内政問題だとして応じず、アメリカ政府関係者は冷淡だった。

《遂にドゴール派が勝利》

北アフリカのモロッコやアルジェリアへの上陸作戦は成功したものの、ドイツ軍はチュニジアなどを中心に激しく反抗し、著名なロンメル将軍の勇猛な戦いによって連合軍は苦戦を強いられた。一九四三年五月七日、連合軍がチュニスを占拠したことで、ようやく北アフリカの枢軸国軍は降伏に至った。

その間、一九四三年一月のカサブランカ会議では、ダルラン亡き後の北アフリカヴィシー政府の指導者のジローと、ドゴールとの権限の調整が協議された。それまで英米はドゴールを嫌うのが主流だったが、ドゴールに対するフランスのレジスタンス勢力の支持の拡大は顕著だった。そのため、ルーズベルトとチャーチルは、ドゴールとジローを無理やり結び付けようとした。チャーチルからの圧力でドゴールはカサブランカに行き、ジローと冷淡な会合を行い、うわべの連携に合意した。ルーズベルトは引き続きジローを支持していたが、チャーチルのドゴール評価は揺れていた。「ドゴールはジャンヌ・ダルクだが、誰か彼女を焼く司教が必要だ」と皮肉っていた。

現地のＯＳＳでは、ジロー派とドゴール派のどちらを支援すべきか、対立が激しかった。好むと好まぬにかかわらず、ドゴールがフランスで多くの支持を得ており、戦後のフランスを担うと考える者と、基本的にジロー支持のホワイトハウスの考えに従おうとする者たちがいた。しかし、ジロー政権にヴィシー政府の親ナチの旧態が残っていることや、ジローの強制収容キャンプでのドゴール派弾圧の実態は、ジロー政権への批判を高めさせ、ドゴール支持に転じる者が増えた。テイラーは、一九四三年一月に転出したが、後任のアーサー・ローズバローは、ジローはルーズベルトの操り人形にすぎず、フランスや北アフリカでは支持されていないと考えていた。こうして、ＯＳＳ内部でも次第にドゴール支持派が優勢となった。

長い交渉を経て、一九四三年春、ドゴールはアルジェリアに到着した。ジローと協議して、フランス解放連合委員会を作るためだった。これはヴィシー政権を一掃し、ジローの短い国家指導者のキャリアを終わらせることとなった。委員会は、当初ドゴールとジローが共同議長だったが、様々な暗闘を経て、同年一一月、ジローは解放委員会の議長を解任された。一九四四年四月、ジローは軍司令官をも解任されて失脚し、ドゴールの権力が確立した。ＯＳＳで、初期には異端者だったドゴール支持派は、ワシントンの支援を受けていたジロー支持派のライバルを排除することに勝ったのだ。

✺スペインへの上陸作戦に大失敗したＯＳＳ

スペインでのＯＳＳの作戦活動は、ＯＳＳの負の面が現れた大失敗だった。

スペインでは、一九三六年に、フランシスコ・フランコ率いる軍の反乱が成功してフランコが政権を奪い、一九三八年には自ら国家元首兼首相となった。大戦が勃発してから、ヒトラーは一九四〇年にフランコと会談し、スペインが枢軸国に加わって参戦することを求めたが、フランコは言を左右にしてこれに応じなかった。フランコ政権を支えていたのはスペイン国内の様々な右派勢力であり、伝統的なカトリックの勢力が強いこともあって、ファシズム勢力の浸透を妨げていた。しかし、フランコのスペインは、中立国とはいいながら、枢軸国寄りの「非交戦国家」として振る舞っていた。

ＯＳＳの現地工作員たちは、レジスタンス勢力を支援してフランコ政権を打倒しようと企てた。その中心となったのは、ドナルド・ダウンズ（Donald Downs）やローズバロー（Roseborough）だった。ダウンズは、エール大学卒で、以前、アメリカ海軍のバルカン・中東の諜報員であり、ＭＩ６とも通じていたが、ＣＯＩが設立されてから、一九四二年早くにＣＯＩのニューヨーク本部に入っていた。ＯＳＳは、スペインの反フランコ闘争を支援するため、スペインでの諜報活動のエージェントを育成した。ＯＳＳは、フランコの政府が非戦をみせかけながら枢軸国とつながっており、ドイツ軍がフランコと通じて、スペイン領モロッコ（※ジブラルタル海峡に面した東北端にある）から北アフリカに進撃する恐れがあるので、それを防ごうと考えていた。トーチ作戦での上陸開始後、ダウンズと二〇人の工作員が、マーク・Ｗ・クラーク将軍指揮下で活動するため、北アフリカへの進出を命じられた。その中には左翼の者も少なくなかった。

スペイン領モロッコは依然として枢軸国のエージェントの天国だった。ドノヴァンの強力な指導により、ダウンズの工作チームは、スペインに侵入することになった。スペインの反体制の活動家、買収できる軍人、反フランコの共産主義者らとの関係を築き、もしドイツ軍がスペインに進撃したら抵抗運動をしようと計画した。しかし、ドノヴァンは、スペインのアメリカ大使館にはこの計画を秘匿した。

しかし、ドノヴァンもダウンズも、イギリスとアメリカが、スペイン領内で、穏健な作戦でさえ諜報工作の権限を否定してきた長い歴史の自覚が足りなかった。一九四〇年、サミュエル・ホール（Samuel Hoare）がフランコ政府の駐スペインイギリス大使として赴任した。ホール大使は、不安定なフランコ政権のスペインが枢軸国に加わるのを防ぐことを目的とすれば足り、この政権を転覆させる必要はないと考えていた。イギリスにとっては、連合国の勝利がフランコの政権を脅かさなければ足りるのだった。ホール大使は、一九四一年、ドノヴァンがルーズベルトの特使としてマドリッドに来訪して会談したとき、スペインを枢軸国側で戦争に参加させないことは十分に期待できると説明していた。ただ、SOEは、もっと悲観的で、ドイツのスペイン進攻を予期し、その際のフランコへの抵抗運動の支援を準備するため、一九四一年四月、ホール大使にその承認を求めた。しかし、ホールは断固拒絶した。そのような破壊活動は、フランコの微妙な中立性を揺るがし、かえってドイツの侵入の口実を与えることになると恐れたからだった。

一九四二年七月、リベリアで活動していたOSSの工作員は、スペイン空軍がアフリカ西岸のスペイン領の島からリベリアに間もなく到着するとの通信を傍受した。これは、スペインが間もなく枢軸国に加わり、アフリカ沿岸の連合軍基地を攻撃する予兆だと思われ、ドイツ軍がスペイン経由で北アフリカに侵入する恐れが高まった。これに対抗するため、OSSのSOは、スペイン侵入作戦の検討を始めた。ウィリアム・バンダビルト（William Vanderbilt）（※元ロードアイランドの共和党知事）は、ゲリラ組織を作るため、OSSの工作員をジブラルタルからスペインに潜入させることを提言した。彼は、イギリスの外交政策は公式にはスペインへの懐柔策だが、オフレコでは我々のスペイン侵入を喜ぶはずだと考えていた。

しかし、ホール大使は、このような作戦を拒絶した。

駐スペインのアメリカ大使カールトン・ヘイズ（Carlton Hayes）も、ＯＳＳがスペインに干渉することを厳しく拒絶し、スペイン領内での諜報工作活動を許さなかった。ヘイズ大使は断固、ＯＳＳとの対決を決意した。

しかし、マドリッドのＯＳＳのチームの初代のチーフだったドナルド・スティール（Donald Steele）や、スティールの後任で語学に堪能なアメリカのビジネスマンだったグレゴリー・トーマス（H. Gregory Thomas）は、ヘイズ大使を苛立たせる活動を開始した。ヘイズ大使は、ピレネー山脈を越えてスペインに入るレジスタンス工作員からの情報収集や、アメリカ航空兵の救出活動についてはしぶしぶ同意した。しかし、それ以上に、スペインの中立性を損なう活動は許さなかった。ヘイズ大使は、ＯＳＳのワシントンへの通信はすべてチェックし、大使館の報告と矛盾するものは許さず、ＯＳＳの過剰な資金の活用やフランコ政権から疑惑を招くような活動を厳禁した。

それでもダウンズたちは、スペインへの侵入工作をあきらめず実行しようとした。一九四三年六月、スペイン南部のマラガに工作チームを潜入させる計画を立て、アルジェリアから出発しようとしたが、イギリスは船の提供を拒否した。それは、ロンドンの諜報組織が外務省にこの計画を漏らし、ヘイズ大使に伝えられたため、ヘイズが強く反対し、海軍省からストップがかかったためだった。ダウンズやローズバローは、アイゼンハワーの参謀のスミス将軍に懇請したが、アメリカの船も提供できないと拒絶された。しかたなく、ダウンズらの指揮を受けたチームは、手漕ぎ船やゴムボートを準備し、モロッコからチームをマラガに潜入させた。しかし、チームは共和主義者のスペイン人と合流したものの、間もなくスペイン警察の急襲を受け、工作員は殺されるか逮捕されてしまった。スタンガン、手りゅう弾、プラスチック爆弾などのアメリカの武器も押収された。彼らは拷問され、ダウンズらの指揮であったことを自白した。

これは、スペイン外相から激しい抗議を受け、ドノヴァンは、苦しい立場となり、謝罪に追い込まれた。OSSは、一九四三年一一月、ヘイズ大使との間で、いかなる状況においてもスペインにおいて諜報や破壊工作を行わないことを協定させられた。作戦チームは解体され、ローズバローは任務を解かれ、その部下たちは転任させられた。ダウンズは、OSSから放逐された。OSSのスペイン侵入作戦は完全な失敗に終わった。

✺イタリア戦線
―上陸作戦には成功するも、王政派から共産主義者までレジスタンス勢力の対立により混乱

北アフリカを攻略した連合軍の次の目標はイタリアとなった。イタリアはヒトラーと強く結託したムッソリーニのファシスト政権が支配していた。しかし、北アフリカでのアメリカとダルランとの取引によるヴィシー政府の連合国への寝返りは、ムッソリーニの強い関心を招いた。それは、パルチザンを始めとするレジスタンス勢力によるムッソリーニ打倒への動きを加速したのみならず、王ビクター・エマニエル三世やその側近、政府の高官の間でも、ドイツとは断絶して連合国への降伏を模索する動きが強まった。一九四三年七月一〇日から、アイゼンハワー指揮下の連合軍はシチリア島への上陸作戦（※ハスキー作戦）を開始し、二四日には島を制圧して現地のイタリア軍は降伏した。これはローマを震撼させ、それまで、ドイツとの断絶をムッソリーニに説得できなかった王と支持者たちは、行動を決意した。七月二五日、ムッソリーニは逮捕されて幽閉され、七四歳のエマニエル三世は、ピエトロ・バドリオ将軍の政府を樹立した。バドリオはドイツとの同盟を維持するふりをしながら連合国に降伏を打診する密使を送った。しかし、バドリオはムッソリーニを支援するドイツとの間でふらついており、降伏への決断ができなかった。

アイゼンハワーはバドリオを見限り、マーク・W・クラーク将軍が率いるイギリス、アメリカ、カナダ

の連合軍は、同年九月、いよいよイタリア本土への上陸作戦を開始した。主な上陸地点はナポリ東南のサレルノだった。しかし、ヒトラーは、幽閉されたムッソリーニを救出した。ムッソリーニは、一九四三年九月二三日、ローマを首都とする「イタリア社会共和国」を建国して中部北部の支配を維持し、ドイツ軍と連携して、進軍する連合国軍への頑強な抗戦を続けた。ドイツ軍の抗戦を指揮したのが、後にサンライズ作戦でドイツ軍の降伏に応じることとなったケッセルリング将軍やヴィーテイングホフ将軍、ヴォルフ将軍だった。

一〇月前半には、南イタリアの全体が連合国の手に落ち、ナポリ近郊のカゼルタに連合軍司令部が設置された。それから、一九四五年春まで、イタリア中・北部で激しい戦闘が続いた。ムッソリーニのイタリア軍とドイツ軍は、ローマを撤退した後も、北イタリアのミラノを中心として堅固な防衛線を張り、抗戦を続けた。しかし、それを最後に終わらせたのが、アレン・ダレスやゲヴェールニッツらによるサンライズ作戦による北イタリアのドイツ軍の降伏だった。それはムッソリーニにすら知らされず、降伏交渉に失敗して逃亡しようとしていたムッソリーニは、ミラノの北方でレジスタンスの部隊から拘束され、四月二八日、略式裁判で死刑とされ銃殺された。その死体は、愛人や側近の死体と共にミラノの広場で逆さ吊りにされて大衆の目にさらされ、激しく損壊された。

ＯＳＳは、イタリア上陸作戦で大きな活躍をした。ＯＳＳは、上陸作戦の立案に深く関与した*4。上陸作戦はヴェッセル・プロジェクトと称され、立案したのは、ＯＳＳのバチカンのエージェントで、ジョヴァンニ・バッティスタ・モンティーニ（Giovanni Battista Montini）と、ＯＳＳのアール・ブレナン（※**Earl Brennan**。元ベテランの国務省の領事、ニューハンプシャー州の共和党議員であり、ワシントンのＳＩデスクの長）だった。モンティーニは、当時バチカンの国務省副長官で情熱的な人物であり、大戦中、難民やユダヤ人の支援にも努力していた。後の教皇パウロ六世である。ブレナンは、ムッソリーニ政権の初期にローマのアメリカ大使館で勤務しており、後にロンドンのＯＳＳの長となったデビッド・ブルースとも一緒に働いていた。ブレナンは、イタリアでの人脈を広げ、ムッソリーニの秘密警察の長やムッソリーニ自身とすら親しくなっていた。ブレナンは、その後カナダに転任し、ムッソリーニから逃れたマフィアの親分とも知り合いになった。ドノヴァンはブレナンの経歴が役に立つと考えて、一九四二年一月に彼をＣＯＩに参加させていた。

＊4　ＯＳＳは早くから、バチカンと連携し、イタリアでの諜報工作を進めていた。東京の教皇庁から、バチカンに、日本の戦略的な爆撃目標の情報が伝えられ、バチカンからアイルランドへの外交パウチに忍ばせてダブリンに送られた。そこから、イタリアの反ファシストの脱国者でロンドンのＳＩのイタリアのデスクだった Ricard Mazzerini に送られ、それが分析されたのち、海軍の暗号によりワシントンに送られた。ワシントンでは日本のイタリア大使館の武官の元大佐でアメリカに亡命した者が分析した。

イタリア上陸作戦が必要になると考えていたブレナンは、シチリア出身の二二歳のマックス・コルボ（Max Corvo）をスタッフに雇い入れたのを始めに、一〇人以上のシチリア出身者をＣＯＩに雇っていた。更に、シチリア出身の二人のニューヨークの弁護士で民主主義の活動家も雇い入れた。トーチ作戦による北アフリカへの上陸の後、ブレナンは、これらの数人のイタリア人をイタリアに侵入させようと企てた。彼らがシチリア島に上陸するには、そこを支配するマフィアの協力が必要だった。その取引交渉は、ＯＳＳは直接関与せず、アメリカ海軍の諜報機関が主導した。ニューヨーク州地方検事補で、後にヨーロッパでＯＳＳの大佐となったミュレイ・ガーフィン（Murray Guefein）が交渉を担当し、シチリア出身のマフィアの有名なボス、ラッキー・ルチアーノの減刑や保釈などを条件とするなどして、シチリアのマフィアの協力が得られることとなった。

コルボの数人のチームは、七月の連合軍の上陸作戦開始前にシチリア島に潜入した。ＯＳＳに期待した連合軍司令部からの要請により、ドナルド・ダウンズが率いるアルジェリアのＯＳＳのＳＯ支部も、イタリア本土上陸作戦を準備した。ダウンズは、サレルノへの上陸作戦に参加するため、北アフリカの捕虜キャンプに収容されていた反ファシストのイタリア人の適材を選別し、イタリア人とアメリカ人の合計七五人のチームを作ることに成功した。

イタリア語が堪能でハーバード・コロンビア・ソルボンヌ大学出身の二四歳のピーター・トンプキンス（Peter Tompkins）は以前ニューヨーク・ヘラルドトリビューンのローマ特派員だったが、ＣＯＩに雇われてテイラーの下で活動していた。彼もコルボのチームに入ってイタリアへのパラシュート降下作戦に加わった。親共産主義者であった彼は、イタリアの共産主義者たちと共にファシズムと戦おうと考えていた。

九月九日から開始されたサレルノでの上陸作戦は、クラーク将軍率いるアメリカ第五軍が上陸地域をなんとか確保し、ＯＳＳのチームもこれに加わった。トンプキンスは高速艇に乗って上陸し、ダウンズの部下たちもサレルノに上陸した。サレルノ湾に面したアマルフィのホテルにＯＳＳの分隊本部を設置し、直ちにドイツ軍の動きなどの諜報活動を開始した。

《イギリスとＯＳＳとの路線の対立》

イタリア軍とドイツ軍を敗退させ、ドイツと連携したムッソリーニのファシスト政権を転覆させてイタリアを連合国軍の支配下に置くという目的はイギリスやアメリカも一致していた。しかし、そのための具体的な方針・路線では、イギリスとアメリカ、特にＯＳＳとは大きく対立していた。イタリアの反ファシスト勢力は、エマヌエル三世を戴いて君主制を復活させようとする勢力から、パルチザン、共産主義者、非共産主義の社会主義者などのレジスタンス勢力など、右から左まで広く分かれており、相互に激しく対立していた。イタリア本土上陸作戦開始のころ、それまで複数の党派に分かれていたパルチザンやレジスタンスにとっての総司令部としてイタリア国民解放委員会（ＣＬＮ）が設置された。ＣＬＮは、反ファシストの共産党を含む六党によって構成されていた。ＣＬＮは支持を失いつつあったバドリオ政権に代わって徐々に力をつけていたが、王党派と共和派・左派との対立は絶えなかった。一九四四年六月には、バドリオ政権は総辞職し、新たに、連合国側に立つイヴァノエ・ボノーミが首相に就任した。

反ファシストのどの勢力を中心として支援していくかについては、イギリスもアメリカもそれぞれ一枚岩ではなかった。基本的にイギリスは、君主制の復活を支持し、アメリカ、特にＯＳＳは、君主制を排した共和制のイタリアを志向しており、共産主義の理解、支持者も少なくなかった。

イタリア本土上陸作戦成功の二週間後、ドノヴァンがアマルフィを視察し、ＯＳＳの再編成をした。エディが病気になったので、エラリー・ハンチングトン大佐（※ウォールストリートの弁護士で、エール大学のアメフトのクォーターバックだった）をＯＳＳ部隊の指揮官に任命した。

トンプキンスは、ドノヴァンに、イタリアの反ファシスト、レジスタンスで歴史家・哲学者のベネデット・クローチェ（Benedetto Croce）を紹介して引き合わせた。クローチェは、エマヌエル王は民衆から支持されていないので、連合軍の指揮のもとに戦うイタリアの志願軍を作るべきだと言った。ドノヴァンは反ファシストの志願軍はＯＳＳが支援、指揮すべきだと考えていた。クローチェの養子で、ＣＮＬの中で強力な左翼の活動家だったレイモンド・クラベリも志願軍に参加することとなった。志願軍はパヴォーネ将軍が率いることになった。連合国第五軍の司令部に戻ったドノヴァンは、司令部から、志願軍をＯＳＳが指揮することの了承を得た。ロンドンは、本来、エマヌエル王とバドリオとを支持していたが、イタリア現地のＳＯＥは、パヴォーネ将軍の志願軍を支援する姿勢をとっていた。クローチェは、君主制主義者と反対勢力との妥協点を作るため、エマヌエル王を退位させ、バドリオを六歳の王子の摂政とするとの案も考えていた。

クローチェは、クラベリとベテランの反ファシスト作家のアルベルト・タチアーニ（Alberto

Tarchiani）を東海岸に行かせて、バドリオと協議させ、ドノヴァンがルーズベルトと親しい政治力ある大物だと説明させた。バドリオは既に連合軍幹部の支援を受けていたため、ドノヴァンに興味は示さなかったが、パヴォーネ将軍がレジスタンス勢力を確保していることには興味を示し、支援を約束した。しかし、イギリスのそそのかしにより、バドリオは君主制主義者の指揮による戦闘態勢を作ることとした。そのため、イギリスが支配する連合軍の統制委員会は、一一月九日、ＯＳＳが主導するパヴォーネの志願軍部隊を解散させてしまった。ＯＳＳは、数百人の、君主制否定のイタリアの若い兵士らとともに兵舎に取り残されてしまった。

　ドイツ軍はローマの南方で防御態勢にあった。ドイツの支配地域での諜報工作を誰が担うかについても政治的混乱があった。バドリオ側は、イタリアの諜報機関ＳＩＭとつながる、元君主制主義者たちを使おうとし、クラーク将軍の第五軍は、彼らがファシストの長い抑圧と独裁を支えてきたことに無頓着であったため、これに乗ろうとした。

　ＯＳＳの中にも、イギリスやバドリオの方針に親和的で、アマチュアのレジスタンス勢力よりもＳＩＭとの連携を主張する者がいた。しかし、トンプソンとクラベリは、密かに、北部に工作員を侵入させてパルチザンの兵士らと協力させ、諜報活動を行わせる計画を合意した。パヴォーネの志願軍だった者たちから工作員を募り、イタリア抵抗軍「ＯＲＩ」を組織させ、諜報工作チームを作った。ＯＲＩは北部全体の諜報工作活動の核となった。トンプソンらは、ＯＲＩの存在と活動を、特にイギリスに対しては秘密にした。

　スイスのＯＳＳチーフのアレン・ダレスは、個人的にはバドリオと君主制主義者軍を支持してはいたが、ＣＬＮや、反ファシスト勢力でパルチザンなど過激な勢力を中心とするイタリア北部決起委員会（ＣＬＮＡＩ）とも密接な連絡関係を維持していた。

このようにして、アメリカとイギリスのレジスタンス支援方針をめぐる対立は顕在化した。ルーズベルトはドノヴァンに、バドリオに対してイタリアにCLNも含めた民主的政府が樹立されて初めて連合国の一員となれると通告するよう指示した。これに反してイギリスはなおも君主制を主張し、いかなる改革も、連合国がローマを解放するまではチェックされるべきだとした。英米の対立は、諜報機関レベルでも激しくなった。イギリスは、OSSが反君主制主義者を支援することでイタリアの政治に巻き込まれすぎていると批判した。ドノヴァンは、事態打開のため、ハンチングトンを、ルーズベルトと親しいジョン・ハスケル大佐（※陸軍士官学校卒。ニューヨークの為替銀行の副頭取で、その兄弟が、ロンドンのSOブランチの長に就任したばかりだった）に更迭させた。しかし、ハスケルはイギリスが支持するイタリアの諜報機関SIMとOSSが指導して組織させたイタリア抵抗軍ORIとの板挟みとなった。両者は決して共に戦おうはとしなかった。SOEは北部でのレジスタンス活動はSIMを通じてのみ行うべきとし、ローマの地下の反ファシストグループとの折衝や、南部の組織がナポリで秘密会議をすることも禁じた。

ドイツ軍とムッソリーニ軍の抗戦によって膠着した事態打開のため、一九四三年一二月下旬、連合軍は、ドイツの防戦ラインに近く、ローマから南方三〇マイルしかないアンツィオに、水陸同時の上陸作戦を考えた。ドノヴァンは、上陸作戦開始の前に、トンプキンスをローマに潜入させようと考えた。ドノヴァンの指令は、バドリオ派とCNLの内戦が解放とともに始まるのを防止し、連合軍上陸支援のために共闘させることだった。トンプキンスは、一九四四年一月二〇日、コルシカ島に渡り、ローマ北方一〇〇キロの地点にボートで潜入した。CLNの社会主義者の代表も同行した。

トンプキンスは、連合軍のアンツィオ上陸前日にローマに到着したが、CLNとSIMの激しい対立に直面した。バドリオ軍の将校がドイツの襲撃で拘束されたときでさえ、SIMはCLNとの共闘を拒んでいた。連合軍は海岸線で膠着しており、ローマの解放はまた延期された。

トンプキンスにとっては、ＳＩＭからの諜報は無価値でミスリードの危険が高かった。ローマの社会主義者だった協力者フランチェスコ・マルファッティ男爵（Baron Francesco Marfatti）からの情報の方が遥かに有効だと考えていた。しかし、トンプキンスはこの諜報網を秘匿した。

ようやく上陸作戦に成功した一週間後の一九四四年一月二八日、イタリア東南海岸のバーリでＣＬＮの協議会が開催された。ローマから脱出してきたＣＬＮの代表が、バドリオの国家主義者と対立し、反ファシスト政府は、すべての憲法勢力を結集して樹立すべきだと主張した。クローチェは、王の退位に向けた道徳的な圧力が必要だと妥協案を提示し、採用された。協議会の委員会は、エマヌエル王に、王権の放棄を要請するレターを送ったが、王はこれを拒絶した。ＣＬＮの王の退位の要求に対し、チャーチルは依然、王を支持し、ワシントンはロンドンの頑固さに対し圧力をかけていた。

しかし、三月一三日、ソ連は、英米に相談することなく突然バドリオ政権を承認した。これはバドリオと連携する王の勝利で、反ファシスト派への大打撃だった。モスクワへの忠誠者も少なくないＣＬＮの評議会はうろたえた。三月二八日、モスクワに逃亡していたパルミロ・トグリアッティ（※ Palmiro Togliatti。イタリアの共産主義者）は、モスクワから帰国してＣＬＮの指揮権を得ようとした。彼は共和制方針を放棄して戦争のためにバドリオの内閣に参加することを宣言し、こうしてＣＬＮの内部連携は崩壊した。これはトンプキンスのローマでの諜報活動を混乱させた。バドリオとＣＬＮはようやく妥協し、エマヌエル王がローマの解放と共に公務から退くとの約束により、バドリオとＣＬＮとの連携政府が樹立された。

一九四四年五月一二日、連合軍はローマ解放作戦を開始し、激しい戦闘を経て、六月三日、ローマは解放された。エマヌエル王はローマに戻れず、息子のホンベルト（Prince Hombert）に王位を譲って辞任し、ＣＬＮの閣僚たちはローマの同志の支持を得て、バドリオを退陣させた。ローマのＣＬＮ議長でファシズム前の首相だったイヴァノエ・ボノーミ（Ivanoe Bonomi）がバドリオの後を継いだ。政治情勢は落ち着いたかに見えたがそれは一時のことだった。イギリスは、極左や極右のCLN勢力を排除してホンベルトを君主に担ごうとした。

イタリアではイギリスとOSSの対立がなおも続いていた。現地のOSSは、左翼のレジスタンス勢力との関係が緊密だった。しかし、OSSの部内も一枚岩ではなかった。OSSのワシントンの高官たちは、当初ブレナンが上陸作戦のために進めていたイタリアでの独立性の強いマフイアスタイルの活動を懸念していた。ジョン・オガーラ（※John O'gara マーシーズの副社長だった）が、OSSの監察部長となったとき、最も重要な任務はブレナンのブランチの監察だった。ブレナン配下のコルボのグループはしばしば自らの政治方針で活動した。OSSの特殊工作員だったステファノ・ロムアルディ（※Serafino Romualdi イタリアの社会主義者で労働組合関係者）は、一九四四年七月にイタリアに派遣され、コルボたちと協力し、OSS上司の了解なしに反共産主義の社会主義者たちの強化を図り、資金や食料を提供するなど勝手に活動した。

CLNの北イタリア組織は、レジスタンス勢力を統合しようとした。しかし、それはイタリアの組織間の対立はもとより、イギリスとアメリカの対立、またそれぞれの諜報工作機関内部の対立によって混乱したため実現せず、イタリアは連合軍にとって二流の戦場になってしまった。ドイツは北イタリアに退却して堅固な防衛線を構築した。ノルマンディ上陸作戦に戦力をとられた連合軍の攻勢による打破は困難となっていた。それに代わるため、SOEとOSSはドイツやムッソリーニ支配地域のレジスタンスとの連携を図ったが、連合軍司令部のレジスタンスへの偏見や方針の対立のためにうまくいかなかった。

フェルッチオ・パリリ（Ferruccio Parriri）は、CLNAIの最も実力者で、アレン・ダレスと密接だった。パリリは足並みが揃わない連合軍の援助に不満だった。CLNAIとの連携は悪化していたが、OS

Ｓは関係の再構築を図った。ウィリアム・シューリング大佐（※William Suhling タバコ会社のビジネスマン）、ウィリアム・ホノラン大佐（※William Honolan ハーバード卒の弁護士）らがドノヴァンの命によりこれを進めた。彼らのチームはミラノに潜入する準備をした。

九月二六日、ホノランのチームは一万六〇〇〇ドルの資金を携えてミラノの北西でスイス国境に近い地域にパラシュート降下し、パリリと会談した。ホノランは、ドイツ軍がミラノから撤退すれば連合軍は直ちに侵入するので、連絡体制を作る案を説明した。パリリはこれを歓迎したが、予想に反してドイツ軍は撤退せず再び連合軍の北進は停滞した。アメリカ軍の主力はフランス戦線に、イギリス軍はギリシャに移されたので、この作戦は冬場には凍結された。

パルチザンへの物資補給は生命線であったため、その任務はＯＳＳが担った。しかし、ＣＬＮＡＩの内部の党派の対立のため、公平な物資分配は容易でなかった。モスクワで訓練された、共産主義者の赤シャツ隊のヴィンセント・モスカッテリ（Vinsenzo Moscatelli）は、一二月二日の会談で物資を要請したが、彼はアメリカの約束に疑問を持った。恐れたとおり、二機が投下した自動小銃などの武器は、保守のキリスト教民主主義党の手にのみ渡ってしまった。

クラーク将軍がドイツ軍への最終攻撃を準備中、連合軍司令部は、北部ポー川流域の産業地帯におけるパルチザンを重視することになった。彼らの抵抗運動支援のために、アレン・ダレスは、二人の将校を、スイスとイタリアの国境に近いルガノに配置した。元新聞記者で、以前からパルチザンと友好関係を築いていたドナルド・ジョーンズと、エミリオ・ダダリオ大尉（※Emmilio Daddario。コネチカットの弁護士で、ブリンデイジのＳＩから派遣された）だった。

一九四四年一一月、ジョーンズとダダリオは、ＣＬＮＡＩの代表団を連合軍と会談させるため、南イタリアに派遣するアレンジをし、パリリ男爵が参加した。パリリらは、ナポリに入ったがイギリスからは歓迎されなかった。ローマでも、右寄りのボノーミの政府からは歓迎されなかった。

しかし、一九四四年一二月八日、それでも、イギリスとアメリカは、ゲリラへの武器物資の提供を合意した。ＣＮＬＡＩは、連合軍の指揮にしたがい、北イタリアの工業プラントを守り、ドイツ軍を早期に武装解除することを約した。ダレスは、スイスで、帰還した代表団と会った。しかし、ダレスの注意喚起にも関わらず、ミラノに戻ったパリリは、ゲシュタポに逮捕されてしまった。著名な指揮者トスカニーニの娘のワリー・カステルバーコ（Wally Castelbarco）はダレスに父の救出を懇請した。

ダレスらのサンライズ作戦による北イタリアのドイツ軍降伏は一九四五年四月末に実現したが、それに至るまでにはこのような複雑な経緯があったのだ。ＯＳＳは連合軍のイタリア上陸作戦では大きな役割を果たしたが、その後のドイツ軍やムッソリーニ軍との長い戦いの間は、英米の対立やイタリア反ファシスト勢力の対立混乱のためにＯＳＳの活動も難航した。それを劇的に解決したのがサンライズ作戦の成功だった。

✺中東・バルカン・東欧─イギリスとの路線の対立、チトーとソ連にしてやられたユーゴ

これらの地域でもＯＳＳは様々な活動を行ったが、それは、イギリスのＳＯＥや、モスクワを志向する共産主義勢力などとの間で様々な摩擦や軋轢をもたらすものだった。

《中東でのイギリスとの対立》

エジプトの首都カイロやアラブ諸国は、イギリスの帝国主義とつながった疑惑のある地域だった。ＳＯＥは、端的にアメリカの諜報機関がこの地域で活動することを嫌い、排除しようとした。一九四二年遅く、ドノヴァンは、アラブ諸国でＯＳＳが活動する「Expedition 90」を計画し、ハロルド・ホスキンス大佐（※Harold Hoskins。ベイルート生まれで、ニューヨークの織物会社の幹部だった）を指揮官に任命して中東に

派遣しようとした。ホスキンスは、「イギリスは中東のためには何も役立つことをしておらず、そのためアラブ世界の全体から信頼されていない。アラブの人々は、帝国主義的野心のないアメリカを信頼している」と感じていた。ホスキンスは中東で、アラブ側の支持を獲得するための地下組織を作ろうと考えていた。しかし、これを知ったＳＯＥやイギリス政府は激しく反発し、大使館や国務省レベルの争いとなった。そのため、「Expedition 90」計画は棚上げされてしまった。

カイロにはＯＳＳの支部があり、ジョン・トウルミン（※John Toulmin　ハーバード卒の法律家で、ボストンのファーストナショナルバンクの副頭取だった）が指揮官だった。彼は、「Expedition 90」計画の棚上げ後、エルサレムの「東洋研究アメリカ校」（American School for Oriental Research）を組織のカバーにした有力な考古学者のグループによる諜報網を構築した。トウルミンは、中立国トルコのイスタンブールにも拠点を設けた。そこは枢軸国の影響が強かった。イギリスはこれにも不満だった。

《ギリシャ》

一九四二年、ＳＯＥはパラシュート部隊をギリシャの山中に派遣した。ギリシャのレジスタンスは、保守と共産主義者の両派に分かれていた。イギリスは、各国の君主制の維持・復活を志向していたので、カイロに亡命していたジョージ王を戦後に擁立しようと考えていた。しかし、レジスタンスの両派ともこれには反対だった。ＳＯＥの指揮官は、ドイツと戦うために、王政支持の保守派とレジスタンス派を協調させようとしたが、反発は強かった。亡命中の王は、ＳＯＥが左翼レジスタンスを支援していると不満だった。チャーチルは、ＳＯＥの指揮官を保守派の者に交代させ、イギリスの目的は君主制の復活にあると明言した。

ＯＳＳがギリシャに現れたのはその頃だった。イギリスを敵視する左翼のレジスタンス派はＯＳＳの支援を求めることに方向転換した。彼らは、アメリカには政治的意図がなく、戦争を終結させることのみが目的だと評価していた。しかしSOEはOSSが左翼のプロパガンダに乗せられていると厳しく批判した。SOEの隊員たちはOSS隊員がイギリス嫌いだと考え、両者の関係は険悪だった。OSSのSOスタッフだったジョージ・ヴールナス（※George Vournas ワシントンの弁護士で一九四三年カイロに赴任していた）は、自分たちは枢軸国への勝利だけを求めていたが、イギリスは帝国主義的利害への関心をむき出しにしていたと批判的に回顧した。

レジスタンスのゲリラ同士の内戦は、一九四四年一二月にギリシャが解放された時に始まった。ジョージ・パパンドロ首相がイギリスに守られて帰国したとき、パルチザンは内乱を起こした。イギリスはその鎮圧のためヒトラーとの戦いを数か月休止せざるを得なかった。

OSSは、トーマス・カラメシネス（※Thomas Karamessines。若いギリシャ系アメリカ人の弁護士）らが、野戦病院を維持した医師の仲介の努力にも助けられてなんとか休戦に持ち込んだ。

ギリシャの内乱は、OSSに方針変更を迫った。ワシントンに戻ってギリシャの内戦の状況を報告したトウルミンらに対し、ドノヴァンは、「諜報活動のメインターゲットは、今や、対ドイツよりも、ソ連がバルカンで何をしようとしているのかになった。ドイツの脅威は後退したがソ連の脅威が差し迫っている。しかし、その任務は様々な理由で、今は公式には命じられない」と語った。ドノヴァンは、バルカンの重要地域であるギリシャへのソ連の影響を懸念するようになったのだ。

ドノヴァンは、ルーズベルトと同様、元々、共産主義者ではなかったが、容共的だった。OSSに無雑作ともいえるほど左翼のスタッフを雇用したように、共産主義やソ連に対する警戒心に乏しかった。一九四四年、ドノヴァンは、OSSのミッションをモスクワに送ろうとした。ドノヴァンは自らモスクワに乗り込んで、ロシアの諜報組織の幹部と会談し、OSSとソ連のNKVD（モスクワの秘密諜報警察）との使節団交換の合意がなされた。アメリカのモスクワ大使館付武官や、ハリマン大使はこれを歓迎した。しかし、これはフーバー元大統領が、ルーズベルトに、極めて危険だと激しく抗議したため、ルーズベルトはやむなくこの企画を棚上げにし、使節団交換の合意はキャンセルされた。イギリスの方が、共産主義やスターリンの戦後世界への野望を見抜き、警戒していたのとは対照的だった。

しかし、そのようなドノヴァンでさえ、ギリシャでのパルチザンが起こした内乱を見て。ようやく、戦後社会に共産主義者や国家がもたらす深刻な影響を自覚するようになった。このことは、後述する中国でのＯＳＳの活動についても言えることだ。当初、ドノヴァンや中国のＯＳＳは延安の共産党に対する警戒感が全くなく、それと連携することを積極的に求めたが、終戦の段階で、共産党から裏切られることになった。

《ユーゴスラビア》

ユーゴでも、ＯＳＳは、イギリスのＳＯＥと路線が対立した上、結局、チトーが率いる共産党と、東欧支配を目論んでチトーを支援するソ連に屈することとなった。

一九四一年四月、ドイツはユーゴに侵攻し、征服した。しかし、英雄的なミハイロビッチが率いる軍事抵抗組織のチェトニックは、ドイツに服従せずレジスタンスの戦いを続けた。ミハイロビッチは、カイロ経由でロンドンに亡命していたペートル二世への忠誠も誓っていた。他方、チトーが率いるパルチザンの共産主義者たちもレジスタンスの戦いを続け、チトーとミハイロビッチの両派は鋭く対立していた。

ＣＯＩも当初から深い関心を持ち、ドノヴァンはルーズベルトの特使として一九四一年初頭にユーゴに派遣され、枢軸国との戦いを激励した。

アメリカは基本的にミハイロビッチのチェトニックを支援していた。一九四三年八月に、ＯＳＳのウオルター・マンスフィールド中尉（※ Walter Mansfield、ハーバード卒でドノヴァンの法律事務所の弁護士だった）が率いるＯＳＳのミッションが、パラシュート降下でセルビアに入り、ミハイロビッチの司令部に至った。ミハイロビッチは、マンスフィールドに連合軍の軍事物資提供を懇請した。しかし、イギリスのチャーチルは、連合国はチトーのみを支援することを主張し、ソ連は強くチトーを支持していたので、ミハイロビッチの要求をどう扱うかは困難な問題だった。武器が提供されれば、ドイツ軍に対してでなく、チトーのパルチザンとチェトニックの内戦のために使われてしまうおそれがあった。マンスフィールドの提案により、ルーズベルトは、東西に地域を分けて、チトーはボスニア、ミハイロビッチはセルビアを中心として枢軸と戦わせ、両者を和解させようと考えた。

カイロ会談当時、チャーチルとスターリンは、チトー支持を主張した。しかしその後のテヘラン会談では、ルーズベルトは東西分割支援の案を忘れ、スターリンにチトー支持を表明してしまった。チャーチルは、ロンドンに亡命していた若いペートル二世をユーゴに帰還させて君主制を復活させようと考えていた。チトーやパルチザンはこれに反対だったが、それでもSOEはチトーに膨大な物資を送って支援した。

SOEとOSSの方針の違いは鮮明で、OSSは、テヘランでのルーズベルトの妥協的対応にもかかわらず、ミハイロビッチのチェトニックを支援した。ただ、OSSはチトーと全く対立するのではなく、チトーとの連携も求めていた。OSSの工作員の中には、共産主義を支持し、チトーへの支援に熱心な者もいた。

アメリカとイギリスは、ミハイロビッチをどう扱うかについて、一九四四年春まで論争が決着していなかった。イギリスは、チェトニックの支援を続けようとするOSSを厳しく批判していた。結局、連合国はチトーのみの支援方針となり、ミハイロビッチの支援を止めることとなった。しかし、その後もOSSは、エージェントを残してチェトニックからの情報収集を続けていた。チェトニックは、一〇〇人の連合軍兵士を救出するなどの貢献もした。一九四四年九月、ミハイロビッチはドイツへの反乱の大衆蜂起を呼びかけたが、実らず、チェトニックは力を失った。亡命中のペートル二世は、チトーの下でのユーゴの解放を宣言し、ミハイロビッチは失脚した。

　しかし、九月中旬、ドイツ軍は、ソ連やパルチザンに対してではなくアメリカとチェトニックを窓口とする降伏の希望をＯＳＳのミッションに打診してきた。これを知ったチトー派は激怒し、連合軍本部はＯＳＳのドイツ軍との接触を禁じた。

　ミハイロビッチの失脚により、やむなくＯＳＳはチトーのパルチザンとの連携を求めるようになった。テヘラン会談の後、イギリスからＳＯＥのチトーへのミッション参加を誘われたが、ドノヴァンはこれを断り、ＯＳＳ独自のチームの派遣を考え、ハル国務長官はこれを承認した。

　ペートル二世の将来は大きな政治問題だった。チャーチルは王とチトーの和解を望んだ。そのためには仲介が必要だった。ＯＳＳのドノヴァンがこれに協力し、クロアチアの元知事のイヴン・スバシック（Ivan Subasic）を王に協力させるよう斡旋し、彼は王の相談役となった。五月二四日、チャーチルは、ロンドンに飛んだスバシックによる新たな組閣を宣言した。いきなりこれを知らされた王は動転して傷ついたが、チャーチルとルーズベルトの圧力で、王は、六月一日、これを認めてスバシックを首相として組閣を命じた。ミハイロビッチはこの新たな枠組みから完全に外されていた。

　チャーチルが次に考えたのは、ペートル二世の下でチトーとスバシックを連携させるための協議だった。チャーチルは、そのために、六月上旬、ペートル二世とスバシックをイタリアに行かせた。イタリアのイギリス軍司令官は、チトーをカゼルタの連合軍司令部に招き、王と会見させようとした。しかし、チトーは王との会見を拒んだ。

　チトーは、ようやく八月に入ってナポリに現れた。チャーチルは、自らイタリアに飛んでチトーを説得しようと試みた。ドノヴァンも、チトーをカプリ島のアメリカの富豪の別荘に招待して歓待した。

　しかし、チトーは、イタリアを離れた後、姿を消してしまった。実は、チトーは早くからソ連のスターリンと手をつないでいたのだ。ＯＳＳはチトーやパルチザンとソ連との関係を心配していたがその不安は当たっていた。チトーはソ連に行って、スターリンと協議し、赤軍がユーゴ国境を越えることを認めていたのだ。赤軍は一九四四年九月二九日、国境を越えてユーゴに進軍してきた。マクリーン准将は、チトーの夢はソ連の傀儡でない民主的なユーゴの建設だと信じていたが、これが悲惨な誤りであることは明らかになった。ユーゴに侵入した赤軍は、ＳＯＥとＯＳＳに領域での活動を禁止した。連合国はパルチザンとソ連に解放されたユーゴ内に自由に入ることが許されなくなった。アメリカの援助も無用となった。一〇月二〇日、ベオグラードはソ連軍の支援で解放された。

ＯＳＳとＳＯＥは、それまで七万六〇〇〇トンもの物資をパルチザンに与えていたが、チトーはそれを感謝していなかった。イタリアのバドリオ政権崩壊後にイタリア戦線から転用されたイタリアの飛行機を用いて、チトーのゲリラ支援のためのアメリカからの軍事物資が投下されたが、「ＵＳ」の表示を、共産党の工作員が「Union Sovietica」と書き換え、ソ連からの、ものであるように偽ったこともあった。

チャーチルとルーズベルトは、一九四四年末に至り、王もスバシックも、もはやチトーに対抗できる政治指導力をもたず、チトーの最高の政治的地位を認めざるを得なくなった。ユーゴでの連合国の力の首位は英米でなく、ソ連になった。チャーチルと違ってチトーは王を嫌っていた。ペーター王もスバシックと同様、政治的に追放される運命になった。チャーチルの君主制への期待は敗れた。その後ペーター王はＯＳＳに頼るようになった。

ヤルタ会談では、チトーとスバシックが連携することとの合意が支持された。しかし、チトーはこれを無視した。

ソ連の後押しの下にユーゴ支配の実権を握ったチトーは、イタリアのトリエステの占領をめぐって英米との激しい論争を招き、武力闘争の危険が生じた。チトーの部下たちはアメリカに敵対するようになっていた。一九四五年五月、チトーの参謀長ジョバノビッチ（Jovanovic）は、英米の軍事ミッションが早急にユーゴから去ることを要求した。サイヤーは、ウィーンに転任し、フランクリン・リンドセイ中尉（Franklin Lindsay）が後を継いでいた。リンドセイは、ジョバノビッチに、連合軍駐留の承認と連合軍によるチトーへの物資供給のメリットを説いた。しかし、ジョバノビッチは怒り、アメリカの支援なしでも勝てたと主張し、トリエステの支配をチトーに許さないアメリカとイギリスの方針を激しく非難した。

一九四五年五月、チトーは、ユーゴはどの国からも支配されないと演説し、これは主にイギリスを指すものだった。しかし、ユーゴを支配することが本来の目的だったソ連は、外相を通じて、これを非難した。

一九四五年末、チトーは、スバシックを首相から外相に降格して家屋内に拘禁させた。同年一一月に実施された「選挙」により共産党の政府が樹立された。ペートル二世の復権による王政は忘れられた。イギリスとアメリカは、チトーとの友好の継続の最後の賭けに敗れたのだ。失脚したミハイロビッチは、一九四六年、チトー政府によって逮捕され、七月一七日に銃殺刑に処せられた。

ＯＳＳとＳＯＥによる米英のユーゴの戦いは、チトーとスターリンによって完全な敗北、失敗に終わった。ただ、連合軍のユーゴでの戦いの中で、トリエステを死守したことは、ＯＳＳのサンライズ作戦の成功にもつながり、イタリアの共産化を防ぐことに寄与した。

《チェコ、ルーマニア、ハンガリー、ポーランド》

ナチス・ドイツにより併合されていたチェコでは、一九四四年八月、レジスタンスが公然とした反乱を起こした。九月二五日、ＯＳＳは、反乱軍のゲリラを支援するため、イタリア東南部のバーリから大きなチームをプラハ東部の山中に潜入させた。しかしドイツ軍の激しい反乱鎮圧のため、グループはゲリラと会うことができず、ドイツ軍の攻撃を避けて山に逃れるしかなかった。チームは食料の欠乏に苦しみながら救出を待ち、支援物資はクリスマスの日にようやく投下された。しかしスロバキア人の諜報員がドイツ軍に密告したため、ＯＳＳのチームは二人しか生還できなかった。

ルーマニアは第二次世界大戦が始まると、ドイツに付き枢軸国側として参戦した。ソ連はベッサラビアなど、ルーマニアの一部を占領していた。一九四四年八月、国王ミハイ一世は、国防大臣らと図り、ブカレストで、クーデターを蜂起させ、連合国側につくことを宣言した。反乱軍支援のためのソ連の戦車隊がブカレストに向かっている中で、ミハイ一世は、ドイツへの宣戦を布告した。一週間後、ＯＳＳのラッセル・ドール（※Russel Dorrドノヴァンの法律事務所のパートナーだった）が率いるチームは、ブカレストに飛び、四〇袋のドイツ軍の軍事記録や、ナチのヨーロッパ東南地域でのスパイ活動の記録の押収に成功した。ルーマニアの一部を占領し、ミハイ一世のクーデターを支援しようとしたソ連にとって、これらの記録は当然にソ連のものだと主張することが予想された。しかし、ソ連が引き渡しを要求する前に、これらの膨大な記録は迅速にイタリアに送られ、カゼルタでＯＳＳのアナリストが詳細な分析を行った。

ハンガリーは、枢軸国に加わり、アメリカに宣戦していたが、枢軸国の勝利の自信を失ったハンガリーの内閣は、一九四三年一月、イギリスに、バドリオ方式の降伏の協議を申し入れた。ハンガリーの社会主義者の脱国者でイスタンブールのＳＯＥ支部で活動していた男が最初の窓口となった。ほぼ並行して、スイスのＯＳＳの本部長のアレン・ダレスに、ハンガリーの閣僚から接触があり、ダレスはベルンで交渉を始めた。ハンガリーは、ソ連が進入してくることを恐れ、イギリス軍とアメリカ軍が、降伏宣言の前に、先にブダペストに進軍することを求めていた。

一九四四年二月、ハンガリーは、ＯＳＳの三人のチームのブダペストへの派遣に合意し、ワシントンのＯＳＳのバルカン担当のデスクはその人選をした。三月一五日、フロリモンド・デューク大佐（Frorimond Duke）率いるチームは、ルーズベルトのハンガリー政府へのメッセージをも携えてブリンディジを出発した。しかし、これがベルリンに漏れ、ナチは大量の軍隊をハンガリーに派遣し、服従したハンガリー政府は、ＯＳＳのチームを拘束してドイツに引き渡した。

ポーランドは、ドイツとソ連により分割支配されていたが、一九四四年八月、レジスタンスのポーランド国内軍やワルシャワ市民によるワルシャワ蜂起が起こった。ロンドンの亡命政府のスタニスラフ・コパンスキー将軍は、ＯＳＳロンドン支部のセオドア・パルマー大佐（Theodore Palmer）に、この蜂起のためにＯＳＳに膨大な武器支援を切望した。しかし、ソ連は、反乱軍の中に反共産主義者がいることや、亡命政府系の武装蜂起であったために支援を拒否した。パルマーは、ＯＳＳの支援を約束し、ＳＯＥも支持し、イタリアやロンドンからＯＳＳとＳＯＥの可能な限りの軍事物資がポーランドに送られた。しかし、この反乱蜂起は、一〇月に約二〇万人が死亡して失敗に終わったため、この支援は無駄なものに終わった。

✺フランス―右から左までレジスタンス勢力の激しい対立の中でＯＳＳは作戦に貢献

ドイツに服従的なヴィシー政府が中南部を統治するフランスを奪還し、そこからドイツに進攻することは連合軍の最大の課題だった。

一九四三年五月、ワシントンで行われたトライデント会談で、一九四四年にイギリス海峡を横断する進攻が決定され、ドワイト・Ｄ・アイゼンハワー将軍が連合国遠征軍最高司令部（ＳＨＡＥＦ）の指揮官に任命された。上陸作戦はオーバーロード作戦と名付けられ、上陸地点にノルマンディー海岸が選ばれ、アメリカ、イギリス、カナダの各軍が、一九四四年六月六日、ノルマンディー海岸に上陸した。この成功により、フランス国内に進攻した連合軍は、八月末には二〇〇万名を超え、八月二五日、連合軍は遂にパリを解放した。

《フランスへの工作員潜入の方針と主導権をめぐる複雑な争い》

フランスへの進攻と解放のためには、それに先立ち、また並行して、ドイツ軍の状況を把握し、レジスタンス勢力を支援するため、フランス国内に潜入する諜報工作活動が必要だった。これには、イギリスのＳＯＥもアメリカのＯＳＳも積極的に加わった。しかし、その活動の方針や足並みを統一するのには様々な困難や障害があった。フランスのレジスタンスの内部には、ドゴール派、アンリ・ジローを支持する反ドゴール派から共産主義者に至るまで、様々な勢力に分かれていた。そのため、フランスでの諜報工作活動の主導権や、フランスに潜入させるための要員の人選などについて激しい争いがあった。イギリスのＳＯＥはヨーロッパでＯＳＳが独自の活動をすることを嫌っており、ＯＳＳの活動を自分たちの支配下に置こうとしたが、ドノヴァンはＯＳＳの主体的な活動を進めていたので軋轢が絶えなかった。

イギリスもアメリカも元々は傲慢な自信家のドゴールを嫌っていたが、ドゴールが力をつけていたのは明らかだった。ＳＯＥもＯＳＳもドゴールとの三年間の嵐の関係を避けられなかった。レジスタンス支援の最重要勢力はドゴール派の「Bureau Central de Renseignements Et d'action」（ＢＣＲＡ）だった。これは、アンドレ・デュワルビン（Andre Dewavrin）大佐が率いていた。彼は通称「Passy」で、フランス陸軍士官学校の元教授であり、保守で反共産主義だった。ＢＣＲＡは、しばしば、右翼的、ゲシュタポとも批判され、ドイツへの勝利のみでなく、戦後のドゴール指導によるフランスの政治的統一を目標としていた。そのため、共産主義者のレジスタンス勢力とは敵対していた。また、ジロー派は、独自の諜報機関「ＤＳＲ／ＳＭ」を組織しており、ＢＣＲＡとは対立していた。

ＯＳＳは、元々ドゴールと対立していたアンリ・ジローを北アフリカ戦線で支援していたので、反ドゴール派が強かったが、ドゴール支持派もおり、一枚岩ではなかった。PassyとＯＳＳの関係は比較的良好であり現実的な共闘関係にあった。

イギリスのＳＯＥは、反ドゴールの勢力が強く、ＳＯＥのフランス部の長だったモーリス・バックマスター（Maurice Buckmaster）は、ＢＣＲＡから独立したレジスタンス網を作ろうとしていた。ＳＯＥは、戦争中、四〇〇人の反ドゴール派の工作員をフランスに送り込んだ。

しかし、ＯＳＳとＳＯＥもＢＣＲＡの力を無視はできなかった。レジスタンス勢力の主導権争いの中で、Jean Moulin（※ドゴールの代表）の努力により、一九四二年一一月に三つのレジスタンスグループが合流し、ドゴール派の Charles Delestraint 将軍が指揮を執ることの合意がなされた。一九四三年二月、二人は、ハイレベルの協議のためロンドンに飛び、英陸軍、ＳＯＥ、ＯＳＳと協議した。ＳＯＥは、ＯＳＳを自己の指揮下におくことにこだわっていたが、ＯＳＳ本部は、ロンドンのＯＳＳの長デビット・ブルースと、ＳＩチーフのウィリアム・マドックス（William Maddox）に、ＭＩ６と協議して諜報活動における対等性を主張するよう指示した。しかし、まもなく惨劇が起きた。ゲシュタポが地下運動を弾圧し、Delestraint 将軍と Moulin は逮捕されて処刑されてしまった。これが連合軍の戦略の見直しを迫り、一九四三年五月、ワシントンでのトライデント会談でフランス進攻作戦が取り決められる契機ともなった。

五月二九日、長い協議を経て、ＭＩ６の長スチュワート・メンジース（Stewart Menzies）は、フランス上陸作戦に向けたイギリスとＯＳＳとの対等の協力関係に合意した。しかし、ＳＯＥやイギリス陸軍の間では、なおも、ＯＳＳとの対等な関係による作戦には根強い抵抗感が残っていた。

《オーバーロード作戦に向けてのサセックス作戦、ジェドバーク作戦》

ＳＯＥとＯＳＳは、オーバーロード作戦の決定により、この作戦における具体的協力関係の検討を迫られた。ＭＩ６の副長官のダンジー（Uncle claude Dansey）は、アメリカとＯＳＳを嫌っており、ＯＳＳにとって悩みの種の存在だった。ダンジーは、しぶしぶながら、ＯＳＳのＳＩチーフのマドックスに「サセックス（SUSSEX）作戦」を提案した。これは、英米の五二人の工作員をオーバーロード作戦の上陸開始前に、北フランスにパラシュートで降下させ、軍事情報を収集させるものだった。ＯＳＳはこの企画を喜んだが、ダンジーは、内心では承服していなかった。イギリスの諜報関係者は、アメリカと対等の作戦には、なおも抵抗していた。ＭＩ６の多くの人々はＯＳＳに好意的だったが、ダンジーのような幹部の人々は依然としてイギリスの全能性に固執し、諜報活動の経験が浅いＯＳＳは格下のパートナーとしか見ていなかった。イギリス陸軍の諜報部門の長もサセックス作戦を承認しなかった。ロンドン駐留のアメリカ軍司令官デバース（Jake Devers）将軍でさえ、は、ドノヴァンとその計画を信頼しておらず、ドノヴァンの組織と活動は、彼の本来の権限の侵害だと考え、それをドノヴァンに語った。ドノヴァンはサセックス作戦を認めようとしないデバースに対し、謝罪しないなら切り刻んでやると恫喝し、将軍はようやく作戦を承認した。

マドックスらは混迷していたが、ワシントンのＯＳＳ本部は、九月中旬、ミラー大佐（※Francis Pickens Miller　民主党、海外経験豊富）ら有力な隊員をサセックス作戦参加のために派遣した。ＳＯＥの長は、General Colin Gubbins（※陸軍の経験豊富）に交代し、ドノヴァンも、ジョセフ・ハスケル（※Joseph Haskel　元陸軍の諜報将校。将軍の息子で、ヨーロッパに陸軍関係の人脈豊富）を抜擢した。ハスケルの人脈を通じた努力で、工作員の投入のための戦略爆撃機の二チームを確保することができ、ＳＯＥとＳＯはようやく正式の合流に至り、フランス潜入作戦へのＯＳＳの直接参加の道が開かれた。ＳＯＥの支援で、一九四三年のクリスマスに、ピーター・オルテズ（※Peter Ortiz　海兵隊大尉）のチームが南仏の有力なレジスタンス勢力であるマキ（Maquis）のキャンプに参加した。ただ、ＳＯＥは、工作員はイギリスの基地で十分訓練される必要があると主張して、ＯＳＳのフランス潜入の殺到は抑えた。ハスケルは焦らずに待った。ドノヴァンは、この作戦をＪＥＤＢＵＲＧＨ（ＪＥＤ）と名付けてＯＳＳの最重要作戦となった。

ＪＥＤチームは、ＯＳＳとＳＯＥの工作員から成り、連合軍の上陸後数週間内に、フランス全土にパラシュート降下することを計画した。工作員は、フランスのレジスタンスの地下組織との間の連絡員となり、士気を高めてレジスタンスと協調する活動を目指した。ＪＥＤ作戦のためには、フランス語に堪能な五〇

陸軍中野学校の光と影

インテリジェンス・スクール全史

スティーブン・C・マルカード著　秋場涼太訳

本体 2,700円【8月新刊】

帝国陸軍の情報機関、特務機関「陸軍中野学校」の誕生から戦後における“戦い”までをまとめた書 *The Shadow Warriors of Nakano: A History of The Imperial Japanese Army's Elite Intelligence School* の日本語訳版。

ゼロ戦特攻隊から刑事へ **増補新版**

西嶋大美・太田茂著　本体 2,200円【7月新刊】

8月15日の８度目の特攻出撃直前に玉音放送により出撃が中止され、奇跡的に生還した少年パイロット・大舘和夫氏の〝特攻の真実〟2020年に翻訳出版された英語版 “Memoirs of a KAMIKAZE” により ニューヨーク・タイムスをはじめ各国メディアが注目。

米沢海軍 その人脈と消長

工藤美知尋著　本体 2,400円【7月新刊】

なぜ海のない山形県南部の米沢から多くの海軍将官が輩出されたのか。明治期から太平洋戦争終焉まで日本海軍の中枢で活躍した米沢出身軍人の動静を詳述。米沢出身士官136名の履歴など詳細情報も資料として収録。

芙蓉書房出版
〒113-0033
東京都文京区本郷3-3-13
http://www.fuyoshobo.co.jp
TEL. 03-3813-4466
FAX. 03-3813-4615

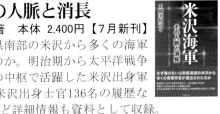

人が必要だったが、フランス人工作員の確保は容易でなかった。アメリカにいるフランス人の逃亡者は、フランスの現在の状況に疎いうえ、士気の面でも問題が多かった。ＯＳＳはこれをあきらめて、潜入工作員の大半は、北アフリカにいるフランス人から供給することを考えた。しかし、ドゴールとジローの確執はここでも影響した。北アフリカでもドゴール派のＢＣＲＡとジロー派の対立は依然として激しかった。ＯＳＳはジローを支援していたので、ドゴール派からの反発は強かった。そのためＯＳＳによるサセックス・ＪＥＤ作戦のフランス人工作員の確保は難航し、ごく少数しか集めることができなかった。

アイゼンハワーは一九四四年一月、ロンドンに飛んだ。オーバーロード作戦が迫る中で、ＯＳＳは難局を打開しようと努力し、ようやく、サセックス・ＪＥＤ作戦について、ＭＩ６とＯＳＳとＢＣＲＡの三者委員会の成立に漕ぎつけた。ＢＣＲＡで、Passy の最も有能なスパイ工作員だったジルベール・ルノー・ルーリエが、この委員会に参加し、アルジェに飛んで、三月までに八七人のフランス人工作員を確保することができた。

三月二三日、アイゼンハワーの司令部は、オーバーロード作戦に関するすべての秘密工作をその指揮下に置いた。ＯＳＳとＳＯＥの作戦ユニットも親組織から離れ、「特別軍本部」（ＳＦＨ）の下に置かれた。アルジェでも、南仏上陸に備えて、ＯＳＳのウィリアム・デービス大佐（William Davis Jr）とＳＯＥのジョン・アンスティ大佐（John Anstey）による特別作戦企画本部ＳＰＯＣが設置された。これは、フランスでの地下工作を本来の軍事作戦の指揮下におき、政治的思惑によるレジスタンス活動を防止するためだった。

三月、ドゴールは、Forces Francaises de l'Interieur（ＦＦＩ）設立を宣言し、ジロー派や共産主義者らも組み入れたが、それは空想的なものにとどまった。形の上ではドゴール指導による体制が確立されたように見えても、その後も特にドゴールとジロー派など、各派の確執と内部争いは激しかった。レジスタンスにおけるフランスの役割は依然混迷していた。ドゴール派は、OSSとSOEのレジスタンス支援活動の全面的なコントロールを狙っていた。そのため、ドゴールは、配下の若い将軍であるJoseph Pierre KoenigをSHAEFに送り込んでおり、SFHの指揮を執らせるようアイゼンハワーに申し入れたが、アイゼンハワーはこれを拒否した。ノルマンデイ上陸作戦の場所もフランス側には秘密とされた。ドゴールが力をつけていたとはいえ、ドゴールに対するイギリスとアメリカの反感はなお根深かった。

四月九日、OSSの指揮による最初のサセックス・JED作戦の工作員が、自動拳銃や自殺用の錠剤を持ってフランスにパラシュート降下した。彼らは上陸作戦が始まる前に貴重な情況報告活動を開始した。ドゴール派の二一歳のJacques Voyerは、四月初旬、パラシュート降下してロンドンにドイツ軍の動きと爆撃目標情報を送り続けた。彼はドイツ兵と遭遇して戦い、捕虜になって八日間の拷問に堪え、六月二七日処刑された。

《ノルマンディ上陸作戦の開始と工作員の潜入、パリの解放》

六月六日早朝、上陸作戦が開始された。アメリカの巡洋艦タスカルーサ（Tuscaloosa）にはドノヴァンとロンドンのOSSの本部長デビッド・ブルースが搭乗した。当初フォレスタル海軍長官は、それは危険だと拒否したが、ドノヴァンの強い反論と工作で実現した。しかし、敵機の襲撃でドノヴァンは頚部に重傷を負った。ドノヴァンは、それにも関わらず、ドイツ軍に拘束されたら毒物か拳銃で死ぬ用意をし、危険を冒して前線を探索した後、無事ローマに戻った。ブルースは、一〇〇人のフランスのサセックス・JED作戦工作員による北フランスでのドイツ軍の動きの情報収集を指揮した。OSSの工作員たちは、国中でレジスタンスと協力してドイツ軍圧迫のための活動を展開した。しかし、送り込まれた工作員らはお互いに所属組織や名前も知らないため、相互の情報提供などの混乱があり、工作員が他の工作員を間違って逮捕したり、ドイツ軍がいないとされたところに降下するとそれはドイツ軍の真中だったりしたこともあった。

フランス南東部のアルプスに囲まれたマキ（Maquis）の本拠地では惨劇が起きた。有力なレジスタンス勢力であるマキの中も、保守主義から共産主義者まで様々だった。マキの現場はＯＳＳの工作員を暖かく歓迎し、村人たちとの暖かい交遊も生まれていた。しかし、部隊と武器の応援を要請し、それを期待してドイツ陣地に攻撃をしたが、激しく反撃され、支援はとどかず、レジスタンス勢力は甚大な損害を受けた。男女や子供は殺戮され、村や病院は破壊された。

この惨劇の反省から、アイゼンハワーは、ドゴールの部下のKoenigの要求を受け入れ、ＥＭＦＦＩ（Etat-Major des Forces Francaizes de l'Interieur）を設置し、ＢＣＲＡと英米のＳＦＨを統合した。しかし、それでも混乱は続いた。連合軍の中では善意が満ちていた半面、思想の争いも激しかった。特に保守勢力と共産主義者たちとの間で対立は根深かった。フランスでレジスタンス勢力と共に戦っているアメリカの将校らは、この問題に疎かった。

Francs Tireurs et Partisans（ＦＴＰ）は共産主義の大きな地下組織だった。ＳＨＡＥＦとＢＣＲＡは、ＦＴＰの支持者らによる共産主義革命を恐れた。ドゴールは、左翼の革命暴動を予測していた。レジスタンス勢力は一〇万から三五万人に上ると言われたが、レジスタンスへの過度の武器の供給は将来の内戦につながるおそれがあった。しかしＯＳＳの研究部門は必ずしもそう見ておらず、共産主義勢力のもたらす将来の恐れには鈍感だった。これは、後述する中国やインドシナでのＯＳＳにも通じるものだった。

パリ奪還の少し前の八月一九日、散発的蜂起があり、レジスタンス勢力は、政府の建物を占拠した。パリ陥落により、ドイツ軍とドゴールとで休戦協定がなされたが、共産主義者と保守軍事主義者は、戦闘継続を誓っていた。デビッド・ブルースが率いるＯＳＳのチームは、パリまで三〇マイルの地点にある村まで達したが、パリへの進軍を待たされていた。その背後には、勇猛なパットン将軍が率いる大部隊も迫っていた。

ブルースらは、その村で、冒険的な通信員で著名な作家のアーネスト・ヘミングウェイと合流した。ヘミングウェイは、レジスタンスを支援し、その村をドイツ軍の攻撃から守るため武器を集めて提供したり、連合軍に役立つ情報を収集し、村人から「隊長」と親しまれていた。ブルースらはすぐにヘミングウェイとの信頼関係を築き、ブルースはヘミングウェイに、彼をレジスタンス支援のOSSのチーフに任命する手書きの辞令を渡した。ようやくパリ進軍が認められたブルースらは、フランス軍と共にパリに入城し、民衆から歓呼の声で迎えられた。ブルースは、OSSの拠点をホテルガリアに確保した。

こうしてパリを解放した連合軍、そしてOSSは、いよいよドイツへの進攻に備えることとなった。

✺北欧でのOSSの活動—イギリスとの主導権争い、北欧の微妙な立場

北欧では、スウェーデンは中立を保っていた。ノルウェーは、第一次世界大戦では中立国だったが、第二次大戦の開始後、オスロをはじめとする全土の大半はドイツの手に落ち、親独政権が樹立されていた。ソ連と国境を接するフィンランドは複雑な立場だった。これらの国で諜報工作活動をすることは、対独、さらには将来の対ソ関係の戦略のために、SOEにもOSSにも重要な課題だった。

フィンランドは、ソ連と対抗するためにナチス・ドイツやイタリア王国などの枢軸国側について戦い、一時は戦争前の領土を回復していた。その後、ソ連軍の反攻によって押し戻され、一九四四年にソ連と休戦し、休戦の条件として国内駐留ドイツ軍を駆逐するために戦った。日本や独伊と同様に敗戦国になったものの、フィンランド軍はソ連軍に大損害を与えて進撃を遅らせ、ナチス・ドイツの降伏前に休戦へ漕ぎ着けた。このため、バルト三国のようにソ連へ併合されたり、東ヨーロッパ諸国のようにソ連の衛星国化、社会主義化されることなく現在に至った。

ＯＳＳは、一九四二年後半から初めてスカンジナビアに潜入して工作を開始した。ＯＳＳは優秀で魅力的な女性で、フリーランスの戦争通信員だったテレーズ・ボニー（Therese Bonney）を北欧での工作員に採用した。彼女は、フィンランドの最高司令官だったカール・グスタフ・エミール・マンネルヘイム将軍の旧友だった。彼女は、ＯＳＳの要請で、彼女はジャーナリトを装ってフィンランドに入り、マンネルハイム将軍に再会して、ヒトラーと離間するよう説得する任務を承諾した。

この工作はＭＩ６の反対により引き延ばされたが、ワシントンでイギリスの大使に対して抗議を申し入れ、ようやくイギリスもこれに同意した。テレーズは、かつて占領下のフランスでドイツのＳＳから逮捕されたことがあり、その後継続的にゲシュタポに監視されていた。テレーズは、フィンランド陸軍の軍人に守られてヘルシンキに入り、マンネルハイム将軍と極秘の再会に成功した。テレーズは結局将軍を説得することはできなかったが、現地で得た貴重な情報を持ってワシントンに戻った。

テレーズは、ドノヴァンの副官で、北欧関係を担当していたスタントン・グリフス（Stanton Griffs）に報告した。グリフィスは、マディソンスクエアガーデン委員会の委員長、大型ブックチェーンのオーナーで、パラマウント映画社の最高幹部であり、同社はヨーロッパ各地のＯＳＳ活動のために豊富な資金を提供していた。グリフィスは、ストックホルムを経由して一九四二年一二月、ヘルシンキに行き、諜報網を構築していた。それはソ連の情報を集めることも目的としていた。

グリフィスが登用した工作員のブルース・ホッパー（Bruce Hopper）は、ハーバードの政治学の教授だったが、ニューヨークでリバプール行の捕鯨船に乗り込んでスコットランドに至り、その後、ストックホルムのＯＳＳのチーフとなった。ホッパーは反共産主義者で、ドイツのみならずソ連の軍事情報に関する諜報活動も行った。ワシントンＯＳＳ本部のＳＩのスウェーデン工作担当のカルビン・フーバー（※Calvin Hoover スターリン時代に数年ソ連で研究活動を行い、反共産主義者になった）の支援も受け、ソ連に対する諜報網を構築した。

ストックホルムのOSSは、ドイツへのスパイの潜入の入り口を提供する任務があった。SOEとOSSの共同作戦で、OSSは、スウェーデンのエージェントだったビジネスマンのエリック・エリクソンを派遣した*5。しかし、ストックホルムのアメリカの公使ハーシェル・ジョンソン（Herschel Johnson）は、アメリカの諜報活動は「悪魔的」だとしてOSSの活動を敵視していた。当時、OSSは、ドイツに密かにボールベアリングを輸出しようとしていたスウェーデンの会社でストライキを起こさせる工作をしていた。ジョンソン公使はこれを知り、彼らをペルソナノングラータとして退去させると恫喝した。

＊5 スウェーデンでは、一九四五年春から日本と連合国との秘密の和平工作が進められた。元駐日公使バッゲを介した工作と、陸軍武官小野寺信大佐によるスウェーデンの皇室を介した工作とがあった。小野寺工作では、OSSのエージェントのエリック・エリクソンがそれを支援していた。しかし、小野寺工作は、日本の外務省と現地公館の無理解により妨害されて実らなかった。

ノルウェーについては、SOEは、ノルウェーのレジスタンス組織である「MILORG」との難しい関係があった。SOEは、亡命中のノルウェーの社会主義政権の了解を得て、自分たちの独自の諜報工作網をノルウェーに築こうとしたが、MILORGはこれに反感を持っていた。そのため、SOEは、このような微妙な関係の中で、更にOSSがノルウェーでの活動に入り込むことに強く反対していた。しかし、ハスケルとホッパーは、その関係を改善した。OSSはノルウェー北部のソ連との国境付近での活動を認められ、南部でのイギリスの工作には干渉しないことで合意が成立した。

一九四四年一月、OSSはノルウェーのレジスタンスへの救援物資を送る計画を立て、ノルウェー系アメリカ人の富豪で、著名な北極探検家、優れたパイロットであり、逃亡中の王の友人であるベルント・バルシェン（Bernt Balchen）をこの作戦のために雇用した。この計画は、ノルウェーの亡命政府も承諾していた。しかし、イギリスの担当官はこれを拒絶し、「ノルウェーは我々の植民地ではないか」と言ってイギリスの基地から離陸することを許さなかった。バルシェンは、旧友だったノルウェー亡命政府の外務大臣にこれを持ち込み、同年三月、チャーチルの個人的な了承を取り付けてこの作戦を実行した。

一九四四年一二月には、再び問題が生じた。ＯＳＳは、プリンストン大学出身の屈強な若者ウィリアム・コルビーを隊長として、ドイツとの鉄道輸送妨害のためにノルウェーに三〇人のパラシュート部隊の降下作戦を計画した。しかし、「政治的問題」からイギリスはイギリスの飛行機使用を許さず、経験不足のアメリカの飛行士によるアメリカ機で作戦を実行したが、二機が墜落してＯＳＳの一〇人が死ぬ失敗に終わった。

デンマークでのＯＳＳの工作は成功した。ここにはもともとはイギリスの諜報工作網があった。しかし侵入したＯＳＳ工作員からの情報で、ゲシュタポの拠点を爆撃し、一五〇人のゲシュタポの殺害に成功した。

✺女性工作員が活躍したＯＳＳ

《女性を積極的に登用したＯＳＳ、中国でのエリザベスの活躍》

ＯＳＳでは、前述のテレーズ・ボニーの他にも、様々な女性工作員が活躍した。エリザベス・マッキントッシュ（Elizabeth P. McIntosh）は、ＣＯＩ設立の当初から採用され、ワシントンの本部でドノヴァンの近くで勤務し、後に中国に派遣されて中国のＯＳＳで活躍した。ＯＳＳの女性職員たちは、大学を出て通常の安定したキャリアや家庭生活を求めるのでなく、自由と正義のために枢軸国との戦いに自ら参加したいという熱意のある女性たちであり、エリザベスもその一人だった。ドノヴァンは、軍とは異なるＯＳＳの諜報工作活動の特殊性から、女性の能力が活かされることを理解し、女性職員の積極的な登用を進めた。エリザベスたちが中国に派遣される前までは、昔気質のスティルウェル将軍やガウス大使は、中国戦線に女性職員を送り込むことには反対であり、実現していなかった。しかし、ウェデマイヤー将軍やハーレー大使が就任してから、この禁が解かれ、エリザベスたちの中国派遣が実現した。

エリザベスたちは、ヒマラヤのハンプ越えで重慶に入った。彼女は、ブラック・プロパガンダを行うMOに加わった。日本軍の士気をくじき、攪乱させるために、中国人の漫画家を活用して様々なビラを作成した。他の女性職員たちは、暗号の解読、日本軍の動向の分析調査などを行った。エリザベスは、そこで、ヒロシマ・ナガサキへの原爆投下を知り、戦争は終わった。

OSSでは、軍よりも女性職員の活躍の場が広かった。OSSで勤務した女性の正確な数は明確でないが、エリザベスが派遣された中国では、終戦までに約三〇人の女性職員が活躍した。彼女たちの多くは、秘書職、事務職のみならず、女性の知識、分析力、語学力が活用されるSIやR&A、MOなどでその能力を発揮した。しかしその中には、SOの特殊工作活動に参加し、男の工作員に交じり、それをもしのぐ素晴らしい活躍をした者も少なくなかった。アメリカ、イギリス、中国、フランス、タイの隊員たちに対して実施されたパラシュート降下訓練では、約三八〇〇人の訓練隊員の中に三八人の女性隊員も加わった。二万回を超える降下訓練が行われ、五〇人の隊員が実際の降下の時に恐怖でそれを拒んだが、女性隊員は誰一人拒んだ者がいなかった。

エリザベスは、中国でミルトン・マイルズの後のOSSの総指揮を執ったリチャード・ヘプナーと結婚し、戦後はCIAに入った。彼女は、仲間だった女性職員たちの活躍の功績を伝えるため、一九四七年に『Undercover Girl』という本を出版したが、それには、退役していたドノヴァンから多大の支援を得た。エリザベスはドノヴァンが最晩年に入院していたウォルター・リード陸軍病院にドノヴァンを見舞った。彼女は、その記録を更に充実させるため、約一二〇人の元OSSやCIAの職員たちや、作家、歴史家などにインタビューをし、一九九八年に『Women of the OSS Sisterhood of Spies』を出版した。

一九九四年の夏、ノルマンディー上陸作戦開始五〇周年の記念日に、エリザベスは、ビル・クリントン大統領が主宰する式典に招かれた。一五人の元ＯＳＳの女性職員たちが参加した。

《素晴らしい活躍をした女性たち、驚くべきバージニア・ホール》

ローマのＯＳＳの女性工作員バーバラ・ローワース（Barbara Lauwers）は、ドイツ軍が抱えた多数のチェコ兵に対し、亡命したチェコ人を装って「チェコの同志へ」という五つのスピーチ文書を作成した。それをドイツ人捕虜でＯＳＳの協力者となっていた男に持たせてドイツ軍内に潜入させて配付し、六〇〇人のチェコ兵士をドイツ軍から離脱させて降伏に導き、彼女は表彰された。

ＯＳＳは、ブラックプロパガンダのためにハリウッドの協力を得て著名タレントや脚本家などを活用した。音楽は効果的な手段だった。作曲家の了解なしに、抒情的な歌の歌詞を変えてドイツ語にし、マレーネ・ディートリッヒなど、有名な歌手に歌わせ、イギリスからドイツ本土に放送させ、ドイツ人に、アメリカの文化の良さを吹き込み、戦意を砕くことに効果をもたらした。一九四四年の夏、ＯＳＳは、毎週八本のブロードウェイのショーやヒットソングを録音してドイツに流した。これらはみな著作権を侵害していた。四〇年後、ある元ＯＳＳ職員のメモが、これらの工作については、マレーネ・ディートリッヒだけには真相が知らされていたことを明らかにした。

最もセンセーショナルな女性工作員はバージニア・ホール（Virginia Hall）だった。彼女は、パリに留学し、ジョージタウン大学でも学んだ。しかし、好成績にもかかわらず、男社会の外交官に採用されずワルシャワの大使館の事務員となった。エストニア、イタリア、トルコで勤務したが、トルコで事故により片足の膝から下を切断した。バージニアは、戦争が始まると、パリで救急車の運転手となり、イギリスがパリから駆逐されると、ロンドンに渡り、ＳＯＥのエージェントとなった。ＯＳＳへの移籍が認められてフランスに派遣された。

彼女のカバーストーリーは、ヴィシーに派遣されたニューヨークポストの通信員だった。彼女は諜報網を構築したが、ドイツ軍の進撃で危険が迫ると、ピレネー山脈を歩いてスペインに逃れた。しかし数週間後、また、フランスに潜航艇で無線機を携えて潜入した。農場で乳しぼり女として働きながら、収集した情報を送り、落下傘降下部隊や物資の投下の受け入れチームを組織した。最も戦闘の激しいフランス中部地域に移り、彼女のチームは、六か月間で四つの橋の爆破、主要鉄道線路の破壊、通信線の切断などの破壊工作に大きな成果を上げた。彼女は謙遜で、戦後、表彰を辞退したが、周囲の強い促しで、OSSの事務所内で非公開で授与された。それは、アメリカ人女性としては唯一だった、英雄的功績に対する最高のメダルだった。

ジュリア・マックウィリアムズ・チャイルド（Juria McWilliams Child）は、中国のOSSで、記録課のチーフとして、膨大な記録の的確な整理分析などに顕著な働きをし、顕著な功績をシビリアンとして表彰された。

ロザモンド・フレーム（Rosamond Frame）は、中国育ちでパリに住んでいたが、OSSに入り、ヒマラヤ越えで中国に派遣され、アメリカと中国との文化の違いを埋めるための様々な会合に参加し、そこで得た情報を報告した。

イギリスのSOEでも女性工作員は活躍した。イギリスは五三人の女性エージェントをフランスに派遣した。一二人はナチにより拷問され、処刑された。二九人は逮捕され、その多くは獄死した。生き残ったクリスチーン・グランビル（Christene Granville）は、ポーランドで活動した。二回逮捕されたが、銃撃で追われる中を逃走した。拘束中、舌を噛んで病院に運び込まれた後で釈放された。その後、パリに潜入し、逮捕されていた二人のSOEエージェントの救出のため、ドイツの逮捕者に対し、アメリカ軍の到着が間近いと説得し、処刑の三時間前に釈放させた。

✺アレン・ダレスの活躍と対ドイツ作戦、サンライズ作戦の成功と冷戦の始まり

アレン・ダレスは、第１章で述べたように、北イタリアのドイツ軍をヒトラーに背いて連合軍に降伏させるサンライズ作戦を成功させた。ダレスは、戦後、ＯＳＳが廃止された後に設立されたＣＩＡの長官になった。前述したように、ＯＳＳは指揮系統の乱れ、構成員の経歴や右から左までの思想の多様さなどから、その活動はしばしば失敗や他組織との摩擦対立を招き、批判されたことも少なくなかった。しかし、ダレスは、国内外での豊富な職業経験、基本的には保守でありながら柔軟で懐の深い思想、幅広い人脈、慎重さと大胆さを兼ね備えた極めて優れた人物だった。サンライズ作戦の成功もダレスの人物と能力に負うところが大きかった上、ダレスの活躍は、ヨーロッパにおけるＯＳＳの作戦行動の様々な場面に及び、ドイツへの潜入工作などでも大きな成果をもたらした。しかし、サンライズ作戦の成功に至るまでには、ドイツを降伏させるために反ヒトラー勢力との間で複数の様々なルートによる工作が錯綜していた。

《ダレスの経歴など》

ダレスは若いころ国務省の外交官だった。第一次大戦のドイツの敗北後、ダレスは兄ジョンとともにベルサイユ会議に参加し、その後ベルリンに赴任し、広い人脈を築いた。その中に、進歩的なゲルハルト・フォン・シュルツ・ゲヴェールニッツ（Dr.Gerhart von Schulze Gaevernitz）がいた。経済学者でイギリス経済史に通じ、ドイツ民主党員でワイマール国家評議会の次長だった。ゲヴェールニッツは、米英独の友好連携が世界平和の鍵だと考えていた。彼こそが、のちにサンライズ作戦でダレスの右腕となったゲーロ・フォン・Ｓ・ゲヴェールニッツの父親だった。ダレスは、新人外交官としてベルンに勤務したことがあり、旧友のヒュー・ウィルソン（Hugh Wilson）と一緒に働いた。二人は、ヨーロッパの亡命者やアメ

リカ人の在留者らによる諜報網を築いた。

ダレスは、コンスタンチノーブル勤務を経てワシントンに帰還した。外交官として将来を期待されたが、薄給なため、一九二七年、辞職して兄の国際法律事務所であるニューヨークのサリバン&クロムウェルに入り、政治と金融ビジネスの世界をつなげる様々な国際法律業務に従事した。しかし公的業務にも従事し、一九三二年から開催されたジュネーブ軍縮会議にはスイス公使となっていた旧友ウィルソンと共に参加した。そこでドイツの国家社会主義者の台頭に直面することとなった。ヒトラーは再軍備を主張して会議から離脱し、ダレスはヨーロッパの将来の危険を実感した。

サリバン&クロムウェルはベルリンにも事務所を持っており、ドイツの戦時賠償に関する業務を行っていた。しかし、ドイツは戦時賠償金の支払いを停止した上、事務所にはユダヤ系も多かったため、一九三五年、ダレスの提案でこの事務所は閉鎖に至った。旧友ウィルソンはベルリンの大使となったが、一九三八年、反ユダヤ政策への抗議として帰国した。

ダレスは、ニューヨークの議員選挙に共和党から指名された。アメリカの不干渉政策に反対し、苦境のイギリスを支援すべきと主張してイギリスへの武器提供の禁止の取り消しを要求したが、当選には至らなかった。

《OSSへの参加》

一九四一年にCOIが設立されると、ダレスとウィルソンは、すぐにドノヴァンからCOIに引き抜かれた。ダレスは一九四二年一月、ニューヨークに開設されたCOIのオフィスの長となり、世界中への諜報工作の企画に取り組んだ。特に、ドイツに関心が深かった。ダレスは反ヒトラーのレジスタンス支援のための委員会を設け、Arthur Goldberg や Donald Downes らが中心で、亡命者の Heinrich Bruening（※元カトリック中央党でワイマール共和国の閣僚）が長となった。ゲシュタポの暗殺から逃れた Gottfdried

Treviran は亡命者委員会の右派だった。Dr.Karl Frank は心理学者で左翼だった。しかしこの委員会は、左右の対立が激化したため閉鎖に至り、ダレスは、ドイツ対策の微妙さを知った。

一九四二年秋、連合軍が北アフリカに上陸したその日、ダレスは「ルーズベルトの個人代表」と称し、ベルンのＯＳＳの支局長として赴任した。ダレスは、ドイツによる国境封鎖寸前に、フランスからスイスに入り、ベルンの Herrengasse 23 に居宅を借りて拠点とした。ＯＳＳで、ダレスと並んでヨーロッパで活躍したデビッド・ブルースは、同じころ、ロンドンのＯＳＳの本部長として赴任した。

《反ヒトラー勢力との和平工作の取り組み》

ダレスは、イタリアやオーストリアのレジスタンスとも緊密に働いたが、第一の仕事は対ドイツの諜報強化だった。ダレスはベルンを拠点として、Guillain de Benouville や Feruussio Parri らのレジスタンスリーダーを受け入れ、アルジェリアからプラハに及ぶ諜報網を築いた。しかし、最重要課題はドイツへの潜入とドイツとの密かな和平交渉の可能性を探ることだった。ワシントンのＯＳＳ本部は、ダレスに、ナチの秘密を暴き、ヒトラーに失望して転覆を企てている人々の発掘を指示した。

当時、イギリスは、ドイツと和平の打診や交渉をすることには消極的だった。ヒトラー暗殺計画を企てたヴィルヘルム・カナリス（Wilhelm Canaris）＊6からの密かな和平の申し出もイギリスは拒絶していた。ＭＩ６はドイツとの和平の予備交渉を禁じられていた。アメリカとＯＳＳを嫌っていたＭＩ６の副長官ダンジーは、ドイツとの交渉に懐疑的だった上、ＯＳＳがスイスで活動するのを徹底的に嫌っていた。そのような工作はイギリスが独占しようとしていた。しかし、ダレスは、ドイツとの和平の可能性を探ろうとして人脈の開拓に積極的に取り組んだ。ワシントンに支援を要請し、また、ベルン駐在のアメリカのスタンダードオイルや、ナショナルシティバンクのビジネスマンらの協力を得た。ダレスに協力した主要人物が、後にサンライズ作戦の立役者となったゲーロ・フォン・Ｓ・ゲヴェールニッツだった。大戦勃発以来、ヒトラー打倒のための工作支援を決意していたゲヴェールニッツは、ダレスのベルン到着後、すぐにベルンの反ナチの亡命者を紹介した。

＊6　カナリスは、ドイツ海軍の軍人（最終階級は海軍大将）で、軍事諜報機関である国防軍情報部の部長としてヒトラーを補佐したが、ヒトラー暗殺計画を含めた反ナチス運動に関与し、一九四五年四月に処刑された。

ダレスは、共産主義者の亡命者たちも軽視しなかった。ゲヴェールニッツは共産党とは関係しなかったが、ダレスは、ノエル・フィールド（Noel　Field）を通じた共産党とのルートも持っていた。フィールドは、ダレスの友人の息子で、ハーバードを出て国務省に入ったが、左翼に傾倒し、ワシントンのコミンテルンのエージェントとも親密だった。一九三六年に国務省を辞め、ジュネーブの国際連盟にスタッフとして入り、Unitarian Service Commitee のジュネーブの長となっていた。ヴィシー政権下のフランスの共産主義者亡命者支援活動を担っていた。フィールドもダレス同様、国境封鎖前にスイスに入っていた。彼がドイツからの共産主義者の亡命者との接点となった。

ゲヴェールニッツを通じた反ナチの人脈には共産主義者はいなかった。カナリスの側近将校の Abwehr が、ベルリンとベルンのＯＳＳとの連絡役だった。外交官だったハンス・ベルント・ジセビウス（Hans Berned Gisevius）が Abwehr のエージェントで、チューリヒのドイツ領事館にいた。彼はもとは右翼でゲシュタポに入っていたが放逐されていた。ジセビウスは、当初、ＭＩ6と接触したが、信頼できないと判断されてイギリスとの関係を断っていた。彼はイギリスを評価せず、ダレスをヒトラーとの戦いのための強力な支援者だと評価した。彼は、ヒトラーを倒し、イギリスとアメリカとの間で、個別の和平協定を結び、赤軍が東部からドイツの領土を占領するのを防ごうと考えていた。しかし、一九四四年二月、ヒトラーはカナリスを解任してしまった。

この申し出は別のルートからも入った。アメリカ生まれのジュネーブの大学学長で国際労働問題の権威のDr.William Rappardが、Adam von Trott Zu Solz（※ドイツの外務省所属。一九三七年に訪米したときドノヴァンに歓迎を受けた）をゲヴェールニッツに紹介した。彼はダレスに会い、もしＯＳＳが助けなければ反ヒトラー勢力はソ連に向いてしまう、と力説した。

ヒムラーは、ストックホルムのルートでも、イギリスとアメリカによるクーデター支援の提案をしていた。ヒムラーの優秀な部下Walter Schllenbergは Prince Max Egon Von Hohenlohe をダレスに派遣した。貴族出身でスペインに住み、和平工作に関与していた。一九二〇年代にダレスとニューヨークで会ったこともあった。

ダレスは、これらの複数のルートを通じて、反ナチ勢力はヒトラーの暗殺しかないと考えていることを把握した。ダレスはそれを背後から支援するために、ナチの指導者の最高レベルでの紛争を起こさせようとした。アメリカがヒムラーへの同情を示せば、ヒトラーへの反乱を促せると考えた。しかしヒムラーは臆病に勝てず、最初のクーデターは失敗した。カサブランカ会議により、ドイツや日本の枢軸国に無条件降伏を求める宣言が出されたことも、和平工作派の動きをくじいてしまった。

ドイツの反ヒトラー勢力との秘密の交渉は、カサブランカ会議宣言にも反するので、アメリカ国務省は反対だった。ソ連との関係も微妙だった。ドノヴァンは、ＯＳＳにドイツからの諜報のための研究部門を設けてドイツの専門家を招いた。ドイツの反ナチ勢力は、ソ連志向とアメリカ志向に分かれていた。

フリッツ・コルベ（※Fritz Kolbe　元外交官、鉄道会社。早期からの反ヒトラー。カトリックルートでアメリカとの接触を求めていた）は、最初はスイスでイギリスに接触した。しかし、ダブルエージェントの疑いをもたれ、接触は進展しなかった。コルベは、最後の頼みで、一九四三年八月二三日、つてを頼ってダレスと会い、一八六頁のマイクロフィルムのドイツの資料を提供した。その後、数回、ベルンやストックホルムで一六〇〇点もの記録を提供した。ドイツの二〇か国との間での武官の無線通信が主な記録だった。ダレスは、コルベが提供した資料の一部をルーズベルトに見せるなどし、引き続き、反ヒトラー派を支えて和平交渉の道を探った。ダレスは、条件付き和平交渉に向けて、アメリカの支援によるクーデターへの努力をした。ソ連への対抗目的もあった。

一九四四年七月、反ヒトラー派から、ジセビウスを通じて、クーデターの新計画の話が来た。これがワルキューレ作戦だった。ダレスはワシントンに直ちに報告した。しかしこの計画は失敗した。苛酷な弾圧がなされ、実行した将校らは処刑された*7。

*7 ジセビウスは、ダレスらの助けによって、変造したパスポートによってスペインに逃れた。ジゼビウスは、後にニュールンベルグ裁判での重要証人となった。

OSSのスイスのアドバイザーだった **Wilhelm Hoegner**（※ソ連からの亡命者）は、後に、ヒトラーを倒せれば、ソ連がドイツに侵入してベルリンに入る前に戦争を終結できた、戦争の継続はソ連をヨーロッパの中心に招き入れる、アメリカの政策は恐ろしい敗北となる、と嘆いていた。

一九四四年九月、ダレスは二年ぶりでドノヴァンに再会し、一緒にワシントンに行き、OSSのドイツ対策を検討する協議会を開いた。**Carl Schorske**（※ハーバードの歴史学者）、**Dr. Robert Kempner**（※元ワイマール警察で亡命者）など、ドイツに関する研究者が集められた。さまざまな研究の中には、ヒトラーの精神分析をし、その精神をかく乱して士気をくじくためには大量のポルノ本を投下してヒトラーに読ませるという作戦すらあり、実行準備をしたが、その実行をOSSから依頼された陸軍の大佐が、そのような馬鹿な作戦のために命をかけられないと反対したので中止されたこともあった。寒いドイツのトイレに「ヒトラーを寒くさせればこの部屋はまた暖かくなる」というビラを貼る作戦もあった。ヒトラーを殺害するための、特攻ゲリラ作戦も提案されたが、いずれも却下された。エミー・ラド夫人（※ **Mrs Emmy Rado** スイス生まれのOSSのアナリスト。ハンガリーの亡命者だった心理学者の妻）の、キリスト教会の組織を通じた反ヒトラー運動の提案があった。ドノヴァンは動かされて彼女を一九四五年初めにベルンのチームに招聘した。

ダレスは一〇月にスイスに戻った。スイスのＯＳＳのスタッフは増強された。Russel D'Oench（※ギリシャの船会社の子孫。ロンドンからチューリヒへ異動）、Robert Shea（※ハーバード、オクスフォード、パリ大卒の弁護士）、William Lamier Mellon（※ガルフ・オイルの社長の息子で会計士。マドリッドからジュネーブへ異動）など、有力なメンバーが加わった。ベルンには、ラド夫人が到着し、ワルキューレ作戦失敗による弾圧から奇跡的に生還したジゼビウスも加わった。ロンドンからは、Gerhard Van Arkel（※ワシントンの労働弁護士）が参加し、John Clark（※元労働組合でワシントンポストの通信員）も補助者として参加した。

《ドイツへのＯＳＳ工作員の潜入作戦》

一九四四年一〇月、ＪＥＤＢＵＲＧＨとＳＵＳＳＥＸのチームは連合軍のフランス進攻の成功によって任務を終えて解散したので、ＯＳＳの関心はドイツに集中した。連合軍の幹部は、ドイツ国境での進軍が停滞したとき、フランス上陸作戦のときのような秘密工作を期待したが、幹部たちは、秘密工作には十分な準備期間がいることを理解していなかった。一九四四年一二月、バルジ作戦が始まった時、ＯＳＳはドイツ内にわずか四人しか潜入させておらず、効果的な情報報告ができなかった。そのため、ＯＳＳは、ドイツ侵入態勢を強化し、一九四五年四月までには、一五〇人以上の工作員を、ドイツ国内に送り込んだ。デンマークのレジスタンス指導者 Hennings Jessen-Schmidtha は、ストックホルムでＯＳＳに採用され、デンマーク国境から一九四五年二月一日ドイツに潜入し、数日後にベルリンで、スウェーデン人ビジネスマンの Carl Wiberg と共に、初めてＯＳＳの拠点を作った。第二チームは、労働部で採用したチェコの共産主義者の工作員で、三月にベルリンへのパラシュート降下に成功した。

《様々な工作活動》

ヒトラー政権転覆のために、ＯＳＳは様々な工作活動を行った。虚偽のラジオ放送を行い。プロパガンダ新聞を発行したり、ヒトラーの顔をデスマスクに描き替えた切手を大量に印刷し、ハンガリー経由でドイツに持ち込み、ドイツ内に普及させるという心理作戦も行った。ドイツ破壊のプロパガンダの文を入れ、ヒトラーのデスマスクの切手を貼った封筒を、電話帳から選んだ二〇〇万以上の宛先に送付した。ドイツが、それへの対策として郵便は公用以外を禁止する措置に出ると、封筒を公用のものに装って継続した。

北イタリア戦線で降伏したドイツ軍将校らは、兵士らがこれらの手紙を受領するなどにより、宣伝工作がドイツ兵の士気を乱し、くじけさせたと語った。

工作員の潜入作戦にも知恵が絞られた。ワインの大きな樽に工作員を潜ませてドイツ軍地域に潜入させたり、棺桶に銃器を詰め込んで偽の葬儀を行い、人々が大声で泣く中で埋葬し、夜になって掘り出して銃器を取り出して分配するなどして持ち込んだ。工作員が逮捕された時、尋問に堪えるようなカバーストーリーが用意された。潜入に成功した工作員は、セールスマンを装って工場を訪ね、経営者に主要機器を動かなくさせるサボタージュを指導した。従わないと連合軍から工場を爆撃されるため、経営者はこれに応じ、工場を操業不能に陥れ、列車を脱線させたり蒸気機関車を動けなくさせたりした。これらの工作には、フランスのレジスタンス工作員らとも連携した。ある工作員が逮捕され、尋問の後、処刑場に自動車で運ばれるとき、同乗していたドイツ兵が、彼の捕縄をほどき、武器を与え、自分たちの方が連合国の捕虜になると申し出たこともあった。

しかし、すべての作戦が成功したわけではなかった。一九四四年七月二三日、ＯＳＳの攻撃で一〇〇人以上のドイツ兵を殺した後、猛烈な反撃の空爆を受け、ドイツ兵はＯＳＳ兵士らを殺し、拷問し、女性無線通信の補助員のエージェントの腹を割いて死なせ、腸を首に巻き付けてさらした。

《対ドイツ工作の進展と難航、サンライズ作戦の成功》

この間、ダレスとゲヴェールニッツは、頻繁にアメリカ陸軍のエドウィン・シバート（Edwin Sibert）将軍、ウィリアム・クイン（William Quinn）大佐とスイス国境に近いフランスで会った。一九四四年一二月の会合で、ゲヴェールニッツは、ドイツにはヒトラーを信じず、安全さえ確保されれば喜んで降伏する将軍たちがいるのでＯＳＳが密かに彼らと交渉することを提案した。陸軍は関心を示し、ドイツの捕虜となった高官たちと協議して誰が降伏を求めているかを相談する協議会の設置に同意した。ゲヴェールニッツは、いくつかの捕虜キャンプを回り、ＭＩ６の協力も得て、捕虜になっていた将校たちから情報を収集した。

この計画はワシントンに報告されたが、数週間後、ワシントンは却下した。理由は、ドイツ軍国主義を倒すためにドイツの軍人を用いるべきではないことと、ソ連も相談を受けるべきで、相談してもソ連はこのような部分的降伏をアメリカのみが受け入れることに反対するであろうということだった。

その頃、一九四四年七月以来姿を見せて居なかったコルベが現れ、彼の指導で、再びクーデターを計画しているので、ＯＳＳのパラシュート部隊の応援を求めてきた。これは赤軍がベルリンに入る前にベルリンをアメリカの支配下におくことも目的だった。ダレスはワシントンに報告したが、当然のように却下された。

他方、ノエル・フィールドは、一九四四年中、ダレスと共産主義者たちとのパイプだったが、同年一二月、ダレスはアメリカの共産主義者たちから、ソ連に支援されたドイツからの亡命者が組織する解放委員会ＣＡＬＰＯによるＯＳＳとの連携の申し出を受けた。しかし、この計画も問題が多く採用されなかった。当時、ゲヴェールニッツによるドイツ軍将軍とのパイプ、コルベによる社会主義者との連携、フィールドによる共産主義者との連携、三つの路線があり、錯綜していた。

一九四四年一一月、パリの中国大使館の武官から、ヒムラーの某高官がイギリスに亡命して、英米との連携のもとに、直ちにソ連を攻撃し、西欧の共産化を防ごうという計画をロンドンやワシントンに連絡してきた。この提案は、有名なイタリアの実業家からもイギリスにもたらされた。同じころ、ダレスも、ヒムラーのエージェントから、同様の提案を受けた。これを協議できなければヒトラーはスターリンと協定してしまうという恫喝的な主張も含んでいた。

このような、ヒムラーを相手とする和平の模索が様々な隘路のために進展しない中で浮上したのが、サンライズ作戦だった。サンライズ作戦の開始と成功に至るまでには、長い間の紆余曲折があった。第1章で述べたように、ドイツ軍のヴォルフ将軍は、パリリ男爵を通じて、一九四五年三月初めからゲヴェールニッツやダレスと和平交渉を進めていた。この工作は、自分と窓口とした降伏交渉のイニシアティブを取ろうとするヒムラーとカルテンブルンナーによる妨害や、これを知ったソ連の横やりによって、難航したが、ついに成功し、北イタリアのドイツ軍の無条件降伏に成功したのだ。

《その後のダレス》

ヨーロッパ戦勝利後、デビッド・ブルースの後任のOSSのヨーロッパ本部長だったラッセル・ホーガン（J.Russell Hogan）が後任にダレスを推薦した。しかし、ドノヴァンは、地域ごとに独立した活動を期待していたためこれを拒んだので、ダレスは、引き続きドイツを担当することになった。

しかし、OSSは、様々な組織の諜報機関との競合のなかで主導権を取れず、ダレスの訓練された工作員たちは、多くが極東に移され、または帰還して任務を解除された。

ダレスは、敗戦後のドイツが共産化されないようにするため、政治指導者の発掘や、教会とも連携して反共産主義の人材の発掘に努めた。しかし、共産主義者たちとのせめぎ合いも激しかった。共産主義者たちの中にも、ソ連一辺倒の者と、柔軟で英米との連携を求める者たちがいた。ドノヴァン自身はもとより、各地の戦線で活動するOSSの工作員には、共産主義の支持者や、容共的で、共産主義が戦後国際社会にもたらす重大な影響について無警戒な者が少なくなかった。しかし、ダレスは、この問題に敏感であり、ソ連に支援されたチトーのユーゴが、トリエステを奪って共産勢力をイタリアに拡大しようとする目論見を早くから察知していた。ＯＳＳが少なからぬ貢献をした連合国の枢軸国に対する勝利は、近い将来の冷戦の始まりを暗示させるものだった。

ニュールンベルグ裁判の準備はＯＳＳのスタッフが担当した。ドノヴァン自身が次席検察官となったが、後に、最高裁判事で首席検察官のロバート・ジャクソン（Robert Jackson）と対立して辞任した。ＯＳＳのリサーチ部門のスタッフは、ナチの被告人の取り調べに当たった。

✺英仏の植民地支配の欲望がＯＳＳの作戦と激しく衝突したインドシナ

ＯＳＳは、ビルマ、ラオス、タイ、ベトナムなど、インドシナ半島の広範な地域でも積極的な作戦を展開した。

ヨーロッパでは、イギリスのＭＩ６・ＳＯＥとＯＳＳの間で、イギリスがＯＳＳに対する優位性を強調して作戦の主導権を握ろうとしたことや、支援するレジスタンス勢力が君主制を志向する保守派から共産主義者まで多岐にわたるため、どの勢力を支援するかについての路線の違いなどの摩擦や軋轢があった。とはいえ、枢軸国に対する勝利という強固な目的では一枚岩だったので、根本的で決定的な対立を招くことまではなかった。しかし、インドシナでの作戦は、ヨーロッパでの作戦とはかなり違いがあった。イギリスは、抗日戦に勝利することによって、イギリス帝国のアジアでの植民地支配の復活維持を目指すという戦後社会に向けての明確な国家戦略があった。これは仏印に植民地を持つフランスも同様だった。

しかし、アメリカの国策の基本方針はアジア諸国の植民地支配の解放であり、英仏とは根本的に対立していた。インドで雇用された女性のＯＳＳ職員は、イギリスの諜報活動は老練で、すべてのアメリカの機関にスパイを送り込んでいると警告された、と回想した。更に、この地域では中国もその支配や影響力の維持拡大を目指していた上、蒋介石は、イギリスの植民地主義を激しく憎悪していた。これらの複雑さが、ＯＳＳのこの地域での作戦遂行において極めて大きな障害や問題をしばしばもたらした。

一九四三年八月のケベック会談で、ルーズベルトとチャーチルは、ＳＥＡＣ（※東南アジア統合司令部 **South East Asia Command**）の設置を合意した。イギリスの伯爵であるルイス・マウントバッテン将軍がその最高司令官となり、スティルウェルは副司令官となった。スティルウェルは蒋介石の総参謀長と、中国ビルマインド戦線（※ＣＢＩ）でのアメリカ軍の司令官も兼ねていた。しかしマウントバッテンとスティルウェルの関係はよくなかった。アメリカ軍内では、マウントバッテンに対しては、その貴族性を揶揄し、ＳＥＡＣは「**Save England Asiatic Colonies**」であり、我々は日本と戦うよりもイギリスと戦うべきだとの声すら起きていた。イギリス国王のいとこの大金持ちで洒脱な貴族のマウントバッテンと、昔気質の軍人で気難しい皮肉屋「**Vinegar Jo**」ことスティルウェルの性格は対照的だった。スティルウェルは伝統的なアメリカの反植民地主義者で、マウントバッテンの帝国主義思想に憤っており、これは極東のアメリカ軍の将校らに共通する感情だった。

アイフラーが一九四二年に一〇一部隊を率いてビルマでの作戦を開始することになったとき、ドノヴァンはイギリスとの摩擦が起きることを心配したが、作戦担当者の間では、イギリスの担当官の姿勢は協力的だった。イギリスの少佐らはビルマの地図を提供したり、一〇一部隊がカルカッタで要員を採用するのに協力もした。これは、イギリス嫌いの共和党の議員らに、ＯＳＳがイギリスに支配されているとの批判を招く原因にもなった。第1章3で述べたように、ビルマでは九〇〇〇人のカチン族兵士と共に、ＯＳＳとＳＯＥは協働し、大戦中の非正規戦で最も大きな成果を上げた。

しかし、ＳＥＡＣが設置されてからは、偏狭なイギリス軍の諜報関係者らは、ＯＳＳが諜報工作には新参者でアマチュアだと見下し、その活動が、植民地の人々の植民地支配からの解放を求める動きを助長するのではないかと警戒した。スティルウェルは、ドノヴァンのＯＳＳがイギリスとの接触を通じて政治的影響を受けるのではないかと警戒した。ドノヴァンは戦争初期からマウントバッテンと親しかった。一九四三年後半、ドノヴァンはマウントバッテンと、ＯＳＳがＳＥＡＣの中で、アジア南部に活動範囲を広げる合意をした。そのために「P Division」がＳＥＡＣの本部に設置され、イギリス将校がその長、ＯＳＳのエドモンド・テイラー少佐（※北アフリカでの作戦に従事した）が副長に任命された。

テイラーは、ウィルソンやルーズベルトの民族自決主義を信奉していたが、着任するにあたり、時期が来るまでは、その問題でのイギリスとの対立を避けようと考えていた。

しかしイギリスの諜報機関の工作とＯＳＳのそれとの競争や摩擦の軋轢がしばしば生じた。イギリス嫌いのネパール人のゲリラ工作員は、ＳＯＥの指揮下に入るのを拒み、ＯＳＳの指揮下での活動を望んだ。ＯＳＳが活動するほど、英仏の西欧帝国主義者からの疑惑や反対にさらされることとなった。

一九四三年後半、マウントバッテンと蔣介石は、仏印とタイの解放について紳士協定を結び、イギリスと中国はこの両国で作戦することができ、日本軍が支配していた地域はそれを解放した国の指揮権下に置くものとする、と合意した。

✺タイにおける作戦とその混乱

日本軍の仏印進駐以来、タイは、表面上は日本と連携していた。日本のマレーシアやシンガポール進攻にもタイは協力した。一九四二年一月、ピブン首相は、英国と米国に対して宣戦を布告した。しかし、当時、摂政プリーディー・パノムヨンは、行方をくらまして署名しなかった。プリーディーは、反日地下組織である「自由タイ」（セリ・タイ）運動のネットワークを築き、英米の抗日戦線と連絡を取り合った。戦争が進行し日本の敗色が濃くなると、タイ国民の不満は拡大し、一九四四年、ピブンは首相を辞任した。

タイの英米への宣戦布告は合法的な政府によるものではないとして、OSSの勧めにもより、国務省はアメリカがそれに報復する必要はないと判断した。この点ではイギリスと対立した。これまでタイはヨーロッパが強欲な植民地主義だと批判していたが、これがその後のアメリカとタイの友好の鍵となり、OSSとプリーディーの連携の基盤となった。

OSSは、プリーディーを積極的に支援した。しかし、タイへの影響力の維持拡大を図ろうとする中国は、戴笠やマイルズらが、独自にタイのレジスタンス勢力を支援しようとし、OSSの作戦との間で、摩擦や混乱を招いていた。

しかし、より深刻なのはイギリスとの対立だった。イギリスは、タイを含む東南アジアはまだ独立の準備ができていないとして、タイは戦後においても、どこかの国の保護におかれるべきだと主張した。アメリカ国務省はイギリスのあからさまな植民地主義にショックを受けていた。タイでのSOEとOSSの活動の対立は宣戦布告をめぐる英米の政治的争いにも助長された。OSSはイギリスがタイに工作員を送り込んでOSSが築いたタイとの信頼関係を崩すのではないかと恐れた。

一九四三年一〇月、マウントバッテンは、SOEがタイで活動するため工作員を送る計画を語った。マウントバッテンは、OSSが支援するプリーディーの「自由タイ」がSOEグループとも協働することを申し出た。しかし当時まだ中国のOSS代表だったマイルズはこれを断り、タイではOSSはSOEとは別々に行動することを伝えた。

OSSの工作員のタイへの潜入は、OSSと戴やマイルズとの対立による混乱のため、うまくいっていなかった。SOEは一九四四年四月、工作員チームをパラシュート降下により、OSSよりも早くタイに潜入させた。OSSは苦心の末、ようやく一九四四年一〇月、タイのレジスタンス勢力との接触に成功し、チームを潜入させ、効果的な情報収集報告態勢を築くことができた。同年七月、プリーディーは、既にクーデターに成功してピブン首相を放逐していた。これに勢いづけられ、ＯＳＳでは、セイロンの本部に、タイにおける気象情報、爆撃目標、日本軍の動きなどの情報が連日報告された。シェンノート軍の飛行機がタイで墜落してパイロットが日本軍に拘束されたが、地下組織の働きで中国に生還させることもできた。

タイの地下運動の指導者は、アメリカに亡命政府の樹立を求めたが、国務省は反対した。それは、中国が既に重慶でタイの亡命者グループを支配し、戴のエージェントがプリーディーの側近を誘拐してバンコク地下組織との直接連絡を確保していることなどから、連合国内での緊張や混乱が高まるおそれがあったからだった。

イギリスは、依然、タイのレジスタンス勢力の重要性を低く評価していた。プリーディーの「自由タイ」を、政治家の策謀グループで軍事力もなく、効果的なレジスタンスの力をもっていないと見下していた。現地のＳＯＥから伝えられる報告も日本の圧力で歪められているものとみていた。アメリカの観方とは対立していた。しかし、アメリカはこれに反対で、ＯＳＳは、プリーディーの首席代表である **Sanguan Tularak** を、セイロンのＯＳＳ本部の公式アドバイザーに任命した。一九四四年末、プリーディーは、ＯＳＳに、抗日ゲリラグループの組織化のための連合国の支援を要請した。ドノヴァンは喜び、直ちにアメリカがプリーディーと交渉する方策を開拓した。

一九四四年秋、プリーディーは自由タイの代表を脱出させてセイロンでの協議を希望していたが、当初、イギリスはこれを拒否していた。一九四五年一月、ＯＳＳの二人の少佐が水上飛行機と上陸用舟艇で上陸し、日本軍に占領されたバンコク市内に車で潜入した。五日後、二人は、プリーディーから贈られたルーズベルトとドノヴァンへの金のタバコケースを土産に携えてワシントンに戻り、プリーディーの抗日の蜂起の提案を伝えた。一九四五年一月下旬に、ようやく三人の代表がＳＥＡＣの本部に行くことができたが、マウントバッテンは会おうともせず、ドノヴァンらOSSの高官に送ったと同じ金のカフスボタンのプレゼントの受け取りさえ拒んだ。しかし、この蜂起計画は中国戦線ではなくSEACで進められることになった。そのために若いタイの学生たちをセイロンで訓練することになった。タイは、連合国が公式に戦後のタイの独立を声明するよう求めた。イギリス議会はこれに好意的だったが、イギリス政府は、それはタイの日本の放逐のための貢献度次第だとし、その一方で、自由タイの蜂起を認めようとしなかった。タイは、このようなイギリスの二枚舌を見抜いていた。

アメリカとイギリスの対立は昂じていた。重慶のハーレー大使も、イギリスがタイを支配しようともくろんでいる危険を感じていた。

ヤルタ会議準備のための国務省のペーパーは、ヨーロッパのタイや東南アジアの支配の歴史は、アジア人の記憶に鮮明であり、アメリカは、戦前の帝国主義支配の継続を支持することはできない、としていた。しかし、SEACの本部で、イギリスの外務省の代表は、あからさまに、戦後、タイの南の二つの県は、マレーシアに割譲すべきだ、と語っていた。OSSの職員はこれに怒り、直ちにワシントンに「イギリスには長期にわたる背信の過去から学ぶ能力がない」と報告した。

一九四五年三月九日、仏印で日本軍がヴィシー政府に対するクーデターを起こしたとき、プリーディーとOSSはそれがタイに波及することを恐れ、タイのレジスタンスに対する支援を考えた。しかしイギリスは、レジスタンスにその力はないので、逃亡者を助ければ足りると反対した。SOEとOSSの工作員たちはタイの現場で協力はせず、相互に活動を見下していた。最終的には、レジスタンスへの支援は、早すぎる決起はしないという前提で合意されたが、OSSは、これは、タイのレジスタンスが力を持って成果を上げるのを抑えようとするイギリスの下心だと批判した。

プリーディーやその配下のタイ人たちはOSSの支援に厚く感謝しており、OSSの工作員と彼らとの友好関係は強かった。ＯＳＳの工作員らは、古いタイ通の者も初めてタイに来た者も、戦後、タイを母国だと感じるほどタイ人に親しみを持った。プリーディーに会見したＯＳＳの工作員らは、その堂々とした風貌と愛国の心情に敬服した。タイ人は、戦後のイギリスと中国のタイへの支配の欲望を警戒し、それがないアメリカのみを信頼していた。

ＯＳＳの部隊もＳＯＥの部隊も、バンコク市内の隠れ家に潜んで蜂起に備えた。八月、日本軍は、ＯＳＳやＳＯＥの地下工作拠点の存在に気づき、タイ当局にその摘発を迫り、プリーディーには暗殺の危険が迫った。日本軍の一団がＯＳＳの拠点に迫ろうとしていた時、日本は降伏した。

それからは外交の争いとなった。ＯＳＳの当面の任務は、連合軍捕虜の救出と解放だったが、同時にイギリスがタイの主権に対する侵食を始めないようにレジスタンス勢力を支援することにもあった。

八月初旬、イギリスはアメリカ国務省に、タイとの和平条件の提案を送っていた。それはタイには秘密とされていた。当初の協定案は、イギリスが、タイ銀行、企業、為替、輸送、港湾、通信などに対する完全な監督権を持つとするもので、タイ国内でのイギリスの企業に対する規制は、イギリス政府の承認がないかぎり行えないとするものだった。数年前に、チャーチルは、既に大西洋憲章をあからさまに否定する発言をしてアメリカを驚かせていた。「我々は我々が持つべきものは持つ。私は大英帝国を清算する初めての宰相になるつもりはない」と言った*8。ＯＳＳに励まされたSeni Pramojは、戦後初の首相となったが、イギリスの帝国主義への決意への返答として「私は私の国を数世代にわたって奴隷状態に売り渡してしまう国王の最初の首相にはならない」と返答した。

国務省はその多くの条項に強い反対をした上、タイとの政治交渉はＳＥＡＣで行うべきでないと主張した。しかし、マウントバッテンは、セイロンに来たタイの代表団に、この和平案に四八時間以内に署名するよう迫った。ＯＳＳのバンコックの長だったハワード・パルマー（Howard Palmer）は、コーリンに報告し、コーリンはイギリスの二一か条の要求事項が書かれた紙を見て衝撃を受けた。それはタイを奴隷国家にするものだった。コーリンはワシントンに直ちに報告するとともに、タイに対し、アメリカの政府から回答がない限り絶対に署名しないよう求めた。代表団は、問題のない五項目だけは了承し、それ以外は、バンコックに相談することとして、イギリスの目論見は挫折した。

国務省でも、グルー次官がイギリス外務省と折衝した。イギリスとタイとの和平協定は、アメリカの監視のもとに交渉が続けられ、ようやく一九四六年一月に妥結に至り、タイの主権の侵害が回避された。

＊8　アンソニー・マクガーデン『ウィンストン・チャーチル』（角川文庫、二〇一八年）によれば、チャーチルは、人生の前半を大英帝国が権力の絶頂にあったヴィクトリア女王統治のもとで過ごしたことで、イギリスがその優位をもってほかの国を導くのが当然で、それが植民地のためであるという世界観をもっていたという。チャーチルは、自伝で、若いころインドを訪ねたとき「イギリスがインドで挙げつつある偉大な業績と我々の安寧のために統治する使命の気高さをひしひしと感じて」誇らしかったと述べた。チャーチルが開戦時に首相になった時、外相で政治上のライバルだったハリファックス伯爵エドワード・ウッドが対ドイツ・イタリアへの融和策を主張し、断固戦いを主張したチャーチルと対立した。ハリファックスは、インド総督を務めた経験があり、インドをカナダやオーストラリア並みの自治権を与えることを主張したが、チャーチルは、そうなればインドにおける大英帝国は消滅するとしてこれに強く反対していた。

✺フランスの飽くなき欲望

フランスの植民地支配の欲望もイギリスに負けず強かった。フランス政府は、ピブンの政府が日本軍の支援で一九四一年に強制的に奪っていた仏印の領土をフランスに返すよう公に求めた。タイが、ラオスやカンボジアの地域の支配については国連によって決定されるべきだと主張したとき、フランスは、ＯＳＳ

がフランス植民地に対するタイの反対を扇動していると疑った。フランスがさらに苛立ったのは、タイとＯＳＳが、仏印の独立闘争を支援していることだった。

安南人とベトナム人たちの国家主義者たちは、日本の降伏により、彼らの地域がフランスに返還されるのを防ごうとしていた。ＯＳＳとＳＯＥはこの地域で日本軍の武装解除を進めていたが、アメリカとイギリスは迫っている仏印の反植民地戦争に巻き込まれることとなった。

八月初旬、フランス将校がラオスにフランス人救出の名目でパラシュート降下したが、その目的は植民地でのフランス支配の確保にあった。かれらは直ちに「自由ラオス」と「ベトミン」の武力抵抗に直面した。彼らはタイの連合軍に助けを求め、ＳＯＥはメコン川を越えて武器を提供しようとした。

しかし、ＯＳＳのアーロン・バンクス少佐（**Aaron Banks**）のチームは、メコン川を渡り、交戦中の自由ラオス軍とフランス軍との地域に入って、フランスに、ラオス人への攻撃を直ちにやめるよう要求した。タイのＳＯＥはフランス人のベトミンとの戦いを支援していたが、ＯＳＳは、ベトミンを支援するためにラオスに進出した。バンクスは、ベトミンの指導者に、フランスの侵略は止めさせ、フランスの支配を排し、独立した民主的な国家の樹立を支援すると保障していた。

警告を無視してメコン川を越え、ベトミン支配地域に立ち入ったフランスの将校たちにはＳＯＥのピーター・ケンプ（**Peter Kemp**）が同行していたが、ベトミンの部隊から拘束された。前日、サイゴンで、フランスはベトミンに戦争を布告していた。フランス将校とケンプはボートで逃走しようとしたが、ベトミンはフランス将校を背後から銃撃して殺害した。中立のＯＳＳ工作員はそれを傍観していたので、ケンプは怒り、「お前たちは安南人の味方だが、それがこの結果だ」と死体を指さして怒鳴った。

フランス政府はワシントンに、ＯＳＳによるラオスでの国家主義者支援に対して正式に抗議をした。一週間以内に、ＯＳＳのチームは退去を余儀なくされた。しかし、フランスは、ラオスでのアメリカ人の行動が、アメリカの反植民地主義の下で孤立したものではないことを知るようになった。

✺ベトナム—OSSとホーチミンとの協力と、それが招いたフランスとの激しい対立

フランスの植民地支配復活の欲望が最も露骨に現れたのはベトナムだった。一九四〇年九月の日本軍の北部仏印進駐、一九四一年七月の南部仏印進駐以来、日本軍は仏印の支配を確保したが、政治的な便宜のため、ジャン・ドクー将軍（※前極東フランス海軍司令官）がヴィシー政権を代表して総督を務める政府には手を付けなかった。

《「ホーチミン」の登場》

しかし、日本軍の支配とフランスの長い植民地支配を排除してベトナムの独立を求めるレジスタンス勢力の戦いは活発だった。一九四一年五月、共産主義のベトナムの革命家のグループが、中国南部で、分散されていた革命家たちの組織統合を協議した。これが「ベトミン」で、リーダーはグエン・アイ・クオック（Nguyen Ai Quoc）だった。クオックは、一九四二年八月、戴笠の秘密警察に逮捕された。ベトナムが共産化することを恐れた戴は、国民党に従うベトナムの国家主義運動を推進させようとしていた。タイと同様、ここでも中国の動きは問題を複雑化していた。クオックは、国民党のある将軍と密約し、ベトミンをその将軍指導の下で組織するという交換条件で、戴には内緒で釈放された。クオックはそれを戴笠に知られないようにするため、「ホーチミン」と名乗ることになった。

ホーチミンは、その将軍から仏印での諜報活動資金として毎月一〇万元を与えられたが、ホーチミンは共産主義のベトナム国家主義者のネットワークのためにその大半をつぎ込んだ。ゆっくり、入念に、この組織は、ホーの右腕の優秀なヴォー・グエン・ザップ（Vo Nguyen Giap）が指揮する小さなゲリラグループに形成された。国民党の財政支援は一九四四年には終わったが、同年後半からベトミンは新たにOSS

の昆明の本部の財政支援を受けるようになった。ザップは、ベトナム独立後、ホーの政府の内務相となった男だった。

《ＯＳＳ内でのベトナムレジスタンス支援方針の混乱》

ＯＳＳによるベトナムのレジスタンス支援は、マイルズのＯＳＳでの孤立的な立場と、フランスのドゴール派とジロー派との対立によっても混乱した。ＳＡＣＯ協定締結後、ワシントンからの帰途でアルジェに寄ったマイルズは、一九四三年五月、アルジェのＯＳＳから、ジローが仏印での諜報網を作るために、ロバート・メニエール（Robert Meynier）をマイルズの支援者に指名したと聞かされた。メニエールの妻はベトナム皇族のプリンセス Katiou Do Hun Thinh だった。彼女は夫のフランス脱出後、ドイツの捕虜キャンプに収容されていたが、彼女のＯＳＳでの作戦の価値を考え、ＯＳＳはイギリスの支援も得て彼女を救出していた。

しかし、それまで反ドゴールだったイギリスも、ドゴール派が力をつけたため、ドゴール支持に転じようとしていた。ジロー派のメニエールを仏印での諜報作戦に登用することはイギリスの反対が予測されたので、この方針はイギリスには秘匿された。そのため、ＯＳＳは、慎重にメニエール一行の重慶への旅をアレンジした。一九四三年夏、メニエールがヴィシー政権の捕虜キャンプから解放したベトナム人のチームを連れてイギリスの船で出発する時、彼らをフィリピン人の部隊だと偽った。メニエール夫人も、アメリカ人と偽って、同様に、ＳＡＣＯの本部に送られた。

しかし、重慶では既にドゴール派の軍事ミッションが確立していたので、マイルズやＳＡＣＯと協力しているジロ―派は、苦しい立場に立たされることになった。

しかし、虚勢が性格のマイルズは＊9、ドノヴァンに、望むなら数か月で二〇～三〇万人の我々の為に働く工作員を持つことができると豪語した。メニエールの一行のベトナム人チームは、メニエール夫人の叔父で、かつてトンキン（※ベトナム北部の歴史的名称。現ハノイ）の名目上の知事だった Hoang Trong Phu を通じて働きたいと希望していた。

＊9 この部分はハリス・スミスの前掲書によるが、同書は、このようにマイルズや戴笠、国民党に批判的なトーンで一貫している。

しかしこの作戦は長続きしなかった。メニエールのチームは、一度はトンキンに拘束されている連合軍の航空兵の救出に成功し、ドクー政府とは反ドゴール派のビジネスマンを通じて連絡に成功した。しかし、フランス軍事使節団はそれ以上の作戦を妨害した。マイルズは、北アフリカのOSS本部に不服を言ったが、政治情勢はドゴール派に有利になっているのでやむを得ないとの残念な回答がきた。重慶のフランスミッションは、メニエールグループを完全な支配下に置くよう要求した。この問題は、一九四三年一二月にマイルズがOSS代表を解任されたことで決着した。一九四四年半ばまでに、メニエールも解任された。マイルズは、ドノヴァンは戦前のアジアの現状維持を求める勢力とだけ連携していると批判した。

《フランスとイギリスの露骨な植民地支配の欲望、アメリカとの対立》

一九四三年一二月、ドゴールは「フランス社会の中での仏印の新しい政治的秩序」を演説で語り、古い帝国復活を示唆していた。ドゴール派には、将来においても仏印に独立を与える考えはまったくなかった。

この考えはイギリスも共有していた。カルカッタのSOEの仏印部は、ドゴール派のフランス人の大佐が指揮していた。彼は、戦前のマレーシアでのゴムのプランテーション会社の幹部だった Francois de Langlade から政治的支持を受けていた。SOEは、ベトナムで、重慶のドゴール派のスパイ工作と協働してベトナムにレジスタンスグループを作った。ドゴール派のフランス人の土地所有者の生ゴム栽培のビジネスマンたちは、サイゴンに広い諜報網を作っていた。ノルマンディー上陸作戦後間もなく、自由フランスの使節は、フランス植民地軍でドゴール派支援を約していた将軍と会うため、インドから仏印にパラシュートで潜入した。数か月後、その将軍は、仏印でのドゴール派遣将軍を名乗った。イギリスも、これらの新しい地下組織に武器を送り込んだ。

一九四四年後半までに、ホーチミンとザップらは、トンキン地方にベトミンの強固な地下組織を作っていた。連合軍に貴重な情報を提供し、降下したシェンノート軍の航空兵の救出もしていた。しかし、フランスは、ドゴール派もヴイシー派も、ベトミンを警戒し、接触を拒んでいた。

《日本軍クーデターによるドゴール派レジスタンスの悲惨な敗退とベトミンの台頭》

パリ解放四か月後の一九四五年一月までに、仏印のフランスの日本に対する反抗姿勢はあからさまになった。日本はこれを見逃さず、一九四五年三月九日、クーデターを起こし、ドクーに対して、フランスの武力、警察、行政は全て日本軍の指揮に従うべきだと最後通牒を突き付けて数時間内の回答を求め、回答できなかったドクーを逮捕し、ドクー政府の建物や設備をすべて接収した。自由フランスの地下運動組織も踏みつぶされ、ベトミンの勢力のみが残った。

アメリカの外交政策は複雑だった。数年前、太平洋問題研究会のケベックの会合では、戦後の東南アジア旧植民地の国際的な信託統治が提言されており、ルーズベルトもこれを支持していた。カイロやテヘランでルーズベルトはこれを示唆し、スターリンと蔣介石は受け入れたが、イギリスの植民地支配に固執するチャーチルは断乎反対した。

一九四四年一〇月、ルーズベルトはハル国務長官に、仏印の問題についてのイギリスとアメリカの対立が解決されない限り、レジスタンスグループに我々は関与すべきでない、と注意していた。ヤルタで、ルーズベルトは、チャーチルに対し、信託統治問題への同意は求めず、ワシントンで記者団に、スターリンと蔣介石は同意しても、イギリスは激怒するので当面は静かにさせておく、と語った。戦後に向けて英仏との決定的な対立は避けたかったのだ。

その代わり、ルーズベルトは、フランスの植民地回復には力を貸さないと決意した。日本軍のクーデター発生後もこれを明言した。フランスはアメリカの支援を熱望したが、シェンノートは、ウェデマイヤーから、フランスへの武器支援はしないと指示された。

そのため、ベトナムから退却しようとする数千人のフランス軍とそのベトナム兵は悲惨な苦境に陥った。OSSのロバート・エッティンガー（Robert Ettinger）がこれを見かね、その要求で、シェンノート軍が、退却を妨害する日本軍を爆撃する支援のみをした。ドゴールはアメリカの非協力を非難した。中国国境にたどりつくまで数百人が死んだ。五五〇〇人の部隊で三五〇〇人がベトナム人だった。生存者は、一九四五年五月に昆明にたどり着いた。多くのOSSの中国の要員はこれに同情的だった。ワシントンのレベルと、現場の実情を知る者との認識の違いだった。

退却軍を指揮した Sabatier 将軍とウェデマイヤーとの協議により、六月初め、一〇〇人のベトナム兵士と二五人のフランス将校を、トンキン湾上陸のOSSの作戦に参加させる合意がなされた。しかし、これもフランス内部での路線対立により実現しなかった。

三月の日本軍クーデターはフランスの地下運動を根こそぎにしたが、ベトミンのグループは無傷で成長し、六月までにはトンキン地方の六つの県はベトミンの手に落ちた。連合軍はその力を認めざるを得なくなった。

《ホーチミンのベトミンを支援したOSS》

しかし、ベトミンを支援していたOSSは違った。一九四五年初め、ホーチミンは、昆明のOSSのポール・ハリウェル（Paul Halliwell）大佐としばしば連絡した。OSSのベトミンとの接近は顕著だった。OSSは、ベトミンに、五月、連絡将校を送り込んだ。ホーチミンは彼に、アメリカへの親近感を示し、独立宣言を教えてほしいと頼んだ。ハリウェルは後にホーの人物を懐かしく回想した。

ベトミンの成長は敏感なフランス人の関心を引いた。昆明のフランス第五軍の長 Jean Sainteny は、七月にパリに戻ったが、フランス人が素直に自分たちの帰還を仏印が歓迎すると思い込んでいる認識の甘さに驚いた。

ＯＳＳは、初夏、昆明で、ベトミンの本部に送り込む特殊作戦チームをアリソン・トーマス（Allison Thomas）少佐を指揮官として編成していた。通訳はヘンリー・プルニエ（※ Henry Prunier カリフォルニア大学でベトナム語を学んだ）だった。

七月一六日、トーマスが率いるチームはハノイ北方の小さな村に到着し、ホーチミンと会見した。ホーはマラリアで瀕死だった。一週間後に遅れて到着した四人の中に医者のポール・フーグランド（Paul Hoagland）がおり、ホーを治療した。回復後の会談中、ホーはチームの中にフランス人がいることをめざとく見つけ、会談での同席を拒否した。トーマスらは、その諜報の確かさに驚かされた。しかし、ホーはそのフランス人に護衛を付けて安全に国境まで送り返した。

こうしてＯＳＳとホーチミン、ベトミンとの強い信頼協力関係が作られた。ＯＳＳは武器を提供し、二〇〇人の軍隊の訓練を担当した。ホーとは毎日のように会談した。

ホーは寡黙だったが誠実で正直だった、人々のためという考えしかなかった、とトーマスらは回想する。ホーは彼が一九二〇年代に、ニューヨークとボストンでウェイターとして働いた経験を語った。アメリカの歴史に詳しく、その理想を語り、アメリカが自由の国で植民地主義に反対しているために自分たちの側についていると語った。ＯＳＳの隊員たちは、彼が真の愛国者で、共産主義者というよりも国家主義者だと理解した。ホーはアメリカ軍の公式な支援を切望した。

ホーは、フランスとの協議も望み、トーマスはホーとフランスの Sainteny との会談をアレンジしようとしたが大雨のため実現しなかった。

八月上旬、Sainteny はフランス軍のハノイ入りを待ったが、ベトミンはフランス軍に頼らず、自らの戦いで日本軍からベトナムを奪い返すことを進めた。

《日本の敗戦と混乱の始まり》

八月六日広島に、九日長崎に、原爆が投下された。仏印の共産勢力は、直ちにトンキンで協議会を招集し、日本軍に対する一斉蜂起を要求した。一六日、国家解放委員会が設立された。その日、ベトミンの最初の部隊がハノイに入った。ベトミンのチラシが全土に配布され、大規模デモが組織された。一七日、ハノイの市民劇場の前で、ベトミンの代表がバルコニーでフランス国旗をベトミンの軍旗に取り換えた。ザップの部隊は、すべての重要な公共建物を接収した。

このときホーは、トーマスの無電を用い、OSS本部に英語で、「国家解放委員会は、アメリカに対し、我々が連合国の側に立って日本と戦ったのであり、連合国は、すべての国が民主主義と独立を与えられるとの神聖な約束を実現することを要請する。もし連合国がこの約束を守らないのなら、我々はそれを実現するまで戦いを続ける」とのメッセージを送った。

三月の日本軍によるクーデターの後、ウェデマイヤーはSOEがトンキンで作戦することに強く反対していた。ポツダム会談では、仏印は二分し、トンキンとラオス北部はウェデマイヤーの中国戦線の指揮下に入るので中国軍によって解放され、カンボジアやベトナム南部はマウントバッテンのSEACの指揮下に入りイギリスが占領すると決められていたからだ。

OSSはトンキンのベトミンに注目して支援を続けていたが、南部でもベトナムの国家主義運動は活発で、サイゴンは、フランスからの独立を求める政治的宗教的ライバルグループが分立していた。ベトミンもいた。彼らはトロツキスト集団も含めて対立競争関係にあった。イギリス軍の到着に備えて、ベトミンは、国家運動の統一を図ったが、部分的にしか成功しなかった。委員会は秩序維持を図ったが、サイゴンは暴徒が市内外で無秩序な暴動も起こした。トロツキストは直ちに暴力革命を主張した。

九月二日、ホーチミンはハノイでベトナムの独立を宣言した。ホーは占領軍到着前の秩序の確立を目指した。しかし、その日暴動が起き、数人のフランス人が殺害され、二〇〇人のフランス人が逮捕され、家屋は襲撃された。

《サイゴンでの激しい対立と混乱》

ベトミンが支配の主導権を確保していたハノイなどトンキン地方の北部ベトナムと比べ、サイゴンを中心とする南部ベトナムでの戦後の対立、混乱、戦闘はすさまじく、これがインドシナ戦争につながった。

ピーター・デュウェイ大佐（※Peter Dewey　アルジェで活躍し、南フランスにパラシュート降下した。反植民地主義者でイギリス嫌いだった）、が率いる七人のＯＳＳチームは、日本降伏後にサイゴンに入るため、ＯＳＳから派遣された。しかし、イギリスのダグラス・グレーシー（Douglas Gracey）将軍がこれに強く反対したため足止めを食った。ヘプナーがマウントバッテンに激しく抗議し、デュウェイのチームは九月初めにようやく南部仏印に入ることができた。チームは、ラングーン・バンコック経由でサイゴンに入り、日本の最高司令官と会った。チームは、戦争捕虜を救出したのち、アメリカの利害を代表するためサイゴンに残った。

ベトナムの国家解放委員会は、フランス人に対し、その財産を保障し、働くことを認めるが、我々の法に従い、武器は捨てるべきだと宣言した。しかし、委員会は、暴力革命主義のトロツキストから、フランスの植民地維持容認主義者まで政治的に対立し、混乱していた。九月一二日、初のイギリス兵士が到着した。委員会は公式には歓迎したが、トロツキストはこの受け入れを非難した。翌日、イギリスのグレーシー将軍がサイゴンに到着した。グレーシー将軍は、マウントバッテンから日本軍の武装解除のみの任務を与えられていたが、アジアのナショナリズムへの理解が全くなく、「秩序の回復」に着手し、ベトミンのフランスとの平和的交渉の希望を無視した。戒厳令を敷き、地元の新聞を検閲し、夜間外出、デモを禁止した。

デュウェイ大佐は、イギリスやフランスに知られることなく、ベトミンと密かに会っていた。ベトナム語をバークレーで勉強したジョージ・ウイッカース（George Wickers）軍曹も加わった。ドイツ移民の経済学者コンラッド・ベッカー（Konrad Bekker）も派遣されていた。

九月一七日、解放委員会はグレーシー将軍の弾圧に対しボイコットを実行し、ゼネストを宣言した。グレーシーは、二三日、大規模な弾圧を実行し、後に到着するフランス軍のサイゴン入りの基礎を作った。到着したフランス軍はベトナム人から政府のビルを奪った。街頭に現れたベトナム人を逮捕し、残虐に取り扱った。OSS隊員らは見守るしかなかった。イギリス将校は、デュウェイ大佐がグレーシー将軍の弾圧を公然と批判したとき、OSSがベトミンと通謀しているのではと疑い、怒り狂った。グレーシー将軍は、OSSの隊員らをペルソナ・ノングラータとして退去を命じた。

フランス軍によるベトナム人の暴動鎮圧に反発し、九月二五日、今度はベトナム人による暴動が発生し、フランス人の民間人女性や子供を含めて襲撃して残虐な暴行陵虐を加えた。

OSSの隊員らも、ベトナム人からフランス軍やイギリス軍兵士と間違われて襲撃されたこともあった。デュウェイ大佐が、セイロンへの出発直前に、OSSの本部に立ち寄ろうとしたとき、ジープをベトナム兵集団に襲われ、大佐は銃撃されて死亡した。フランス人と間違えられたためだった。フランスとベトミンは数日間休戦したが、又戦いが始まった。九月下旬、グレーシー将軍は、サイゴンの日本軍司令官を逮捕し、もしその日本軍部隊がベトナム人と戦わないならば戦犯として起訴すると恫喝した。ベトナム人の反抗を鎮圧するため日本軍すら利用しようとしたのだ。

イギリスとフランスは、ベトナム人との間で残虐な殺戮戦争に陥った。イギリスは意図的にベトナム人の居住地域を焼き払い、ベトナム人のイギリス敵視を煽った。イギリス軍は、本来の日本軍武装解除を停止して日本軍をベトナム人との戦闘の補助に用いることにした。真っ暗な夜道で相互の襲撃は続き、ベトナム人のテロリストはフランス人の女子供を誘拐して殺して死体を切断し、フランス軍はベトナムの反乱軍兵士を逮捕して拷問したり銃殺した。この戦いは一九四五年末まで続いた。インドシナ戦争の始まりだった。

ＯＳＳから派遣されていたニコラス・ディーク大尉（※Nicholas Deak エコノミスト）は、ベトナム人は反フランスだが、アメリカはその味方と見る者と、将来のリーダーと見る者に分かれ、それはワシントンの明確な方針の欠如のためだと見ていた。ディークの部下のジョージ・シェルドン（George Sheldon）は、フランスはヒトラーからすべてを学んだというのが結論だ、と回想した。

《ベトミンが支配するトンキン》

北部ベトナムであるトンキンは全く様相が違い、フランスは行政権を失っており、ベトナム人の領域となっていた。ハノイはベトナム民主共和国の首都になった。日本降伏の時、昆明の Jean Saintney のフランスの使節団は、パリからの命令がないまま、ハノイに行って公式のフランスの立場を復活させるため、ＯＳＳに彼らをハノイに飛行機で送るよう頼んだ。ＯＳＳは同意した。ヘプナーが指揮する昆明のＯＳＳは、当時満州、朝鮮、中国での連合軍捕虜救出活動をしていたが、自らのミッションもハノイに送ろうと計画した。ウェデマイヤーは、当初はアメリカのチームは政治的混乱に巻き込まれると恐れて躊躇したが、連合軍捕虜救出活動の目的でのベトナムへのミッションの派遣に同意した。アルキメデス・パティ少佐（Archimedes Patti）が率いることになった。しかし、飛行機が調達できないなどの理由で出発は遅れ、ようやく八月二二日、五人のフランス人と七人のＯＳＳのミッションが乗る飛行機が昆明からトンキンに向かった。彼らは日本軍により迎えられた。しかし、町は赤旗で満ちており、Saintney はベトミンがハノイを支配していることを知った。フランス人は危険を恐れてホテルに籠っていたが、日本軍兵士から、ベトミンたちがホテルを襲撃する恐れがあるので退去を勧められた。ミッションのフランス人一行は行動の自由を奪われた。しかしＯＳＳの一行には制約がなかった。自分たちだけがホテルに拘束されていたSaintneyの一行はアメリカへの反感を募らせた。

ホーチミンとそのゲリラ部隊はＯＳＳのトーマスらと共にハノイへの勝利の進軍をした。ＯＳＳチームはホーの軍と一体だった。トーマスらが中国に戻るとき、ホーは暖かい送別をし、「我々は本当に感謝している。いつでも戻ってきてください」と伝えた。

しかし、ベトミンも、フランスとの接触を完全に断ったのではなく、平和的な協議の可能性も求めていた。パティ少佐は　ゲリラリーダーのザップを連れて Saintney を訪問した。ザップは、フランスからの相談や指導は受ける意思があると表明した。

Saintney は、ＯＳＳがベトミンの反フランス活動を支援していると確信した。これはフランスにおけるレジスタンスでＯＳＳと協働してきた経緯からは、痛切なことだった。

パティ少佐は、Saintney の植民地主義への執着を批判した。Saintney は、パティが昆明に戻った後、カルカッタに、「連合国がフランスを仏印から出ていかせるよう策謀している。その態度はベトミンより危険である」と報告した。

九月一日、ベトミン軍が日本軍に代わって宮殿を管理するようになり、Saintney らはベトミンの捕虜となってしまった。翌日彼らは、窓からベトナム独立を祝う行進を眺め、その日、ホーはベトナムの独立を宣言した。ホーは演説で、「すべての地上の人々は生まれながらにして平等であり、生命と自由を享受する権利がある」と、アメリカ独立宣言を引用した。

ザップは、演説でアメリカとの親密な協力を協調した。ベトナム軍の行進ではアメリカ国家も演奏された。

怒った Saintney は、「アメリカは、子供じみた反植民地主義のため目がくらんでいる。なぜ勇敢なＯＳＳの人々が、ベトミンが政権を握ることによってもたらされる問題を理解できていないのか、疑問だ」と報告した。彼はその後の報告で、ドノヴァンが、戦後ベトナムでの鉄道や道路、空港建設を支援する代わりに仏印での経済特権をホーに要求し、ホーがこれを拒絶した」との情報を伝えた。しかし、Saintney はホーの巧妙な革命政策を低く評価していた。ホーは、真実はアメリカの膨大な経済支援を歓迎し、技術と投資を求めていた。

しかしベトナムの再三の要望に対し、ＯＳＳチームは、ベトナム・アメリカ輸出入会社の設立に合意したが、これはペーパー会社にとどまった。それまで全面的にベトミンを支援していたＯＳＳは次第に自由性を失い、ベトナム人のＯＳＳを見る目も変わってきた。

九月九日、ハノイ解放の指令を受けた中国軍がアメリカの装備をしてハノイに入り、Saintney らを放逐するとともに、無秩序な支配略奪を行った。これには、ウェデマイヤーのスタッフのフィリップ・ギャラハー将軍（Phillip Gallagher）の指令によりアメリカの軍事使節団も加わっていたが、ＯＳＳはその指揮下におかれた。ＯＳＳは、ホーに関する詳細な情報を要求された。ロバート・エッティンガーがその任に当たり、密かにホーに関する記録を入手し、ホーにインタビューした。しかし、ホーにうまくかわされ、エッティンガーは、「偉大なカリスマ指導者であり、共産主義者と言うより以上に愛国主義者だ」と報告した。

ヘプナーとハリウェルは九月二七日の日本の正式降伏までにハノイに短期の出張をし、パティ少佐を更迭してカールトン・スイフト少佐（Carleton Swift）を任命した。彼も他のＯＳＳ要員以上にフランス植民地主義に反対だった。一〇月初旬、ベトナム・アメリカ友好協会（ＶＡＦＡ）が設立され、ＯＳＳは協会の発展に努力した。協会は、一〇月一七日に創立式典があり、ギャラハー将軍は、ベトナム国家を英訳で歌わされてラジオで放送され、ベトナムの若者をアメリカの大学で歓迎すると演説した。フランスはこれらの動きに嫉妬した。

しかし、アメリカ軍は、ベトミンに余りに肩入れするOSSの活動に次第に疑いをもつようになり、一〇月下旬、OSSはハノイからすべてのミッションを撤退するよう命じられた。

エッティンガーは最後のレポートで、アメリカはホーとその独立運動を支援すべきだと主張したが、それは既に遅かった。一〇月二五日までに、国務省はOSSに、アメリカは仏印でのフランスの主権を尊重すると伝えた。ワシントンは英仏支援に方針を転換し、OSSは梯子を外されたのだった。

ハノイからの情報が入らなくなり、ウェデマイヤーは、北部仏印の情勢を探るため、一九四五年末、デュウェイのチームだったジョージ・ウィックス軍曹（George Wicks）とフランク・ホワイト少佐（Frank White）をハノイに送り込んだ。しかし状況は大きく変わっていた。放逐されたはずのSaintneyはまだハノイにいた。町は汚れ、デモ隊が横行していた。フランスは、ハイフォンに軍隊を送り込んで威圧し、緊張を高めていた。ホーに対し「フランス連合の下での独立」を要求して交渉していた。中国軍は「いなご」のようにハノイ周辺にいて、経済を混乱させていた。

ホワイトはホーと長く懇談した。ホーは、Saintneyは伝統的な植民地主義の終止に同意したが、フランスの政府がその方針をとるか否かは分からないこと、ソ連は戦後の建設のためにベトナムを助ける余裕はないこと、アメリカがベトナムを助ける最も適した立場にあることなどを語った。

✺混迷を象徴する最悪の「招宴」

その夜の招宴は最悪だった。ホワイト少佐は、招待者の中で最も肩書が低いにも関わらず、肩書の重いフランスや中国の代表を差し置いてホーの隣の席に座らされ、気まずい思いをした。宴会ではフランス人は自分たちだけで会話し、中国人は早々と酔っぱらい、冷え切った最悪の宴会だった。ホワイトは、ホーに「テーブルのセッティングに皆さんは怒っておられるのではないですか。私が貴方の隣の席でいいのでしょうか」と尋ねた。ホーは「分かりますよ。でも、貴方以外で、私と話のできる人に誰がいますか」と答えた。これが、戦後国際社会に向けてのベトナムをめぐる混迷を象徴していた。

第4章

中国を混迷させたＯＳＳ

ＯＳＳは、中国にも積極的に進出し、様々な作戦活動を行った。それは、抗日戦における諜報や破壊の工作などで相当な成果を上げた。しかしその一方で、ヨーロッパなど他の地域以上に様々な混迷をもたらした。その最大の原因は、中国は一九三七年の日中戦争開始以来、蔣介石の国民党と毛沢東率いる延安の共産党との間で、表面的には抗日戦のために合作しながら、戦後の中国の支配権を確保するために対立し、事実上の内戦状態にあったことだった。

アメリカの対中国の基本方針は、重慶の国民党政府を支持・支援するものだった。しかし、国務省から派遣されたジョン・デービスらの一派は、延安の共産党を礼賛する一方、蔣介石の国民党を誹謗中傷し続け、将来の中国を共産党の支配下におさめさせようと画策した。ＯＳＳもそれと歩調を合わせ、共産党への支援や連携に熱心だった。また、蔣介石や戴笠は、香港を始めとしてアジアの植民地権益の維持を目論むイギリスを激しく憎んでいたが、ＯＳＳとイギリスとの関係は深かった。イギリスは、中国が強い統一国家になることを望んでおらず、国民党と共産党の争いや対立をむしろ歓迎していた。

ＯＳＳの多様な要員には、共産主義者やその支持者、イギリスとのつながりが強い者が多かった。ＯＳ

Sは共産党に肩入れしたが、その野望を見抜けず、最後には裏切られ、梯子を外された。OSSに対する評価は、戦争中から戦後に至るまで激しい議論がある。戦後のマッカーシズムの中で、「誰が中国を失わせたのか」という議論で、OSSはやり玉に挙げられた。OSSが蔣介石の国民党よりも延安の共産党の支援に傾いたことは、共産主義国家中国を招くことを助長した。

✺中国への進出を企てたドノヴァン

《マグルーダーミッションとその失敗、ドノヴァンの中国進出への挑戦》

OSSが、軍や政府の他の諜報組織との間で最初に摩擦が生じたのは中国戦線だった。以前から中国にいたロークリン・カリー（Lauchlin Currie）＊1が、一九四一年三月に帰国して中国への使節団の派遣を求めた。陸軍は直ちにジョン・マグルーダー准将をヘッドとする中国への陸軍使節団の派遣を決定した。このマグルーダーミッションは、中国政府にすべての軍事的事項についてアドバイスを行うことが任務だった。ミッションは、同年一〇月上旬に重慶に到着した。

＊1 ロークリン・カリーは、大戦中、ルーズベルトの信頼厚い補佐官として活動した。中国問題も担当していた。しかし、ソ連のスパイないし協力者であったことが、戦後、ヴェノナ文書の公開などによって明らかにされ、コロンビアに逃亡した。

一九四一年七月にCOIが設立された当時から中国を始めとする極東への進出の機会を求めていたドノヴァンは、マグルーダーミッションにOSSからの参加を要請したが拒否された。陸軍は、COI設立の当時から、COIが軍の諜報工作の分野に侵入することを強く警戒していたからだった。また、海軍のウイリアム・リー少将は、ミルトン・マイルズをオブザーバーとして参加させることを求めたが陸軍はこれも拒否した。

しかし、マグルーダーミッションは、一九四二年二月に重慶に派遣されたスティルウェルや、宋一家との関係がうまくいかず、失敗に終わった。排斥されたマグルーダーは帰国し、陸軍から降格を命じられた。怒った彼は、ドノヴァンに相談し、ドノヴァンは彼をＯＳＳの副長官に招聘した。マグルーダーは戦争中、ずっとドノヴァンの強力な次官としてＯＳＳの諜報活動と反スパイ工作に力を注いだ。

ＣＯＩでは、収集した情報を研究し、分析するための重要な部門として調査分析局（Research and analysis Branch　略称Ｒ＆Ａ）が設置されていた。前述したように、ドノヴァンは、その長に、ハーバード大学のウィリアムズカレッジ学長だったジェームズ・バクスターを指名していた。バクスターは直ちにハーバードで重鎮の歴史学者だったウィリアム・ランガー（William Langer）と、ハーバードの気鋭の歴史学者だったジョン・フェアバンク（John King Fairbank）を招聘した。間もなくランガーは、バクスターの後任のＲ＆Ａの長に就任した。ランガーは、Ｒ＆Ａに、大英帝国、西ヨーロッパ、中央ヨーロッパ、ロシア、バルカン、東地中海、アフリカ、極東、ラテンアメリカの各地域部門を設けた。極東部の長には、ミシガン大学の政治科学部長だったジョセフ・ラルストン・ハイデン（Joseph Ralston Hayden）が登用された。

マグルーダーミッションへの参加を陸軍から拒絶されたドノヴァンは、中国でＣＯＩの諜報組織を確立するために、情報の評価と分析を行う重要な頭脳的部門（Brain Bureau）を構築することを考えた。ドノヴァンは、一九四一年秋に、ハイデン、Ｍ・プレストン・グッドフェロー大佐、デビッド・ブルース（David Bruce）、エッソン・Ｍ・ゲール（Esson M.Gale）らと会議を開き、上海に諜報機関を設置するための協議を開始した。日米戦開始とともに、ドノヴァンはＣＯＩの中に、極東委員会を設置した。その責任者は、チャールズ・レーマー（Charles Remer）だった。レーマーはミシガン大学の経済学の教授であり、一九一三年から二五年まで上海の大学で教鞭をとった経験があった。しかし委員会は、レーマーの自由放任スタイルのため、十分に機能しなかった。国務省の中国政策アドバイザーのスタンレー・ホーンベックは、COIに嫉妬してドノヴァンの領域を詮索していた＊2。

＊2 ハイデンは、ミシガン大学の政治科学部長で、かつてクリスチャンサイエンスモニターの極東特派員の経験や、第一次大戦で砲兵隊指揮官として活躍して表彰された軍歴もあり、OSSの中国での作戦活動の中心人物の一人となった。グッドフェローは陸軍からリエゾンオフィサーとしてCOIに派遣されたが、後にOSSの副長官となった。ブルースは富豪の出身で、イギリスのOSSの本部長として、ヨーロッパ戦線で大きな活躍をし、後に、イギリス、フランス、ドイツの大使を務めた。ゲールは、カリフォルニア大学の中国通で、後述のゲールミッションを率いたが失敗した。

ハイデンは、ドノヴァンの要請で、中国で諜報活動教育のための学校を創設する任務を帯びて、フェアバンクと共に、一九四二年一月に重慶に派遣された。ハイデンの後任の極東部長はチャールズ・レーマーとなった。

グッドフェロー大佐は、陸軍で配下だったロバート・ソルボーグ（Robert A.Solborg）とワレン・クリアー（Warren Clear）をCOIに引き入れていた。ドノヴァンは、ソルボーグを直ちにイギリスに派遣して学ばせ、一九四一年七月、クリアーを極東に特使ミッションとして派遣した。これがドノヴァンによる極東の諜報活動の開始となった。

クリアーは、すぐには中国に入らず、時間をかけて、東南アジア、フィリピンなどを広範囲に視察した。日米開戦後、フィリピンで、マッカーサーが日本軍に撃退される状況を目の当たりにしたクリアーは、マッカーサーを批判してワシントンに報告したためマッカーサーを激怒させた。これは、後にマッカーサーが、その指揮する太平洋戦線へのOSSの参加を拒絶する原因ともなった。

ドノヴァンは、後に、一九四二年一二月、ハイデンをマッカーサーの司令部に派遣し、マッカーサーの指揮下でのＯＳＳの協働を申し入れた。尊大なマッカーサーは、フィリピンでのゲリラ活動には反対したが、最初は好意的で蘭印でのＯＳＳの諜報活動の可能性を示唆した。しかし、副官たちと協議をしたが、彼らは非協力的で、自分たちの諜報網を既に設けているのでＯＳＳの参加は無用だとした。一九四三年二月下旬には、マッカーサーは考えを変え、太平洋戦線でのＯＳＳの参加を受け入れず、これ以上協議の余地はないと通告してきた。そのためにＯＳＳは、アジアでの活動拠点の中心を中国に求めざるを得なくなった。ＯＳＳがマイルズと戴との協力関係に入り込んでこれを利用し、ＳＡＣＯを事実上乗っ取る方針に切り替えたのは、マグルーダーミッションには参加できなかった上、マッカーサーもＯＳＳの参加を強く拒否したからだった

《ゲールミッションの挫折、イギリス志向の強さと朝鮮人利用政策の失敗》

マグルーダーミッションに参加できずに挫折したＣＯＩの計画は、早期に再興された。ＳＯとＳＩによる最初の中国へのミッションが、極東委員会の指示によりスタートし、ゲールがこのヘッドとなった。一九四二年一月にイギリスから帰国したソルボーグも参加した。一九四二年二月、ゲールらは、南米アフリカ経由で中国へ向かい、三月八日に重慶に到着した。これがドノヴァンのＯＳＳの中国での長い物語の始まりだった。しかし、それはＣＯＩ、ＯＳＳの組織と活動の根本的な問題をさらけだすことになった。

ゲールミッションの表向きの任務は日本軍の宣伝に対する反宣伝工作を行うことだった。しかし、その真の目的は、重慶に逃げていた朝鮮人を使って、諜報やサボタージュ工作活動を行うことだった。この方式は、イギリスをまねたものだったが、中国の実情にはそぐわず、中国人には受け入れがたいもので極めて問題があった。ゲールは、叔父が朝鮮への宣教師であったことなどから、朝鮮との個人的関係が深く、何度も朝鮮を訪ねていた。妻はアメリカ人の両親の下で、朝鮮で生まれた。ゲールは異常な執着心で朝鮮人を用いる方策を進めようとした。ソルボーグがイギリスで学んできたサボタージュの手法もイギリスの

やり方そのものだった。

このような方式は、イギリスを嫌悪する戴笠の反対にも火をつけた。ソルボーグはアメリカに亡命していた大韓民国臨時政府の李承晩（Syngman Rhee）を利用しようと考えた。しかし、これは中国と朝鮮の複雑な歴史関係を軽視したものだった。李承晩は、一九一九年に上海に臨時政府を立てていたが、内部紛争による混乱でハワイに逃亡していた。蔣介石と戴は、別の朝鮮人たちに朝鮮維新軍を作らせて支援していたが、ドノヴァンの計画は、李承晩と対立する朝鮮人たちの全体を相手にしようとしたもので、蔣介石らの方針とは相容れなかった。

また、ＣＯＩの極東部のメンバーたちは、中国通の学者でも、古い中国観しか持っておらず、しかもそれぞれが滞在した地域に限定された認識しかなく、中国全体の広大な国土や各地方の特性などを理解している者はいなかった。彼らはいわゆるオールド・チャイナ・ハンズ（Old China Hands）だった＊3。

＊3　オールド・チャイナ・ハンズとは、昔ながらの中国通ないし中国派という意味である。昔中国に住むなどし、中国語に堪能であったり、中国で事業などを行ってその地域の有力者とのコネが強いことなどから、中国を良く知っているとの自負心が強い反面、多くの者は中国や中国人を非近代的で遅れた程度の低いものと見下す傾向にあった。またその活動地域が限られているため、中国全体に対する深い識見を欠き、その中国観は自分が居住ないし活動した地域での経験に制約されがちだった。ミルトン・マイルズは、アメリカ人が中国で真に中国人と連携して効果的な活動を行うためには、オールド・チャイナ・ハンズではなく、むしろ中国に何の先入観もなく、中国人を見下さずに信頼関係を築けるような人物が必要だと考えていた。ＯＳＳには、オールド・チャイナ・ハンズが多く、中国にそれが多数派遣されたため、マイルズや戴笠との摩擦や対立が絶えなかった。日本でも、陸軍には、中国や中国人を見下す「支那通」の軍人が多かったことが日中戦争を拡大させる大きな原因となったが、オールド・チャイナ・ハンズとの類似点があることが興味深い。

ドノヴァンは、もともと親イギリスであり、ＣＯＩやＯＳＳの設立もイギリスのＳＯＥなどの諜報機関に倣うところが大きかった。そのため、イギリスを憎む蔣介石や戴笠との対立の火種は多かった。ＯＳＳとイギリスの強い関係が、大戦中を通じて中国での諜報活動を混迷させる原因ともなった。ドノヴァンの意を受けていたゲールは、蔣介石のイギリスに対する憎しみの深さを理解することなく、中国着任以来、あからさまにイギリス関係者に接触した。ゲールは、重慶に着くと、アメリカ大使館を通さずに、まずイギリス大使館を訪ね、朝鮮人工作を開始しようとした。ゲールは戴笠には接触しなかった。

イギリスの諜報機関ＳＯＥのジョン・ケズウィック（John Keswick）は、重慶のイギリス大使館員であり、戴笠とは対立していた。ケズウィックもオールド・チャイナ・ハンズだった。ゲールは、一九四二年二月にワシントンを発つ前から、ＯＳＳの本部で、重慶ではまずケズウィックに会うようにと言われていた。ゲールはケズウィックらとの緊密な関係を築いたことを自慢してワシントンの本部に報告した。しかしそれは中国でのイギリスへの憎しみの高まりの危険を認識しない危ういことだった。

しかし、イギリスは、表面上の友好関係とは裏腹に、アメリカが中国で独自の諜報機関を設けることを妨害しようとしていた。重慶のアメリカ大使館海軍武官ジェームズ・マクヒュー（James McHugh）は、親イギリスであり、中国でイギリスから独立したアメリカの諜報機関を設置することに強く反対する意見をワシントンに送っていた。

イギリスのＳＯＥは中国でのゲリラ工作強化を試み、ケズウィックがこれを指揮していた。蔣介石は、そのような工作活動には中国の将軍の一人が完全にその指揮権を持つことを要求した。しかし、ケズウィックがこれを拒否したため、蔣介石はケズウィックの隊の帰国を要求した。そのころ、イギリスの部隊が蔣介石の部隊とゲリラ工作で協働するために訪中しようとしたが、中国はこれを拒んだ。怒ったケズウィックは、ドノヴァンに、中国は外国部隊との協力は期待せず、物資のみを求めていると注進した。また、中国政府は日本との東洋的な調整された安定を外国によって妨害されたくないと考えているとも告げた。ゲールは自己顕示欲が強く、そのあからさまな行動は諜報工作に携わるにはふさわしくなかった。ゲールの着任は、アメリカの諜報組織の代表として派遣されたと大きく報道され、ワシントンの本部はその無神経さを怒った。ゲールが、アメリカ大使館を通さず、先にイギリス大使館と接触をしたこと、李承晩側に立った朝鮮人工作など、重慶の地雷原のような状況に鈍感な行動により、ゲールはガウス大使とも激しく衝突した。

こうしてゲールは孤立無援となった。カウンターパートだったイギリスのSOEも蔣介石から拒否されたため、ゲールの協力相手はいなくなり、ゲールミッションは失敗に終わった。

《スティルウェルの登場と、ドノヴァンの悩み》

ゲールミッションに失敗したドノヴァンは、戴笠を相手とするか、スティルウェルを相手とするか、選択を迫られることになった。スティルウェルは、一九四二年三月に蔣介石の総参謀長として重慶に着任していた。しかし中国通で頑固なスティルウェルの登場は、OSSに、戦争中を通じて問題を抱えさせることになった。OSSの活動は、誰が指揮するのか。ドノヴァンか、陸軍のマーシャルとスティルウェルか、が問題だった。マーシャルやスティルウェルは、現地でのアメリカ人の活動は、すべて陸軍の統一的指揮によるべきだと考えていた。そのため、OSSが中国で独立して活動することを目論んでいたドノヴァンは悩んだ。諜報工作活動の目的も、世界的な戦略の見地にたつOSSと現地の作戦面に限られがちな陸軍とは、違いや摩擦があった。OSSの設立に際してのルーズベルトの命令では、当初「戦略的情報の調整」とされていたのが、「戦略的」をマーシャルの強硬な反対で削除された経緯もあった。

ドノヴァンはワシントンで李承晩と会い、中国で朝鮮人による工作部隊を動かすことを決めた。ドノヴァンはマーシャルに頼んでその訓練指導者にモリス・デュパス（Morris B. Depass）大佐を選んだ。彼は一九四二年一月から計画を開始した。その計画「オリビアプラン」(Olivia Plan)は、すこぶるイギリス的な内容だった。しかし、スティルウェルは、デュパスの任命に反対し、カール・アイフラー大佐(Captain Carl Eifler)を任命するなら計画に了解するとのことで、いったんはアイフラーが選ばれることになった。

ＯＳＳは、当初の段階では、アイフラーがスティルウェルと親しいので、ＯＳＳの中国での活動拠点を作るのに役立つと期待していた。そこから、朝鮮、タイ、フィリピン、仏印、そして日本への活動を拡大できると考えていた。アイフラー自身も、一〇一部隊が中国に入れると期待していた。しかし、アイフラーはＣＯＩに入ってはいたが、ハワイ勤務で出会って以来の縁で、スティルウェルには忠実だった。そのため、ドノヴァンは、アイフラーを中国に置けば、ＯＳＳの活動がスティルウェルの指揮や支配を受けすぎるだろうと警戒した。ドノヴァンは、アイフラーに対抗するため、ジョン・コーリン(John Coughlin)、ウィリアム・ピアース(William Peers)ら数名の腹心を中国に送り込んだ。これらがＯＳＳ内でのスティルウェル派とドノヴァン派の対立の種をまいた。ドノヴァンは、コーリンとピアースを、アイフラーと交代させることに成功した。

スティルウェル

ＣＯＩから改組されたＯＳＳは一九四二年七月にインドに初めて入り、アイフラーが指揮する一〇一部隊を設置していた。しかし、中国に入ろうとしていた一〇一部隊はインド到着後、数週間足止めを受けた。それはスティルウェルと険悪な関係にある蒋介石の中国政府が、スティルウェルの指揮下に入る諜報機関を欲していないことにも原因があった。スティルウェルは、蒋介石との間の指揮権の争い、中国戦線をアメリカが重視していないこと、蒋介石と緊密なシェンノートのフライングタイガースとの軋轢などに心を奪われていた。

また、スティルウェルは、もともと昔気質の軍人であり、正規戦でない諜報戦、ゲリラ戦を嫌っていた。中国でそのような諜報機関を作ることは、スティルウェルと対立している蔣介石や戴笠との間に様々な問題をもたらすことも予測された。そのため、スティルウェルは、自分の弟子であり極めて強力なアイフラーを、混乱した中国で活動させるより、アイフラーが最も重視していたビルマ戦線で活用する方がよいと考えたのだ。これは、スティルウェルに忠実すぎるアイフラーを中国には入れたくないとのドノヴァンの考えとも合致していた。こうして、インドで足止めを受けていたアイフラーの一〇一部隊は、結局中国には入らずビルマ戦線に投入され、OSSのゲリラ作戦で最も優れた成果を上げることとなった。

ガウス大使とスティルウェルとの関係は悪かった。OSSはその両者との間でも苦労した。ドノヴァンが最初に送り込んだゲールは、ガウス大使から排斥された。ドノヴァンは一九四二年六月、ゲールに代えて、人扱いのうまいジョン・フェアバンクを重慶に送り込んだ。

ドノヴァンは、中国において、ドノヴァンの直接指揮下で独立したアメリカの諜報機関の設立を企画する「ドラゴンプラン」を、ハイデンに進めさせた。このプランは、ビジネス界の大物のC・V・スター(C.V.Starr)の組織とスタッフを活用しようとするもので、イギリスの強い影響を受けるものだった。また、陸軍と対抗関係にある海軍の沿岸の諜報活動をも含むものだった。スターは、上海で成功した保険会社を経営していたオールド・チャイナ・ハンズの大物であり、しかも親イギリスだった。スターは、独立したOSSの諜報網を作ろうと様々な画策をした。

しかし、これは反ドノヴァン派のG2のストロング長官をはじめとする陸軍幹部から強い反発を受けた。ドノヴァンは、重慶に派遣したハイデンに、スティルウェルを説得して切り崩し、ドラゴンプランを推進させる役割を与えた。

スティルウェルはガウス大使を見下しており、それはスティルウェルと対立していたシェンノートと大使館が強い協力関係にあったことも原因だった。大使館付海軍武官のマクヒュ―は、ノックス長官とハリー・ホプキンズに、スティルウェルを更迭し、シェンノートに中国戦線の指揮権を与えるべきだと進言した。これが後にスティルウェルとマクヒューとの激しい確執の原因となった。

ビルマ戦線については、これを重視するスティルウェルや蒋介石と、これを軽視するイギリスとの間の対立があった。これが中国戦線にも影響していた。ハイデンは、スティルウェルからもガウス大使からもドラゴンプランについて色よい返事は得られなかった。シェンノートだけはこれを歓迎した。それは航空作戦のための地上情報が重要だったからだ。ハイデンは、シェンノートとの協力こそが重要だと報告した。しかし、ドノヴァンは陸軍と対立しているシェンノートと連携することには消極だった。ドラゴンプランは、一九四二年夏すぎには、実現の見通しがたたなくなった。

このように、スティルウェルを頼りつつも、その完全な指揮下には入らずに独自の活動を模索するドノヴァンの構想は難航していた。しかし、ＯＳＳが活動を開始する前に、海軍が、戴笠の軍統との間で諜報活動の計画の交渉に入ろうとした。これが、第１章２で述べた海軍のミルトン・マイルズの中国での活動の始まりだった。ドノヴァンは、スティルウェルに頼る路線をあきらめ、海軍の路線を利用することに活路を見出そうとしたのだ。

✺戴笠に対する評価の対立、戴笠の台頭、ミルトン・マイルズの登場

当時の国民党と蒋介石に対するアメリカでの評価、更にその右腕と言われた戴笠に対する評価は鋭く対立していた。アメリカの軍や国務省など政府関係者の間では、国民党や蒋介石を批判する意見が極めて強く、特に戴笠に対しては、「残酷なテロリスト」「中国のゲシュタポ」などとレッテルを貼っていた。中国

共産党は、戴を「人民の最大の敵」としており、ＯＳＳでドノヴァンに提出された最初のレポートでは、「極めて強力であるが、残忍な殺人者集団」だとされていた。しかし、合衆国艦隊司令長官・海軍作戦部長だったアーネスト・キング提督や、ミルトン・マイルズらは、戴笠を評価していた。

国民党には五つの諜報組織があり、競争していた。当初、日本軍の華北から華南への進出圧力が強まったころ、日本軍の暗号解読作戦では、Wen Yuqing の組織が最強だった。しかし、次第に戴笠の組織が上昇した。戴が率いる軍統系の特務機関「藍衣社」は、陳果夫と陳立夫が率いる特務機関ＣＣ団と対立し、競い合いながら組織を広げようとしていた。激しい対立の中で次第にＣＣ団の力が弱まり、戴が台頭した。一九三四年に蔣介石は戴を軍統（Jun Tong）と呼ばれる調査統計局（Bureau of Investigation and Statistics BIS）の長に任命した。

戴笠の側近であったアメリカの中国大使館武官補佐 Hsiao 少佐は、ＢＩＳの暗号解読作戦強化のために、第一次大戦中の暗号解読家として権威だったニューヨークのハーバード・ヤードレイ（Herbert Yardley）に接触した。一九三八年、一万ドルの報酬で、彼を重慶に派遣し、エリート学生に日本軍の暗号解読を指導させた。無線傍受基地を五〇か所設け、二〇〇人の学生が暗号解読を学習した。これが日本軍の空爆の防御のために非常に役立った。この成功により、一九四〇年四月、戴は、暗号解読組織の統合を蔣介石から許された。トップは WenYuqing が指名されたが、主な幹部はヤードレイの下で学んだ戴の側近で固めた。怒った Wen は一九四〇年六月、香港に去り、戻らなかった。

日中戦争が始まった時、ソ連は蔣介石に支援を申し出て、一九三七年から三九年まで、スターリンは数千人の軍事顧問を送り込んだ。しかし、独ソ不可侵条約の締結以降、ソ連は軍事的援助を撤収した。ソ連は共産党とつながりを強め、延安で諜報活動の訓練学校の設立を支援した。戴笠を残忍なテロリストだとレッテルを貼ったのは、主にジョン・デービスら国務省から重慶に派遣された共産主義者たちだった。しかし、当時、国民党の戴らの特務機関のみでなく、延安の共産党もテロ工作を始めとする様々な諜報・破壊活動を行っていた。それは周恩来と康生らが指導する強力な諜報組織、特務機関だった。当時、国民党系の特務機関の暗号組織には脆弱性があった。しかし、周恩来の共産党の特務機関は強力で、国民党やその関係者に深く浸透していた。

蔣介石の電文はすべて解読されて周恩来に送られていた。共産党の特務機関が行った様々なテロ工作は、戴らと同等、あるいはそれ以上に激しいものだった*4。周恩来の次席の Gu Shunzhang は上海でテロ活動を行っていたが、一九三一年、国民党に摘発されて寝返ったとき、周恩来の特務機関はその報復で Gu の家族一〇人を殺害した。しかし、ジョン・デービスらは、それらを棚に上げて、戴笠だけをテロリストだと誹謗中傷しており、明らかに偏っていた。一九四二年一月までに、四川、雲南、貴州に、五〇〇〇人もの共産党のスパイが国民党の情報を収集しており、戴の組織もそのターゲットだった。

大物の Yan Baohang は蔣介石の軍事命令ポストのアドバイザーとして中将の階級だった。しかし Yan は周恩来と康生のスパイであり、戴に関する多くの情報を延安とモスクワに送り続けた。一九四二年二月、戴は組織に潜入していた七人の共産党スパイが摘発されたことに衝撃を受けた。戴は、自己の諜報組織の全面的見直しの必要に迫られ、それがＳＡＣＯ設立のきっかけの一つともなった。

戴の軍統は、他の諜報組織や特務機関と激しく対立していた。蔣介石の了解により、戴に統合の権限が認められて設立されていた Office of Technological Research は、戴らの恫喝や脅しにより、反対派が追い出され戴派で固められた。反戴派が蔣介石に陳情し、これを入れた蔣介石は、戴の軍統に属する者をここから脱退させる命令を出し、これは戴に衝撃を与えた。戴は、蔣介石が最も信頼していた右腕ではあったが、上に立つ蔣介石は多数の諜報組織の対立の調整のために、戴に対しても厳しい対応を取らざるを得ないことがしばしばあった。戴は、新たな進展のために再びアメリカに目を向け、宋子文の影響下にないルートを開拓しようとした。

＊4　康生や周恩来が率いる特務機関が、裏切り者に対する暗殺は不可欠の手段だとして様々なテロ活動を行っていたことは、ロジェ・ファリーゴほか『中国の諜報機関』（光文社、一九九〇年）に詳しい。

戴笠は、この問題や、イギリスのＳＯＥのケズウィックらを排斥したことにより、イギリスからも強烈な反戴宣伝のターゲットとなった。イギリスと近かった宋一家とも対立していた。宋慶齢は、共産党を含む世界中のスパイの傘になっていた。宋ファミリーと戴とは微妙な緊張関係にあった。西洋の教養の深い宋ファミリーと中国の古典のみを大事にした戴との思想上の違いも少なくなかった。

イギリスと親密だった米大使館付の海軍武官マクヒューは、戴を激しく非難する長いレポートをワシントンに送った。このような状況では、蔣介石も、戴の行動を抑制し、叱責しなければならないこともあった。戴がこの苦境から逃れるためにはアメリカへの接近しかなかった。戴は、Hsiao 少佐に模索させ、最初は陸軍に働きかけた。陸軍のＭＩＤ（Military Intelligence Division）副長官のシャーマン・マイルズ（Sherman Miles）准将に働きかけたが、彼は失脚したため功を奏しなかった。また、陸軍は、ＭＡＧＩＣによる解読情報は、中国側に漏らすとすぐに日本軍に抜けてしまうと疑っていたため、協力依頼に応じなかった。

次に戴は、Hsiao 少佐は二次的な方策として、生まれたてのＯＳＳに働きかけようとしたが、ＯＳＳはオールド・チャイナ・ハンズで固められており、ドノヴァンは興味を示さなかった。焦った戴はジョン・マグルーダーに働きかけたが、彼はすでにレイムダックだった。

そこに幸運にも Hsiao 少佐がミルトン・マイルズとのルートを開いた。マイルズは中国滞在経験があり、貧しい中国に理解があった。マイルズの上司のウイルス・リーも中国に強い関心があった。リーは少将に昇進して海軍内部統制委員会（Interior Control Board）の長となった。リーは、中国に誰かを派遣して、中国から、日本軍の情報を得ることが必要で、そのために中国に機材などを提供してもよいと考えていた。マイルズは大使館武官補佐の Hsiao 少佐に相談しようとしたが、当初、マイルズはマグルーダーミッションへの対応で忙しかった。ウイルス・リー少将は、マイルズをこのミッションに参加させることを陸軍に要請したが断られていた。そこでマイルズは Hsiao 少佐に自分の受け入れを相談し、これが実現することになった。

第１章で述べた、ミルトン・マイルズの中国への派遣が実現するまでには、このような長い紆余曲折があったのだ。

✺チャーチルの帝国主義的欲望

イギリスは、中国に巨大な帝国主義的利権を持っていた。チャーチルはこれを将来も維持しようと思っていたため、アメリカが蔣介石との関係を強化することを常に妨害しようとした。真珠湾攻撃の数日後、蔣介石がルーズベルトにＡＢＣＤの連合を提案したが、チャーチルは数日後ワシントンに飛んでこれに反対し、中国を排除したＡＢＤＡの連合を提案した。チャーチルは中国を排除し、アメリカとの二国間の共同作戦企画機関の設置を提案し、これが実現した。蔣介石はこれに激しく怒り、屈辱感を抱いた。チャーチルは一貫してヨーロッパ第一、アジア第二、の方針だった。マーシャル将軍もこれを支持し、太平洋では純粋に防御的体制で臨むとした。しかし、海軍のアーネスト・キング提督はこれに反対で、太平洋でも積極的な態勢をとるべきであり、中国戦線にも高いプライオリティを与えるべきだと考えていた。それは、将来の日本本土上陸作戦の展開のためには中国沿岸部における米軍の基地が不可欠だと考えていたからだった。そのためには、中国とアメリカとのインテリジェンスのネットワークと連携態勢が必要だと考えていた。特に中国からの気象情報は太平洋全体の気象状況の把握のために重要だった。キング提督の構想実現のために、リー少将は、マイルズの派遣を推薦したのだった。

✺マイルズ派遣の進展と、それに目を付けたOSSとの暗闘

戴笠は Hsiao 少佐をマイルズの中国側のカウンターパートに指名した。その協議により、一九四二年三月二七日、米中の互恵を基礎とする協力案の第一次案が作成された。その目的は、日本が占領する沿岸地域における機雷攻撃作戦の組織化、無線傍受と分析、気象観察、日本軍の監視拠点の確保、破壊妨害部隊の編制、などだった。マイルズはその実現のために、中国との一〇〇パーセントの相互の協力の必要性を強調した。アーネスト・キング提督の直接の指揮下で、海軍省にこの企画推進のためのオフィスが設置され、ジェフリー・メッツエル大尉（Jeffrey C. Metzel）がその組織の担当者となった。

キング提督から「海軍の役に立ち、日本軍を困らせることなら、君がやれることをなんでもやれ」と命じられて派遣されたマイルズは一九四二年五月四日、重慶に到着した。戴笠は丁重にマイルズを接遇し、秘密の研究所にも案内するなどし、重慶の外国の諜報関係者から驚かれた。海軍武官のマクヒュ―は面子を失った。これらの詳細は、第1章2で述べた。しかし、マイルズらの努力で築いた蔣介石や戴笠との連携関係や、設立されたＳＡＣＯは、その後、終始大使館や国務省、ＯＳＳの共産主義者たちから妨害や弾圧を受けることになった。

《ミルトン・マイルズの派遣に目を付けたドノヴァン》

マグルーダーミッションにも参加できず、ゲールミッションが失敗に終わったＯＳＳが、どのようにして中国に進出し、拠点を築くか、ドノヴァンは悩んだ。ハイデンらによるスティルウェルへのドラゴンプランの説得工作も難航していた。マーシャルやスティルウェルの支配下に入らずに、ＯＳＳが独自に組織を作って活動を展開するのは至難の業だった。当時、軍のみならず多数の政府機関がそれぞれ中国で自分

の諜報組織や諜報網を構築しており、その間に入り込もうとするＯＳＳに対しては、これらの機関からの反発や妨害が激しかった。

その突破口を開いたのが、ドノヴァンの秘密エージェントだったアルガン・ルーゼイ（Alghan R. Lusey）からの報告だった。ルーゼイは、重慶とワシントンとの秘密無線装置を設置するために重慶に派遣されていた。ルーゼイは無線通信の専門家だったが、国務省やＦＢＩのフーバー、スティルウェルは、その信頼性に疑問を抱いていたため、ルーゼイは大使館や陸軍との協力関係を築けていなかった。

第1章2で述べたように、ルーゼイは、マイルズと会い、マイルズと戴笠との強い信頼関係を知り、協力を申し出た。一九四二年五月二六日から、マイルズと戴の部下たちは、福建省など中国沿岸部への探索の旅に出発し、ルーゼイも同行を許された。マイルズやルーゼイは、戴が支配する広大な諜報態勢や、戴の指導者としての実力、統率力に驚き、感銘を受けた。戴の人物、構想に感銘したマイルズは、戴とアメリカ海軍との連携による作戦活動の協力を約した。傍で聞いていたルーゼイは、ワシントンの承諾が要らないかと懸念したが、キング提督から「やれることはなんでもやれ」と裁量権を与えられていたマイルズは、即時にこれに同意した。

戴はルーゼイにも協力を求めた。戴は、彼がドノヴァンの部下であることも知っていた。ただ、ルーゼイが無線の専門家だとは知っていたが、親イギリスのスター（C. V. Starr）の秘密工作員でもあることは知らなかった。戴は、中国の無線通信が敵から解読されていることに危機感をもっており、新たな無線技術の導入を求めていた。ルーゼイは、インドをベースとする世界的なラジオ宣伝工作作戦を提案したが、戴は、この協力がイギリスには知られないことを望んだ。ルーゼイは、ドノヴァンに、戴と海軍の協力は、ＯＳＳの秘密工作作戦を根本的に進展させるきっかけになるだろうと指摘し、ＯＳＳも戴との協力を真剣に考慮すべきだと提言する報告をした。

しかし、イギリス的思考に染まっていたドノヴァンはこれを受け入れず、ドノヴァンは当初、ルーゼイの提言を無視した。失望したルーゼイは帰国することとなった。

一九四二年八月一日に帰国したルーゼイは、ドノヴァンに、戴が中国全土に日本軍の協力者も含めた広範な諜報網を有しており、戴との協力は有効であるが、戴の無線設備は弱いのでこれを補う必要があること、マイルズはすでにその工作を始めていること、この工作を進めるためには、大使館の宋子文の系統は通さず、戴の代理である Hsiao 少佐を通じるべきことを進言した。また、ルーゼイは、OSSの幹部からヒアリングを受け、OSSの中国での活動が成功するためには、蔣介石や戴笠との協力が不可欠であること、彼らはイギリスを憎んでいるので、その協力にはイギリスを関与させるべきでないこと、戴の配下のゲリラ活動は、極めて強力であり、OSSの要員が現地で直接行うよりもはるかに効果的であることを力説した。ルーゼイの提言を理解したドノヴァンは大きく動かされ、海軍も現地で独立の諜報活動を開始したのなら、OSSもできるはずだと考えた。

ドノヴァンはそれまでシンボリックに信じていたイギリスとの協働は中国では現実的でないことをようやく理解した。ドノヴァンは、それまでSOEとの交渉で合意しようとしていた、世界を地域に分けて、イギリスとアメリカとで分担し合う構想とは異なり、アメリカ独自の諜報工作の体制を志向するようになった。ドノヴァンは、戴笠が三〇万人もの兵士を配下に置いていることに驚いた上、ドノヴァン自身が、戴のような形や方式にとらわれないゲリラ部隊の工作活動に魅力を感じていた。ドノヴァンは、ルーズベルトに長いメモを送り、OSSはアラビアのロレンスのように、独立して自ら直接の工作活動で戦う部隊となるべきことを進言した。ドノヴァンの目標は、イギリスとの連携方式から、マイルズと戴が築いた連携関係に割り込むことに変化したのだ。

そのためには、マイルズを派遣した海軍と協議する必要があった。ドノヴァンは、キング提督の部下でマイルズの上司だったウィルス・リー少将の後任のパーネル（W.R.Purnel）准将と協議した。パーネル准将は好意的だった。ドノヴァンは陸軍よりも海軍の方が話しやすかった。ドノヴァンはノックス海軍長官とは友好的だった。パーネルは Hsiao 少佐と会談したが、Hsiao も、中国が海軍のみならずＯＳＳと連携することに賛同した。

問題は指揮権だった。ドノヴァンは、内心では、マイルズが戴の部下として指揮官となることには強く反対だった。そうであれば、ＯＳＳも戴と海軍のマイルズの指揮下に入らざるを得ないからだった。しかし、ドノヴァンは、パーネルとの協議で、ＯＳＳが海軍に従属することを明白に認めた。そこにはドノヴァンの魂胆があった。ＯＳＳが最初から中国での組織と活動の独立性を要求すれば、戴とマイルズとの連携協力関係には割り込めなかった。ＯＳＳが中国で工作活動を開始するためには、マイルズが築いた戴との連携の枠組みに巧みに入り込むほかなかった。ドノヴァンは、いずれはＯＳＳが独立して工作できる組織・態勢を作ることを目論み、当面は戴とマイルズの枠組みに乗ることにした。最初から衣の下に鎧を隠していたのだ。

一九四二年九月一九日、パーネルとドノヴァンは、「合衆国の中国における戦略活動に関する相互理解」にサインした。それには、中国での戦略活動が統合されるべきこと、中国側の適切な代表の承認のもとに、マイルズがそのコーディネーターとなるべきこと、中国での戦略活動についての指示は、ワシントンでの連絡事務所の承認を得るべきで、その通信は海軍の連絡システムを用いることなどが約定された。これが「Original Friendship Project」だった。あくまで海軍とマイルズを主体とし、それにＯＳＳが協力する、という建前の枠組みだった。特に中国とワシントンとの通信は海軍の連絡システムを用いるとされたことは、ＯＳＳの独自の活動を縛るものであったが、ドノヴァンは下心を隠し、反対しなかった。

これに基づき、パーネルはマイルズに、その指令の文書を、ルーゼイを通じて届けさせた。この枠組みによって、ＯＳＳはもはやスティルウェルに頼る必要はなくなった。スティルウェル説得のためにハイデンを派遣したことは意味がなくなったので、ドノヴァンは、ハイデンのスティルウェルに対する働きかけを止めさせた。ＯＳＳでカール・アイフラーのワシントンのオペレーターだったジェームズ・マーフィー（James R. Murphy）も、アイフラーに、今後スティルウェルの下でＯＳＳの活動はできないと申し送った。これで、アイフラーの一〇一部隊は中国には入らず、ビルマ戦線で活動することが確定した。ドノヴァンは、ハイデンに、スティルウェルに対し、ＯＳＳの活動の企画も人事もスティルウェルの権限には属さないことを伝えさせた。ドノヴァンは、フェアバンクにも、今後はマイルズを頼るように指示した。

《順調な滑り出しと、衣の下の鎧を見せ始めたドノヴァン》

ドノヴァンとパーネル准将の合意による戴笠と海軍とＯＳＳの「Original Friendship Project」による連携協力の枠組みは、当初は素晴らしい滑り出しを見せた。ドノヴァンが動かせる膨大な秘密工作費に基づき、当初ＯＳＳは、マイルズに膨大な銃器、設備、資金のための預金口座などの提供を申し出た。各分野からの多彩な人材の発掘登用が進んだ。マイルズは、戴らとの円滑な協力関係のためには、**Old China Hands** や親イギリス的な人物ではなく、中国に偏見や蔑視の感情を持たず対等に協力できる人材の派遣を強く求めており、当初はそれに沿った人材が派遣されてきた。

しかし、マイルズの戴の下での副長官としての指揮権限は、滑り出し間もなく腐食し始めた。ドノヴァンは、当初、マイルズに、「ルーゼイを、戴とドノヴァンとの連絡要員とすること」の了解を求めた。しかし、「それはマイルズの指揮権を制限するものではなく、ＯＳＳの企画の一部であること、ドノヴァンがルーゼイから定期的な報告を受けることはＯＳＳの企画に沿うこと」だと伝えていた。しかし、ドノヴァンもルーゼイも、本心は違っていた。ルーゼイは、ドノヴァンに、端的に、「当面は戴の組織に依存するが、我々は独自の組織を作りたい」と言っていた。

ドノヴァンは、戴の下でのマイルズの指揮権を表向きには認めたが、ハイデンには、マイルズが基本的にＯＳＳの側に立つものだと伝えていた。ドノヴァンは密かにルーゼイをＯＳＳの中国の課報支部ＳＩの長に任命し、マイルズを支援はしても、ＳＩはルーゼイの完全な監督指揮下におくように命じた。ドノヴァンとルーゼイは、このスキームを、戴やマイルズ、スティルウェルには秘密にしていた。ルーゼイは、マイルズはいずれアメリカに召喚されるべきものと考えていた。つまり、ＯＳＳは戴やマイルズに対して最初から面従腹背であり、マイルズのスキームの乗っ取りを企てていたのだ。

ハイデンも露骨にマイルズに反抗した。それは、ハイデンが、昔の朝鮮人の学生の生徒の人脈を活用しようとしたことに戴が反対したため混乱が生じ、マイルズがドノヴァンにハイデンの更迭を要請したためだった。ハイデンは、マイルズを中傷する報告をワシントンに送り、マイルズはこれに抗議する報告の応酬がなされた。

このような動きを察した Hsiao 少佐は、ドノヴァンの側近のエラリー・ハンチングトン（Ellery Huntington）や、ＳＩの中国担当チーフのアーネスト・プライス（Ernest Price）に、なぜマイルズとルーゼイが新しい組織で異なる任務を負うのかと疑問を呈し、この組織は中国側が最も信頼するマイルズに任せるべきだと強調した。

この問題提起を真剣に受け止めたプライスは、ＯＳＳで検討されるべき問題点を六項目に整理してドノヴァンに提起した。

①海軍とＯＳＳは戴笠の期待に合致できるか。海軍か、ＯＳＳか、平行か。
②中国でのＯＳＳの作戦は誰が指揮するのか、マイルズか、Ｃ・Ｖ・スターか。その指揮官はアメリカ人の要員の選定に完全な権限を持つか。スティルウェルの承認が必要か。
③ＯＳＳは、ワンチームで一つの命令で動くべきか。

④スティルウェルがこのプロジェクトに反対した場合、どうなるか。
⑤ＳＩとＳＯの関係。一つの作戦として活動すべきか、仮にそうでも、現地では異なる副官の指揮で活動すべきか否か。
⑥タイ、仏印、ビルマでの活動も含むべきか。

これらは、問題の本質を突いた鋭い指摘だった。しかし、ドノヴァンはプライスの問題提起を採り上げなかった。ドノヴァンは、当初から、いずれ、中国での諜報活動はすべてＯＳＳのコントロール下におき、ＯＳＳが中国で独立して活動することを決意していた。パーネル准将との合意はこの本心を隠した面従腹背のものだった。プライスの指摘は、本質を突いていただけに余りにもセンシテイブであり、ドノヴァンは当面黙殺するしかないと考えたのだ。

ドノヴァンはこのような余計な提言をしたプライスに辞任を求めた。辞任したプライスは、怒りの余り、ルーズベルトに抗議の手紙を送った。その手紙で、中国での抗日ゲリラ・諜報作戦は中国の機関との連携なしには不可能であること、アメリカが独自に諜報システムを構築することは不可能であること、これらの活動はすべて、共通の敵に対する作戦として、双方が全ての情報を共有し、相互の合意の下に共同して行なわれるべきこと、さもなければ、我々は中国から不信を招き、アメリカ自身の作戦を遂行することはできなくなることを訴えた。プライスの主張の核心は、アメリカが友好国の国内で作戦を行なう場合には、その国がそれをすべて知って同意することが必要だというもので、マイルズの考えに合致していた。

この手紙に驚いたルーズベルトは、ロークリン・カリーに調査を命じ、カリーはすぐさまＯＳＳに行ってドノヴァンとＳＩ副部長のデビッド・ブルース（David Bruce）と会談した。ドノヴァンらは、ＯＳＳは、中国での諜報スパイ工作は、すべて蒋介石の完全な同意なしには行わず、戴笠と緊密に連携することを誓い、むしろ、ＯＳＳがこれまで余り実績をあげていないのは、現地のスティルウェルが障害になっていると訴えた。カリーはこれに納得し、ルーズベルトに、プライスの手紙は、自分の猟官運動のためであって、返答の必要はないと報告した。

しかし、これは、ドノヴァンの二枚舌であり、現地のマイルズは全く無視されていた。ドノヴァンは、マイルズを利用できるだけ利用しようとし、本人に連絡しないまま、パーネルの了解を得て、マイルズをＯＳＳの現地代表に任命した。この辞令は、一九四二年一一月一三日に重慶に到着したルーゼイからマイルズに渡され、マイルズは驚いた。マイルズはＯＳＳ現地代表の任命に不満であり、「一〇〇％海軍で、ＯＳＳは０％だ。ＯＳＳの介入は許せない。賢明な指示以外には従えない」とハイデンに抗議した。

しかし、辞令が出た以上、マイルズは渋々ながら、自分がＯＳＳ代表に任命されたことをスティルウェルと戴笠に、それぞれ伝えた。スティルウェルはマイルズの権限を承認した。

プライスの更迭後、ニューヨークのＯＳＳのＳＩチーフのアレン・ダレスが、極東担当のＳＩチーフに、ノアウッド・アルマン（Norwood Allman）を任命した。親イギリスのスターの推薦によるものだった。アルマンはルーゼイのかつての直接の上司であり、これによって、アルマン、ルーゼイのルートが確立した。アルマンはルーゼイのかつての直接の上司であり、これによって、アルマン、ルーゼイのルートが確立した。

重慶に派遣されていたハーバード大の気鋭の歴史学者フェアバンクも活用されることになった。これらはマイルズや戴に秘密とされた。これはドノヴァンとパーネルの「Original Friendship Project」の協定に反してＯＳＳの独立的活動を開始する手口だった。ルーゼイは、マイルズとは独自に重慶とワシントンのアルマンとの通信を開始し、これはワシントンのＯＳＳ本部の中でも混乱をもたらした。

ルーゼイは、次第にマイルズに対し、独断の行動を露わにし始めた。Ｃ・Ｖ・スターの配下のカナダ人アーサー・ダフ（Arthur Duff）をＯＳＳが中国に派遣することをマイルズに一方的に伝えた。マイルズは、ルーゼイ、ハイデン、アルマン、ダフらが、イギリス流のオールド・チャイナ・ハンズであることに怒り、失望した。マイルズはオールド・チャイナ・ハンズをマイルズや戴笠の承諾なしに中国に送り込むことに対する厳しい抗議の声明をワシントンに送った。

衣の下から鎧を見せ始めたOSSに対しては、戴も激しい怒りを示した。戴は、もともと蔣介石と同様、イギリスや共産主義者に対する強い不信と怒りを抱いていた。SOEのケズウィックが重慶で排斥された後、ワシントンに派遣されてワシントンでのOSSとのSOEのリエゾンとなったことが、戴のOSSに対する不信感を増幅した。この混乱状況下で、OSSのダフが戴の承認なしに中国に派遣され、親共産党の宋慶齢とのコンタクトを命じられたことにも戴は激怒した。戴は、これらを海軍との友好を隠れ蓑としたOSSの親イギリス派の画策の復活とみた。

ルーゼイは、上海のドイツ系ユダヤ人とロシア人を工作に使おうとしたが、これらはイギリスやソ連の国際的スパイの温床だった。日本の上海占領後、これらの群れが重慶に殺到していた。ソ連の大使館はこれらの人間を、周恩来との協力によって活用していた。ペトロ・パブロフスキーがその最大人物だった。パブロフスキーは、中国共産党のために武器を密輸入したこともあった。パブロフスキーは、ドノヴァンやハイデンの工作により、ワシントンに移ってOSSの本部エージェントとして働くことになり、イギリス、パブロフスキー、OSSのコネクションが確立した。これも戴には衝撃となった。

✺SACO協定の締結

これらの深刻な状況を踏まえ、戴笠は、OSSの不当な動きを抑えるため、作戦活動の指揮命令の権限と系統を明確にする中米の協定締結の必要性を主張した。戴はマイルズを説得し、数週間の議論でドラフトを作成し、一九四二年一二月に最終案が作成され、蔣介石とスティルウェル、そしてワシントンに送付された。これがSACO協定の原案だった。これは、中国でのOSSの活動は、戴を長官、マイルズを副長官とし、すべてその指揮下に置くとするものだった。

一九四二年一二月九日、ドノヴァンはＯＳＳと海軍との緊急会議を開催した。ドノヴァン側近のハンチングトンは、白紙に戻すべきでないかと言い、ドノヴァンは迷った。海軍省と Hsiao 少佐は、二重の工作体制は受け入れられないこと、戴の諜報機関が最も有効であること、アメリカの諜報機関は海軍のＯＮＩ（Office of Naval Intelligence）の指揮下に置かれるべきこと、などをＯＳＳに申し入れた。マイルズは、ルーゼイのステータスについての調査を要求し、キング提督の事務所のメッツェルは、一九四三年一月にＯＳＳと論争した。メッツェルは、調査して、ルーゼイやその側近がＳＩによって給与を支払われ、報告はＯＳＳのアルマンのみになされていることを知り、ＯＳＳにその変更を要求した。ドノヴァンは渋々これに応じ、ルーゼイをＳＩからＳＯに移し、マイルズの配下とすることを約し、メッツェルはそれをマイルズに伝え、いったんは小康状態となった。

戴笠は、原案への本質的修正はしないこと、イギリスは関与させないこと、ＳＡＣＯはＯＳＳへの完全な指揮権をもつこと、を強調した。海軍とホワイトハウスはこれに賛成した。しかし、マーシャル将軍が、ＳＡＣＯの長を中国人とし、副長をアメリカ人とすることなどに強硬に反対し、この枠組みはスティルウェルが指揮すべきであると主張し、スティルウェルの意見を求めた。マイルズが戴にマーシャルの反対意見を伝えたところ、戴は、この原則を変えようとするならば、ＳＡＣＯの計画は放棄すると言明した。マイルズは、それをスティルウェルに伝えた。

もともとマイルズはスティルウェルとは個人的にはかなり信頼関係があり、ＯＳＳの独立の組織や活動に対しては共にそれを抑制しようとしていたことで共通認識があった。スティルウェルは、マイルズの意見を理解して賛同した。スティルウェルは、マイルズと戴との関係は最高の機密であり、スティルウェル自身が指揮をすることは、それを損なうとして、案の修正の必要なしとの意見をマーシャルに送り、奇跡的に問題は解決された。

ＳＡＣＯ協定案は、マイルズがリーヒ将軍＊5を通じてルーズベルトに署名を求めたが、条約とすれば議会の同意がいること、戴の側も「条約」とは、帝国主義的な負のイメージがあることなどからルーズベルト自身の署名は見送られた。結局、一九四三年四月一五日、ルーズベルトの承認の下に、中国側は宋子文外相と Hsiao 少佐、米国側はノックス長官、ドノヴァンとマイルズが、「合意」に原案どおり署名した。

リーヒ将軍からマイルズに送られたメモランダムでは、この計画でマイルズがアメリカ側の協力の責任者となること、スティルウェルとは情報の交換をすべきこと、マイルズは、「中国と協力し、日本に対する抗戦のために実行可能なことはなんでも行う（every way practicable）こと」を指示していた。

＊5 ウィリアム・リーヒ。海軍初の元帥で、合衆国陸海軍最高司令官（大統領）付参謀長であった。

「Original Friendship Project」はこうしてＳＡＣＯ協定に代えられ、マイルズは、海軍の派遣部隊と中国でのすべてのＯＳＳの活動に対する指揮権を持つことが明確に保障された。メッツェルは感激し、「我々はもはや私生児ではない」と喜びを語った。ＳＡＣＯでは、戴笠が長官、マイルズが副長官であるとともに、ＯＳＳの極東の代表かつ海軍の長であった。ＳＡＣＯはゲリラを訓練育成し、アメリカは武器と物資を提供するものだった。

しかし、スティルウェルの政治顧問ジョン・デービスやジョン・サービスは、直ちにこの協定を批判した。二人とも中国生まれで宣教師の息子、中国語に堪能でアジア問題に詳しかった。かれらはＳＡＣＯ協定を「期待できず不健全」であり、ゲシュタポの戴笠との連携は悲惨な結果を招くと主張した。スティルウェルはこの批判を余り重視しなかったが、戴への敵意はあった。スティルウェルは、戴のスパイが召使として家に潜入して記録を盗み見ていることを知っていた。シェンノートも、悪名高い秘密警察の戴からの連携の申し出を断っていた。戴らは冷酷な共産党狩りをしているとみていた。しかし二人とも作戦問題で多忙で、ＳＡＣＯ協定には十分検討の余裕がなかった。こうして、ＳＡＣＯは、設立の当初からすでに様々な波乱要因を含んでいた。

✺様々な波乱の発生―「四人のギャング」の派遣と暗躍、マイルズへの弾圧

ドノヴァンは協定案をろくに吟味もせず、迅速に署名した。しかし、それは、ドノヴァンが、これによって陸軍のスティルウェルのＯＳＳに対する指揮権が否定されるので、あとはマイルズだけをなんとかすればよい、という底意があったためだった。ドノヴァンは、ＳＡＣＯの枠組みを陸軍や他の機関からの隠れ蓑にして利用はするが、ＯＳＳが戴やマイルズの指揮下に入る意思はさらさらなかった。要するにドノヴァンはいずれＳＡＣＯを乗っ取ろうとする魂胆を最初から持っていたのだ。

しかし、ドノヴァンの深謀遠慮を知らなかったＯＳＳの副官たちは、最初からＳＡＣＯの枠組みに対する露骨で頑強な抵抗を始めた。

ＯＳＳのＳＩチーフのデビッド・ブルースは、海軍省のメッツェルに、マイルズがオールド・チャイナ・ハンズを送らせないとしていることに激しく抗議した。協定の署名後一か月後に、ドノヴァンは中国のＯＳＳのハイデンにＳＡＣＯ協定のコピーを送付した。ハイデンは、これはＯＳＳの独立的な立場を損なう危険な武器だと激怒した。ハイデンは戴笠のような危険な暗殺者がＳＡＣＯを指揮しており、ＯＳＳがその配下に入ることを許せなかった。ドノヴァンは、Ｃ・Ｖ・スターやアルマンら親イギリスのグループからも激しい抗議を受けた。合意はイギリスがＯＳＳをコントロールする方法をふさぎ、イギリスが中国でＯＳＳと協働すべき作戦を、戴とマイルズの指揮下におくことによって不可能にするものだったからだ。

彼らは猛烈に反対したが、ドノヴァンはこれを容れなかったため、スターらは怒ってＯＳＳから脱退し、イギリスの諜報スキームに移った。しかし、スターは完全に中国活動から引いたのでなく、アルマンやマクヒューとのパイプをつないでいた。戴笠に排斥された重慶の大使館付の海軍武官だったマクヒューは、

ワシントンに移り、ひそかにＯＳＳに加わって極東のＳＩのチーフとなっていた。マクヒューは、スターが経営する上海の新聞社イブニングポストを隠れ蓑にして諜報活動を行った。この新聞はニューヨーク版でも出版されていたが、これはＦＢＩとの縄張り争いを招いた。スターは、独自に、様々なマスコミ関係者や芸能人を、情報収集や広報活動に活用していた。スターの新聞活用による諜報工作は、スティルウェルの活動の妨害ともなった。上海イブニングポストは、情報漏洩が甘く、諜報活動としては素人的で、マイルズも戴も批判していた。ドノヴァンにも悩みの種だった。特にフェアバンクがＯＳＳの秘密エージェントであることなどのリーク記事は由々しいものだった。

マイルズは、オールド・チャイナ・ハンズへの病的恐怖心があり、彼らがマイルズを攻撃しているとみており、ＯＳＳとＳＡＣＯからの排除を主張していた。彼らが蔣介石や戴を嫌っており、イギリスの帝国主義をも支持しているとも批判した。

マイルズは、ＯＳＳの中国専門家とスティルウェルの国務省顧問らが、連携してＳＡＣＯに反対していると知っていた。両者が反対したのは、マイルズや戴が企画した戴の秘密警察員に対するＦＢＩの訓練研修だった。海軍の制服を着た五〇人の薬物捜査官を含むＦＢＩエージェントが教官となった。ＦＢＩは、当初ＣＯＩの設立時からこれに反対し警戒的だったが、ＳＡＣＯ協定以降は、中国でのマイルズらの活動に協力姿勢を示すようになっていた。しかし、ＯＳＳは、これは国民党が国内で共産党など反対勢力抑圧のためにアメリカの警察から学ぼうとするものだ、と批判した。マイルズはその批判はＳＡＣＯ協定を壊そうとする策謀だと考えた。

もう一つの火種はチベットだった。アメリカがチベットのダライ・ラマに使節を送り、アメリカと友好関係を築くことは、国務省も陸軍省も以前からの方針だった。しかし、これは、チベットは中国の領土だとする国民党、蔣介石との大きな火種だった。陸軍は、チベット経由の補給径路を求めていた。ＯＳＳは、文豪トルストイの孫のイリア・トルストイ（Ilia Tolstoy）と極東の旅行家だったブルーク・ドラン（Brooke Dolan）が率いるミッションを、ルーズベルトの正規の特使としてチベットに派遣した。

トルストイらは、一九四二年九月に出発し、五か月をかけ、難路を経てラサに入り、ダライ・ラマと会見した。ダライ・ラマは、長距離放送無線システムの提供をアメリカに求め、ＯＳＳ本部にその要求が伝えられた。ダライ・ラマは、ルーズベルトやドノヴァンへの貢物をトルストイに託した。しかし、国務省は、チベットは中国の領土だとしている中国政府と問題を生じさせるとしてこの計画に反対した。それにもかかわらず、トルストイは、これを求める人々のためだとして、この計画を進めるようドノヴァンに進言し、同年一一月、ＯＳＳから無線システムが提供された。トルストイらは、チベットに同情的で、チベット人の中国への恐れを理解しており、アメリカがチベットを支援すべきだと主張していた。このトルストイミッションの派遣は、当然ながら蔣介石や戴笠を著しく刺激し、怒らせた。マイルズは、ダビッド・ハリウェル（※R. David Halliwell　ニューヨークの繊維会社幹部でワシントンのＳＯブランチの長だった）と激しく論争し、ＯＳＳが、タイやチベットで、戴やマイルズの指揮監督外で活動することに強く反対した。

ドランは、中国共産党に対するＯＳＳの窓口としても登場し、戴を困惑させた。マイルズは、ＯＳＳが、ＳＡＣＯの同意なくこのような活動をしていることを非難し、ＯＳＳがこれ以上中国で組織と活動を拡大することに反対した。

一九四三年秋、ＯＳＳのＭＯは、中国でのブラック・プロパガンダ作戦のためにチームを派遣しようと考えたが、戴は同意しなかった。極東のＭＯのチーフのハーバード・リトル少佐（※Herbert Little　イギリス生まれのシアトルの弁護士だった）は重慶に行き、戴と論争した。

戴は、リトルらを豪華な歓迎宴で散々飲ませたあと、別室でリトルと三時間にわたる激論をした。リトルは、戴を礼儀正しく上品ではあるが、頑固で問題を巧みに回避し、第一級のハムレットに匹敵する役者だと評した。しかし、最後に、リトルが、MOの活動の要求に応じないなら、大統領に直接報告し、アメリカの中国支援そのものを見直すことになる、と恫喝し、最後にしぶしぶ戴に応じさせた。こうしてMOのスタッフが中国で活動できることとなった。リトルの同僚たちは、当初はSACOと連携していくつかのブラックプロパガンダ作戦の成果を生んだ。しかし、結局、両者の関係はうまくいかず、連携は解消されることとなった*6。

一九四三年八月、ニューデリーにマウントバッテンを司令官として新しい英米の東南アジア司令部(SEAC)が設置された。ドノヴァンは、マウントバッテンと協議し、OSSがアジア大陸で広く活動することを認めさせた。これは、OSSが、蔣介石や戴からの束縛なく極東で活動できる大きな基盤となった。SACOは基本的に中国の組織だったからだ。

*6 OSSが中国で行ったブラック・プロパガンダの詳細な経緯と内容は、山本武利『ブラック・プロパガンダ 謀略のラジオ』(岩波書店)第5章「中国戦線のブラック・ラジオ」に詳しい。

《さらに混迷を深めさせたジョン・デービスら「四人のギャング」の派遣》

国務省は、ジョン・パットン・デービス(John Paton Davies)をスティルウェルの政治顧問として派遣した。デービスは、スティルウェルに、政治的、経済的、心理的諜報活動を強化するためのスタッフの補強が必要だと要請し、ジョン・スチュアート・サービス、レイモンド・ルッデン、ジョン・エマーソンが派遣された。彼らは共産主義者ないしその強いシンパであり、批判者たちからは「四人のギャング」と呼ばれたグループだった。OSSとの関係も深く、連携していた*7。彼らは、蔣介石の国民党や戴笠を激しく誹謗中傷する一方で、延安の共産党を礼賛した。デービスらの派遣は、ドノヴァンのOSS計画に大きな影響を与えた。デービスらはOSSを始めとする諜報機関に政治的指導をすることも主な目的としていた。スティルウェルは昔気質の軍人で政治外交関係については疎く、ビルマ作戦などに没頭していたため、デービスらは好きなように動くことができた。

＊７　田中英道『戦後日本を狂わせたＯＳＳ「日本計画」』（一五一頁）は、ドノヴァンは、ＯＳＳから一九四三年にエマーソン、デービス、サービスの三人を延安に外交使節団として送り込んだとしている。しかし、彼らは基本的に国務省所属の外交官だった。彼らの戦時中の組織の所属関係は今一つ明確でない。日本においても、ある省庁に属する公務員が、他の省庁に出向したり、併任の発令を受けることは一般的によく行われる。アメリカでは更に柔軟だったのかもしれない。しかし、いずれにせよ、デービス一派とＯＳＳのメンバーらは、延安共産党を支援することで一致し、蔣介石や戴笠、マイルズと対立していたことは間違いがない。

デービスは一九四三年三月一六日、延安に行き、周恩来と会談し、周恩来から共産党の諜報工作体制の優秀さを吹き込まれ、中国での諜報工作は共産党と連携して行おうと決意した。こうして国務省は、中国共産党との強固な諜報工作の協力体制を作ることとなり、その後数十年にわたる米中関係に深刻な影響を与えた。デービスは中国で組織的命令系統と施設を備えた諜報機関を設けることを考えた。これはドノヴァンを始め、ＯＳＳの考えと一致していた。しかし、ＯＳＳはＳＡＣＯの指揮下にあり、戴の同意なしには動けない問題があった。

一つの案はＯＳＳの別の部隊を作ることだった。それは、ＳＡＣＯの組織と活動は中国内に限られるのに対し、スティルウェル指揮下の戦線はインド、ビルマ、中国に及ぶため、論理的に可能だった。そのプラン実行の責任者としてリチャード・ヘプナー中佐（**Richard Heppner**）が選ばれた。ヘプナーは、プリンストンとコロンビア卒で、ドノヴァンの法律事務所やロンドンのＯＳＳでの勤務経験があった。後にスティルウェルの後任となったウェデマイヤーとも親しかった。ヘプナーが東南アジアのＯＳＳの指揮官だったとき、彼等はセイロンで同じ宿舎に住んでいた。ヘプナーは自分がその任務を負うために一〇の条件を提示し、それが認められるのであれば、中国戦線でのＯＳＳのチーフとなることを承諾した。その条件

ウェデマイヤー

は、マイルズが指揮官である重慶のほかに昆明にもＯＳＳの拠点を置き、ＯＳＳの活動がヘプナーの実質的な指揮権の下に行われることを要求するものだった。ドノヴァンは、ヘプナーを昆明のＯＳＳの指揮官に派遣した。こうして、戴とマイルズの指揮下に置かれるはずのＯＳＳの活動は、それを大きくはみ出ることになった。

　ヘプナーが秘密に目論んだのは延安での諜報活動だった。デービスもこれを強く求めていたので、ヘプナーをスティルウェルのスタッフとしてＯＳＳの主任にしようと考えた。しかし、これはマイルズの権限を侵すものでＳＡＣＯ協定の明らかな違反だった。スティルウェルは、極東と中国とは全く違う概念だとの理解でしぶしぶ同意した。ヘプナーは、一九四三年五月からデービスの直接指揮の下にＯＳＳのＣＢＩ（中国・ビルマ・インド戦線）のオフィサーとして活動を開始した。

　スティルウェルは、陸軍が、タイ、ビルマ、仏印との国境近くの広西省と雲南省に、軍事情報を中心とする諜報組織を設け、中国側は戴笠でなく、Chen Cheng 将軍を相手とし、工作の責任者はスティルウェルの主席補佐のフランク・ドーン（Frank Dorn）とする考えでその交渉を命じた。タイ、ビルマ、仏印での諜報工作を秘密資金潤沢なＯＳＳにやらせるか、陸軍の諜報組織にやらせるか問題があったが、陸軍では前者に決定した。しかし、デービスは、延安での諜報工作と南方での諜報工作は統合されるべきであり、ビルマで活動しているアイフラーは能力的に問題があるとして、ヘプナーをＯＳＳの陸軍でのすべてのＯＳＳの工作の責任者とすることを要請し、スティルウェルはこれを受け入れた。デービスの高飛車に、この企画を自分が責任を持つと期待していたアイフラーは激怒した。アイフラーはＯＳＳ本部に無線で抗議したが、受け入れられなかった。これによって、当初は中国で活動することを期待して派遣されていたアイフラーは、その希望を完全に断たれ、ビルマ戦線でのゲリラ工作活動に専念することになった。

しかしこのＯＳＳ主導による諜報工作のプランは、ワシントンと重慶の間に激しい論争を招いた。マーシャルは賛同したが、Ｇ２（MID Military Intelligence Division）のストロング将軍は、激しく反対した。ストロングはＯＳＳのようなイレギュラーな組織を軽蔑しており、それがスティルウェルの戦場での諜報工作を支配することを恐れていた。ストロングは、ＯＳＳを信頼せず、ＣＢＩでは陸軍と海軍共同の諜報組織ＪＩＣＡ（Joint Intelligence Collection Agency）に委ねさせようと考えたが、この強硬策は実らなかった。マイルズも、デービスとヘプナーによる試みを、ＳＡＣＯ協定違反だと厳しくスティルウェルに抗議した。しかし、デービスはこれを拒絶し、スティルウェルに、ＯＳＳこそ期待に添えると強硬に申し入れた。

マイルズの抗議はドノヴァンにも伝えられ、ドノヴァンは厄介な立場になった。ＳＡＣＯ協定は、ホワイトハウスと統合参謀本部が承認し、ドノヴァン自ら署名したものだからだ。ドノヴァンは協定にも、陸軍の主導にも従いたくなかった。ＯＳＳがＳＡＣＯ協定により、蔣介石の指導の下で戴笠とマイルズが指揮するということと、スティルウェルが中国のＯＳＳの総ての活動の指揮権を持つということに根本的な矛盾があった。ドノヴァンは、陸軍が共産党とも連携したデービスやヘプナーによるＯＳＳの企画を一時中止せざるを得なかった。

デービスらの画策もあり、スティルウェルは、それまでのＳＡＣＯ許容の態度を変えて敵対的となった。そこには、ＳＡＣＯがシェンノートと協力して、中国から仏印にかけて沿岸部の機雷作戦と監視活動を行おうとすることへのスティルウェルの反発があった。一九四三年六月ころ、海軍のキング、ニミッツ、ハルゼーら幹部はこの作戦を支持し、マイルズに責任を持たせようとしていた。

デービス・ヘプナープランについてワシントンは危惧した。デービスは、マイルズの排斥を主張し、マクヒュ—とカールソンを中国のOSSのトップに推薦した。九月下旬にスティルウェル以下の幹部の会議が行われた。デービスは戴笠とマイルズを激しく批判した。スティルウェルは、戴とマイルズの協力関係を肯定しつつ、戴がスティルウェルの東南アジアでの諜報活動の障害とならないこと、マイルズが陸軍の独自のOSSのSIネットの構築について妨害しないこと、マイルズが現地の戦争司令官の指揮下に入るよう協定を改定すること、現地司令官の中国やタイ、仏印での諜報活動の権限に関するいかなる疑念も除かれるべきこと、マイルズは戦争努力以外の政治的活動からは排除されるべきこと、の四条件を示した。これはデービス・ヘプナープランの再生に大きな力となった。SACOの法的拘束を除去することが第一段階の目標となった。

これに対し、海軍は反発した。メッツェルはドノヴァンに抗議し、ヘプナーがマイルズを無視していることの是正を要求した。ドノヴァンは、スティルウェルからも海軍からもプレッシャーを感じた。デービスとヘプナーの派遣と任命は、中国戦線で海軍と陸軍との対立に引き金を引いた。ドノヴァンは、陸海軍からの集中攻撃にさらされないために譲歩を迫られた。一つの可能性は、OSSが独立的なスタンスをとることだったが、いささかも不手際があるとOSSは中国での作戦をすべて失う危険があった。九月、ドノヴァンは部下に、極東での独自の活動の準備を命じるとともに、OSSがマイルズとSACOから分かれる方策を検討させた。

一九四三年一〇月五日、OSSの本部で、ネッド・バクストン副長官の議長のもとに、マグルーダー、ホイットニー・シェパードソン、オットー・ドアリング、ダンカン・リーとドノヴァンの秘書エドウィン・パッツェルら一〇数人の幹部による秘密の重要な会議が行われた。それにより、①OSSは、マイルズとSACOから分離まではしない、②SACO協定を、OSSがSACOから独立して諜報活動を行えるように改正する、という二つの重要な方針の結論に達した。

当時、ワシントンの統合参謀本部は、すべての戦地におけるＯＳＳの活動は、現地の司令官の指揮下に入るべきだとの重要な判断を下しており、ＯＳＳの独立的立場は、理論上は失われていた。そのため、中国においては、ＯＳＳにとって、ＳＡＣＯはＯＳＳの陸軍から独立した活動の隠れ蓑になるものだった。これが①の方針の目的だった。形の上でＳＡＣＯの枠組みに入り、戴やマイルズの指揮下にあるということで、スティルウェルの完全な指揮下に入らない言い訳ができたのだ。②によって、それが実質的に保障されることになる。巧妙な案だった。

しかし、②のＳＡＣＯ協定改定の実現は容易でなかった。ＳＡＣＯの内部では、依然、戴笠やマイルズとＯＳＳのスタッフとの関係は険悪だった。それは、マイルズの権限に対するヘプナーの無視や高慢な態度、ヘプナーがマイルズを監視する立場のように見えたことなどによるものだった。更に決定的なのは、デービスとヘプナーが延安共産党との連携を企図していたことが、徹底した反共である戴との関係で全く受け入れられないことにあった。

《マイルズ排斥活動の開始》

ドノヴァンは、マイルズと関係改善の協議をさせるために、一〇月、ダビッド・ハリウェルを重慶に派遣し、ハリウェルとマイルズとは一晩中話し合った。しかし、マイルズは翌日、マウントバッテンに会うためにインドに行くことになったので、十分協議できないままに終わった。ハリウェルは不満であり、ドノヴァンも怒った。ドノヴァンは、ＳＡＣＯプロジェクトの海軍の責任者パーネル准将に、マイルズを批判し、その更迭を求める手紙を送った。

その内容は、①マイルズはＯＳＳを代表したがらない、②マイルズが、中国で諜報活動をしないと中国側に約束したことはＯＳＳには受け入れがたい。③ＯＳＳはマイルズをＯＳＳの代表からは外すがＳＡＣ

Oには残りたい、④ＯＳＳは、ＳＡＣＯの外に、おそらくスティルウェルの指揮下に、別の諜報組織を作る、というものだった。

海軍は、特に④を始めとしてこれに反発し、パーネルはこれを受け入れず、ドノヴァンに反論した。パーネルは、このような組織の変更は協定に反するものであり、蔣介石の同意や統合参謀本部の決定が必要であること、②は誤りでマイルズはすでに中国と連携して極めて効果的な諜報活動を開始しており、ＳＡＣＯは連合国の戦争目的に大きな価値があること、ＯＳＳが送り込んだ要員は、マイルズを助けようとせず、その指揮を受けず無関係に活動し、問題をもたらしていること、などを強調した。そして、ワシントンでの予断なく、現地に行って実情をよく把握し、中国側と話し合って、ドノヴァンが期待することについてその譲歩を得るよう努めるべきだと求めた。ドノヴァンは激しく怒り、海軍への憎しみを募らせた。

ドノヴァンは再反論の手紙を送り、マイルズはＯＳＳから離れてＳＡＣＯの副長官の立場のみを続けるべきだとした。そして、マイルズが既に諜報活動をしているというなら、その報告はドノヴァンに対してなされるべきだとした。

ドノヴァンはマイルズに長い電信を送った。それは、マイルズは現地の軍司令官の指揮下で活動しなければならず、ＯＳＳの現地代表の立場と、ＳＡＣＯの戴笠長官の指揮下で活動する副長官の立場は矛盾するので、以後マイルズのＯＳＳの現地代表の任務を解く、というものだった。

しかし、これは、ドノヴァンが、ＯＳＳがＳＡＣＯの支配下から逃れて独立の諜報活動ができるようにするための策謀だった。ドノヴァンとパーネルの論争はＳＡＣＯの本部にパニックをもたらし、マイルズに大きなジレンマをもたらした。マイルズがＯＳＳの代表から解かれることは、ＯＳＳがＳＡＣＯの外で独自の諜報活動を行うこととなり、ＳＡＣＯ協定によって戴が長官となり、ＯＳＳの勝手な活動に対する拒否権を有することをないがしろにするものだったからだ。

《ＯＳＳとマイルズの対決、陸軍と国務省、海軍の対立》

ドノヴァンは、スティルウェルが中国やその他の地域でＯＳＳへの支配を強めることも怖れていた。ドノヴァンは、中国に向かう途上、カイロで、カイロ会談に参加していた蔣介石やスティルウェルと会った。スティルウェルの頭はビルマ戦線のことに支配されていた。

一九四三年一二月二日、ドノヴァンは、ホフマンやハリウェル、有名な映画監督のジョン・フォードらと共に重慶に到着した。ホフマンはドノヴァンの首席補佐官だった。ドノヴァンの訪中はマイルズを恐れさせたので、マイルズは、すべての経緯内容を知っている Hsiao 少佐を重慶に呼んだ。戴笠らが迎え、歓迎宴は華やかだった。宴会後のマイルズや戴との会談で、ドノヴァンは、マイルズのタイでの工作の進展の乏しさを批判した。マイルズは国務省に原因があると反論した。

ドノヴァンはマイルズのＯＳＳ代表解任を切り出した。マイルズは、人事の異動のためには協定改正が必要だと反論して怒鳴りあいとなった。マイルズは同席していたドノヴァン側近の三人の法律家から専門用語を用いて攻めたてられた。

その後の戴との会談でドノヴァンは尊大な態度をとり、統合参謀本部（ＪＣＳ）が、ドノヴァンに中国でのＯＳＳの組織設立の権限を与えたことを告げ、六か月は猶予を与えるが、十分でなければ、ＯＳＳはＳＡＣＯの外で活動すると告げた。戴は、ＯＳＳがＳＡＣＯの外で諜報活動を行うのなら、ルーズベルトと蔣介石の協議が必要だと反論した。ドノヴァンは、中国側と海軍がＯＳＳに協力していないと、戴の顔を指さしながら非難した。これは面子を重んじる中国人には絶対に御法度だった。戴は、一本の指は自分を向いているが三本の指はドノヴァンに向いていると返し、ドノヴァンは憤激して統合参謀本部のペーパーをしわくちゃにして放り投げた。

再び論争は蒸し返された。戴は、①ＳＡＣＯは継続されるべきこと、②人と物資については、共同のコントロールによること、③分離されたOSSは必要ないこと、を主張した。戴は、JCSが求めるならOSSがSACOの内部で活動することは可能なので、中国でSACOから分離されたOSSを設ける必要はないと言った。ドノヴァンは、マイルズに不満足なためその職を解いて、OSSは六か月間を試しに、ホフマンを代わりに派遣すると言った。

マイルズは、SACOからの辞任を示唆せざるを得なかった。ドノヴァンはまた激昂したが、マイルズに冷笑されて、気を取り直した。ドノヴァンは、マイルズがSACOを辞任してしまえば、OSSは完全にスティルウェルの支配下に落ちることを自覚したからだった。SACOを隠れ蓑とする関係は繋ぎ止めておかなければならなかった。ドノヴァンは更にマイルズを攻撃した。マイルズは繰り返し、OSSはSACO協定を破っていると批判した。一二月五日、マイルズが「私は辞職する」というと、ドノヴァンは「君は辞職ではない。首だ」と言い渡した。マイルズはOSSの中国代表のポストを解任された。しかし、ドノヴァンは、マイルズがSACOの副長官として残ることには了解した。

結局、ドノヴァンは次の指示書をマイルズに渡した。それは、①マイルズは、OSSのすべての権限を解かれる、②マイルズは、ホフマンに、OSSの人員名簿と会計記録を引き継ぐ、③戴の了解に基づき、マイルズは、SACOの副長官に留まる、④OSSの代表は、マイルズからは独立して戴に報告する、⑤海軍もOSSも、相互に、それぞれの人員の派遣について拒否権を持たない、⑥それらの人員については、中国側の承認が必要、だというものだった。ドノヴァンの圧力にマイルズは屈服させられたのだった。

一九四三年一二月六日、ドノヴァン滞在最後の日、戴は、蔣介石と何応欽に会見させた。ドノヴァンは、蔣介石に、マイルズのOSSからの解任とホフマンの後任就任の同意を求め、同意を得た。ドノヴァンは、帰途、ビルマで、それまでのドノヴァンの対応に不満をもっていたアイフラーと衝突した。ドノヴァンは彼をワシントンのデスクワークに戻し、ジョン・コーリンを、当面のスティルウェル配下のOSSの代表とすることを決めた＊8。

＊8 ただ、前掲の Tom Moon によれば、ビルマを離れるアイフラーは、ワシントンでのＯＳＳの広報活動や、ヨーロッパ戦線での指導、ナチスの原爆科学者の誘拐作戦などに従事したのであり、ドノヴァンと衝突した、というニュアンスの回想とはなっていない。

一二月一〇日、ドノヴァンは、公式にスティルウェルに以下を告知した。

①マイルズは極東のＯＳＳ代表の職を解かれ、ホフマンが後任となる。

②蔣介石、何応欽、戴笠は、ＳＡＣＯ協定の下での、中国とＯＳＳの諜報業務を共同して行うことに同意した。

③アイフラーはワシントンに行き、更なる諸活動に就く。

④コーリンが、ヘプナーに代わり、スティルウェルの戦地でのＯＳＳの長となるが、スティルウェルのスタッフの上官とはならない。

⑤コーリンも、ホフマンと共にＯＳＳのＳＡＣＯでの代表となる。

⑥ヘプナーは、マウントバッテンの東南アジア戦域でのＯＳＳの長となる。

これは、ドノヴァンが、ＯＳＳがそれまで利用してきた海軍からの独立性を中国側に認めさせた神業だった。これまで奮闘してきたマイルズは、ＯＳＳの代表の職を解かれてほっとした半面、複雑な心境だった。マイルズは、ドノヴァンの高圧的要求に折れて、ＳＡＣＯの中に自分が指揮できないＯＳＳの異なるユニットが設けられることになったのを後悔した。そのころ、パーネルは入院中で、メッツェルからも連絡はなく、マイルズは孤立無援だった。

マイルズ、Hsiao 少佐、ハリウェル、ホフマンは、ＳＡＣＯでの役割分担を協議することになった。ホフマンは重慶でのＯＳＳの再組織に着手した。一九四三年一二月一四日に、コーリンは、ＳＡＣＯ内のＯ

ＳＳの代表として重慶に到着した。

　この再編は、ワシントンに騒ぎをもたらした。海軍は、この改編が中国側の同意を得たものとはいえ、ＯＳＳがＳＡＣＯの内部に残り、マイルズの指揮下を外れ、しかもスティルウェルの側にもつくことで、ＯＳＳがＳＡＣＯを実質的に乗っ取ってしまうと予感した。メッツウェルは、マイルズに、その危険性を警告した。

　パーネルは、一二月一〇日に、マイルズがドノヴァンに対し、ＳＡＣＯ内でのＯＳＳと海軍の分離に同意したことを知って怒った。パーネルはスティルウェルを尊重していたが、実はスティルウェルは、海軍やマイルズとの公の合意に反して、ホフマンに対し秘密の指示をし、ＯＳＳが、ＳＡＣＯの制約を受けずに、戦争捕虜の救出、日本軍や傀儡軍への抗日戦のための心理作戦、対航空作戦、鉄道、水路、飛行場、港湾、などを含む極めて広範な工作活動を行うことを認めていた。キング提督は、国務省や陸軍が、ＳＡＣＯを解体するために広範な工作を進めていることに不満を募らせていた。国務省もマイルズを排斥しようとした。一九四四年一月、ガウス大使は、ハル国務長官に、マイルズを大使館の海軍顧問から解任すべきことを要請した。理由は、戴笠が「ゲシュタポ」であるので、それと関係のある陸海軍の軍人は大使館に置くべきでないというものだった。

　キングとパーネルは、ドノヴァンが前年末に訪中して重慶での会議で決めたＳＡＣＯの改編方針に強く反対することとし、一九四四年初頭、コメントを作成した。

　それは、ＯＳＳの長はＳＡＣＯの指揮下にあり、ＳＡＣＯは蔣介石の下の長官戴笠と副官マイルズの指揮下にあるとした統合参謀本部の決定に反すること、海軍が九〇パーセント以上の人員と物資をＳＡＣＯに提供したものであり、これらがＯＳＳの手に渡るのは不当であること、マイルズの立場を無意味とすること、スティルウェルを無視していることなどを主張するものだった。

ドノヴァンは前年一二月に重慶でマイルズに圧力をかけて勝ち取ったものが、海軍によりひっくり返されると分かった。ＯＳＳと海軍の双方は対決に備えてあらゆる準備をした。

パーネルはマイルズをワシントンに呼び、一九四四年二月七日、メッツェル、マイルズとＯＳＳのハリウェルらが参加して協議した。ハリウェルは、マイルズが前年一二月に現地で認めて戴笠にも告げた記録を根拠に攻めた。しかし、マイルズは単純に、これは圧迫された状態で、自己の権限を越えた内容を認めさせられたものであり、後にパーネルから否定されたので無効だと反論した。議論は膠着した。

二月二三日、ＯＳＳからは、中国、ビルマ、インドの旅から帰国したドノヴァン、ハリウェル、ホフマン、海軍からはパーネル、メッツェル、マイルズが参加して再度の会議が行われた。ホーン（Horne）提督が議長だった。

パーネルは、スティルウェルが中国でのすべての諜報活動を指揮することとし、すべてのＯＳＳの活動をスティルウェルの指揮におくとする統合参謀本部の決定が海軍の立場を損なうことに不満を表明した。ＳＡＣＯ協定の有効性と、現地のスティルウェルではなく、ワシントンの統合参謀本部がＯＳＳの活動を指揮することの正当性を主張した。ドノヴァンも、鍵は陸軍とスティルウェルにあることには同意した。ドノヴァンは、カイロでスティルウェルと相談したことを打ち明け、ＯＳＳの海軍との関係に対するスティルウェルの考えがＯＳＳを困難な立場に置いていると説明し、ＯＳＳは陸軍と海軍との争いには介入したくないと告げた。ドノヴァンは、マイルズが重慶でいったん合意したことを覆したことを強く批判したが、マイルズは自分の権限を超えた合意をしたとパーネルから指摘された、と反論した。ドノヴァンは激昂し、ＯＳＳはＳＡＣＯから完全に手を引くと啖呵を切った。しかしこれは、はったりだった。ＯＳＳがＳＡＣＯから手を引いてしまえば、完全にスティルウェルの指揮下に入ってしまうからだ。

マイルズは、ＯＳＳがＳＡＣＯ内で、別の建物、食事を要求するなどして中国側を混乱させていることや、コーリンがマイルズへの相談もなくＯＳＳのＳＡＣＯの代表に任命されたことなどの不当性を主張して反論した。コーリンのＳＡＣＯ、ＯＳＳ、スティルウェルへの三重の忠誠心による指揮系統の混乱への強い疑問を表明した。

会議は延々と続いたが、パーネルがマイルズになぜこの企画が実効困難なのか、と聞くとマイルズはシンプルに、ＳＡＣＯでのアメリカ人への命令系統が一本であるべきで、誰がその指揮官なのかが問題だ、と答えた。パーネルがドノヴァンに、「中国での戦略活動についての指示は、ワシントンでの連絡事務所の承認を得るべきで、その通信は海軍の連絡システムを用いる」とした一九四二年九月の「Original Friendship Project」の合意に今も同意するかと尋ねると、ドノヴァンは明白に否定した。ＳＡＣＯのＯＳＳが海軍の連絡システムを用いずに自由に外部と通信連絡することを許せば、それをチェックすることができず、ＯＳＳがＳＡＣＯの戴やマイルズの指揮下で活動すべき原則が崩れることになる。これで、協議は決裂となった。

マイルズはキング提督に中国の状況を報告した。沿岸部での海軍の足がかりを得たいと求めていたキングは、沿岸部の日本が占領する地域に対する機雷作戦と航空監視の実施を急ぐことを決意し、マイルズとＳＡＣＯがシェンノートと直ちに連携すべきことを指示した。キングはドノヴァンに、それに協力すべきことを求める最後通告を送った。海軍とＯＳＳとの論争にかかわりなく、マイルズにはこの任務を指令したこと、コーリンはそれに協力すべきこと、戴との連携が進展することを阻害できないこと、この要請に応じられないなら、ホーン提督に報告の上、ＯＳＳはＳＡＣＯから撤退すべきこと、を伝えたのだ。

一九四四年三月八日、キング提督は、第三艦隊に、マイルズがシェンノートの航空部隊と共に、攻撃的な機雷作戦と気象情報作戦の実施に協力することを伝えた。これが、ＳＡＣＯがアメリカの潜水艦の活動を支援することでＳＡＣＯの効果的な活用を開発する機会となるとも伝えた。六日後、マイルズは、ハルゼー提督、ニミッツ提督、マッカーサー提督の各司令部を経由して重慶に向かった。それは、ＳＡＣＯの広大なネットワーク構築が目的だった。

キングは、ホワイトハウスに行って、マイルズを少将に昇任させることを説得した。次に、国務省に行って、マイルズを重慶の海軍の大使館付から解任させることとした。マイルズを敵視し、活動を妨害してきた国務省、大使館への反撃だった。

同年四月二四日、キングは、マイルズの直接指揮下に海軍の部隊を設立する決定をした。ＳＡＣＯ内のすべての海軍のメンバーはマイルズの指揮下に入ることになった。この突然の変化による海軍の反撃にスティルウェルは当惑した。

ようやく活気を取り戻したマイルズとシェンノートは、直ちに、沿岸部の機雷作戦のための写真撮影諜報活動を開始した。これはＯＳＳにも新たな次の段階を決めさせるものとなり、今日の航空撮影による諜報活動の先駆けとなるものだった。

《関係改善の兆しは見られたが結局成功しなかった》

ＯＳＳと海軍との激しい対立は、中国側を途方に暮れさせた。ＳＡＣＯの指揮権をめぐるＯＳＳと海軍との協議は、一九四四年二月に決裂した。ただ、一九四三年一二月のドノヴァンの最初の重慶訪問の際に、戴笠がドノヴァンと激論しつつも率直に意見を交換し、相互を理解することができたのは重要だった。一般には知られていないが、戴とドノヴァンは、互いに敬意をもっていた。ドノヴァンの訪問を相互に感謝する手紙が交換された。戴は、中国がその主権の維持と内部の安全のために、外国の諜報機関と協力することのジレンマをドノヴァンが理解してくれたと思った。いかなる国でもその内部で外国の諜報機関が活動することは許さないのであり、蔣介石はその説明を必要としていた。外国が中国を主導できるという時代は過ぎた。

そのため、指揮権問題の論争はさておいて、ＳＡＣＯにおける戴とＯＳＳとの実質的協力内容については、かなりの進展があった。戴は、ＳＡＣＯに着任したコーリンとホフマンを歓迎した。ホフマンは、マイルズがコーリンについての疑念を戴に伝えたのはまったくの嘘であり、中国側はＯＳＳに完全に満足していると報告した。

一九四三年の一二月、ハイクス（Hykes）大佐が、ＳＡＣＯのＯＳＳのＳＩチーフに任命され、ホフマンと協議を重ねて包括的なＳＩプランを練った。ＳＡＣＯ内部にＯＳＳが運営する諜報工作訓練校を設置する構想が練られた。戴笠は歓迎して、ハイクスが校長となり、中国の生徒への教育を開始した。

こうしてＯＳＳは、戴にＳＡＣＯの諜報工作組織を改革し、協定には含まれていなかったＲ＆Ａを受け入れさせるのにも成功した。それまで、ＯＳＳの研究分析部門であるＲ＆Ａを中国内に受け入れ、研究分析機関を設置することについては関係者の錯綜と対立があった。

この構想は、元々は、ＯＳＳで学者だったレーマーやフェアバンクが考案したものだった。しかし、国務省のホーンベック、ホワイトハウスのロークリン・カリーとオーウェン・ラティモアらは反対していた。中国での研究分析機関が国務省でなくＯＳＳによって仕切られることへの抵抗だった。以前の一九四三年春ころのフェアバンクの活動は、マイルズや戴からも受け入れられていなかった。Ｒ＆Ａに所属していたチャールズ・ステレ（Charles Stelle）が小さい組織を作ろうとしたが、拒絶された。ジョン・デービスもこれを警戒し、妨害した。レーマーは、彼のプランがドノヴァンやデービスに無視されたことを怒った。形式的にはＲ＆Ａの一員でもあったヘプナーが、デービス・ヘプナープランによって主導権を握ることになり、レーマーは怒った。中国でＲ＆Ａの組織を作る主導権争いに敗れたレーマーは、一九四三年八月辞任した。後任は副官のステレとなり、彼は、デービスに選ばれて翌年のディキシーミッションに加わった。

戴笠は、このように、もともとはＲ＆Ａが中国で活動することを拒絶していたが、マイルズは、デービス・ヘプナープランの挑戦を受けて、ＯＳＳと全面的に強硬対決するのを避け、オールド・チャイナ・ハンズと学者の活用について、ある程度柔軟となった。ドノヴァンも、アメリカに縁が薄い地域での戴の優れた諜報活動の能力は理解していた。それまでのアメリカの軍などによる中国での諜報工作は軍事的・作戦的なものであり、調査・分析という視点には乏しかった。しかし、ＯＳＳにおいては、Ｒ＆Ａがその重要な意義目的の一つだった。

訪中したドノヴァンは、戴に情報分析の重要性を強調した。一九四三年一二月七日の会議で、戴は、ＳＡＣＯ内に、情報の集積、評価、分析を行うＲ＆Ａの要員を受け入れ、中国のスタッフも参加することに同意し、ワシントンのＲ＆Ａのチーフのランガーを喜ばせた。インドに置かれていたＲ＆ＡのＣＢＩ戦線での事実上の本部の学者たちに、その準備が指示された。一九四四年一月五日、Ｒ＆Ａの極東の長のロバート・ホール（Robert Hall）大佐が重慶入りしてＳＡＣＯでの指導を開始した。ホールは、ミシガン出身の地理学と日本の専門家の教授だった。戴は、洞窟に保管していた膨大な日本関係の資料を提供し、中国人のスタッフも加え、共同して調査分析作業を行うことになった。戴は中国側のヘッドに Lu Suichu を任命し、かなりの資金も提供した。

こうして、指揮命令系統に関しては、ワシントンでのＯＳＳと海軍幹部との協議が決裂したにも関わらず、ＳＡＣＯ内にＲ＆Ａを設置して効果的な情報の評価や分析を行うことについては連携が進展した。

しかし、ホフマンらの連携の努力が進展した一方で、とんでもない関係破壊の失敗があった。ドノヴァンの帰国後数週間で、戴は再びＯＳＳへの深刻な疑惑を抱き始めた。それは、親イギリスのＣ・Ｖ・スターが、イギリスの諜報機関のために秘密で活動を再開したことにあった。その中心は、ＳＩの極東チーフのアルマン（Norwood Alman）だった。アルマンは、ドノヴァンの帰国後、すぐに、ビジネス王のスターの子分のオールドチャイナハンズを、ワシントンや重慶の承認なしに送り込み始めた。それらは、すべてスターの配下の人物だった。戴は彼らを調査してマイルズに告げ、善処を要請したが無視された。

戴やマーシャルに排斥されてワシントンに戻っていた元大使館付海軍武官のマクヒューも、密かにOSSの本部で、いとこであったOSS副長官のマグルーダーと共に策謀を進めていた。一九四四年三月、マクヒューは、OSSを仮装して彼自身の秘密諜報工作を始め、再びイギリス要素がからんできた。マクヒューは、親イギリスのビジネスマンで元英米タバコ会社の総支配人だったウィリアム・クリスチャン（William B. Christian）を戴の鼻先に送り込んだ。マクヒューの熱心な工作により、ドノヴァンは、コーリンに、クリスチャンは戦地の指揮を受けずワシントンからのみ指揮されるスペシャル・エージェントだとして、OSSの特別資金を提供することすら指示した。一九四四年五月一二日、クリスチャンは、中国に伝えることなく重慶のシニアSIオフィサーに任命された。クリスチャンの派遣は、ホフマンら多くのOSS要員からも、また、イギリスに懐疑的になっていたスティルウェルからも反対された。OSSの内部でも足並みの乱れがあったのだ。

この動きは、イギリスがアジアでの植民地支配維持、殊に香港の確保のためにマウントバッテンが展開した、イギリスのみを利し、中国を損なう作戦に呼応するものだった。そのため、イギリスと対立し、批判する中国のみならず、アメリカの多くの関係者をも著しく刺激した。戴笠はアメリカからのSACOの要員派遣には双方の了承を必要とする協定を厳格に解釈していた。戴は、ドノヴァンが親イギリスの工作員を次々とOSSが送り込む命令に困惑し、クリスチャンの派遣に対して激しく怒った。ドノヴァンの混乱した策略が根本原因だった。

マイルズはホフマンにこれらの問題について非難した。スティルウェルもホフマンに抗議した。ホフマンはこれを受けて、OSSの世界のSIの担当副長官だったマグルーダーに抗議した。しかし、アルマンは、ホフマンを非難して反論と抗議のメモをドノヴァンに送った。ホフマンは、スター自身の身辺調査すら開始した。激しい応酬が続き、ＯＳＳ内部ですら深刻な対立が生じたのだ。

コーリンがＯＳＳのＣＢＩのチーフでスティルウェルの指揮下にありながら、戴笠の指揮下にもある二重の指揮命令系統は、戴には受け入れられなかった。コーリンはしょっちゅう中国外に出ていた。コーリンは常に戴の指揮下で中国にいるべきなのに、一九四四年四月、重要な会議も外してインドに出たことに戴は激しく怒った。

戴は、いったんはホフマンの努力により進展したＲ＆Ａについての双方の協同は実現しないと悟った。戴の期待は外れ、期待された諜報工作訓練校設置の計画もハイクス以外の適切な教官が得られず、熱も冷めた。物資の供給も乏しかった。焦ったハイクスは協力の必要性を説いたが、連携の可能性は消え、ＳＡＣＯ内でのＲ＆Ａの設置構想は結局実らなかった。

✺SACOとAGFRTSとディキシーに三分されたOSS

ＯＳＳや陸軍、国務省のＳＡＣＯへの圧力に対して、海軍が反撃したことは、それらの組織の方向性に大きな変化を生じさせた。陸軍や大使館員の親共産主義者は、延安に向けて諜報組織の構築を進展させることとなった。海軍とシェンノートは東と南に向かった。ドノヴァンは新たな陸海軍の争いの間に投げ入れられた。

《シェンノートとの連携によるＡＧＦＲＴＳ構想の推進》

ＳＡＣＯ内でのＯＳＳの独自性確保が海軍やマイルズ、戴らの抵抗のためにうまくいかなかったドノヴァンが、次に狙いを定めたのが昆明のシェンノートの第一四空軍だった。シェンノートは蔣介石の信頼を得ていたので、それは政治的にも有効だった。シェンノート率いるフライング・タイガースには、ドノヴァンに友好的な者がいた。ＯＳＳからもシェンノート軍にスタッフが派遣されていた。シェンノートもドノヴァンのワシントンでの影響力を考慮し、スティルウェルと違って、ＯＳＳが中国で諜報網を作ることに好意的だった。それは、シェンノート軍が、フライングタイガースによる日本軍への効果的な爆撃のために地上の情報を切望していたからだった。

ドノヴァンはシェンノート軍に新たな組織的連携を提案した。それは、ＳＡＣＯ内の敵対者からＯＳＳを守ることでもあった。スティルウェルの完全な支配下に入らず、かつ、ＯＳＳの組織と活動の独自性を確保するためにはＳＡＣＯに代わる隠れ蓑が必要だったからだ。これには、ハイデンの強い勧めもあった。ドノヴァンとハイデンは、ＯＳＳの人員と物資をＳＡＣＯから抜いてシェンノート軍の方に移そうと考えた。この作戦の中心となる雲南省は蔣介石と戴の支配力が薄いことも背景にあった。ホフマンとコーリンが一九四三年一二月二八日にシェンノート軍の拠点である昆明に入った。雲南の軍閥 long Yun は、反蔣介石色が強く、イギリスは雲南がビルマに近いこともあって、Yun を支援していた。シェンノートと部下たちは、ホフマンらを熱烈に歓迎したが、これは陸軍の冷淡さと対照的だった。

ホフマンらは、シェンノート将軍、グレン（Glenn）将軍、そのスタッフであるＡ２（Air Force Intelligence service）チーフのジェシー・ウィリアムズ（Jessie Williams）大佐、補佐のウィルフリー・スミス（Wilfrey Smith）少佐らと協議した。シェンノートは、ＯＳＳのために、オフィス、通信設備、必要人員、資金の提供を約束し、Ｒ＆ＡとＭＯグループの派遣をも求めた。

しかし問題はやはり指揮権だった。ＯＳＳは、中国ではＳＡＣＯの外での活動はしないと戴に約束していたので、このグループはＯＳＳの組織とは異なるものにしなければならなかった。そこでホフマンが考案したのがＡＧＦＲＴＳ（Air and Ground Forces Resources Technical Staff）だった。しかしこの構想はＯＳＳ内部で論争となり、コーリンのライバルのヘプナーは、ＯＳＳがシェンノート軍に飲み込まれてしまうと批判した。コーリンは、ヘプナーの懸念に対しては、スポンサーを得ることの重要性などから心配に当たらないとドノヴァンに伝えた。コーリンは、Ｒ＆Ａのロバート・ホールをＡＧＦＲＴＳに引き抜いたのでヘプナーは怒った。板挟みとなったホールは途方に暮れ、この問題は長引いた。

スティルウェルとシェンノートとの関係でも揉め、それは翌年四月まで長引いた。しかし、スティルウェルの顧問のジョン・サービスは、突然、ＡＧＦＲＴＳのプランに賛成した。それは、ＳＡＣＯ協定が上院の批准を得ていないので、無効だとして、ＳＡＣＯを分裂させようとの魂胆によるものだった。

ＡＧＦＲＴＳは軌道に乗り、ウイルフリー・スミスが中佐に昇進してＡＧＦＲＴＳの長となり、第一四空軍から一四人、ＯＳＳから二二人の情報工作員が派遣された。以後、ＡＧＦＲＴＳが、中国でのＯＳＳの活動拠点の中心となった。ＯＳＳはＳＡＣＯに代わる新たな隠れ蓑を作ったのだ。地上情報を得て効果的な爆撃を行う作戦のみでなく、ブラックプロパガンダ作戦も行われた。芸術家が作成した漫画などの宣伝チラシを作成して日本軍占領地域に空から撒いた。とはいえ、ＡＧＦＲＴＳ　内部では、空軍からのスタッフとＯＳＳからのスタッフの勢力争いが激しかった。

✺共産党との連携の推進を図ったＯＳＳ―ディキシーミッション

ドノヴァンも、ＯＳＳの要員も、共産主義に警戒心が乏しく、むしろ積極的に支持する者が多かった。ＯＳＳは、重慶の軍事的努力は日本に対する抗戦よりも延安の共産党に向けられていると批判していた。真珠湾攻撃の前から、ドノヴァンは、中国の共産党兵士は、世界でも最高のゲリラ部隊であり、長い経験を有し、日本への激しい憎しみをもっている、と評価していた。ＯＳＳの研究者たちは、一九二四年設立の太平洋問題研究会（IPR Institute of Pacific Relations）と非公式な連携をしていた。ＩＰＲは、蔣介石の明確な批判者であり、ＯＳＳの中国通のスタッフ採用にも協力した。ＩＰＲには、オーエン・ラティモアを始め、共産主義者やその支持者が多く、戦後、マッカーシズムの攻撃対象となった。

一九四一年、ドノヴァンは初めて、アメリカの地下工作の使節団を中国北部の共産党のパルチザンと共に戦うために派遣することをルーズベルトに提案した。ルーズベルトは、これには一定のメリットがあると考えたが、国務省は、蔣介石の反対とソ連が疑惑を持つことを懸念し、警告したのでこのプランは棚上げにされていた。

その後の三年間で、共産党が力をつけていることが、重慶のアメリカ大使館に認識されるようになった。ドノヴァンは、共産党ともイギリスとも協働する考えをずっと持っていた。チャーチルがユーゴのナショナリストのミハイロビッチを見捨ててチトーの共産党を支持したのと、蔣介石と毛沢東とのジレンマは同じだった。イギリスの中国での諜報活動は長く、中国共産党の諜報機関とも協力していた。香港喪失の後、SOEはアメリカやカナダ、マレーシアで、中国の諜報エージェントのリクルートを始めた。

広東地方では共産党のゲリラと共同作戦をとったが、それは香港奪還が目的だった。OSSでは、熱心な者たちは早くから中国共産党やイギリスとの関係が緊密だった。特にC・V・スターの一派はそれが顕著だった。一九四三年一月二八日までに、スターの代表のアルマン（Norwood Allman）は、国務省に、中国で共産党支配地域を含む八か所のオフィス開設を働き掛けた。大使館の三等書記官ジョン・サービスは、国務省に彼が希望する共産党の地域への赴任を命じなければ、OSSに参加したいとまで告げた。

OSSは、共産党支配地域も諜報工作の地域に含めようと考えていた。ドノヴァンが動き、サービスを共産党支配地域に赴任させるよう国務省に働きかけたが却下された。ドノヴァンは、国民党軍の情報を知るために共産党の諜報機関を利用しようとした。ドノヴァンは、SACOを使ってこれを得ようと考えた。ドノヴァンは、一九四三年一二月、SACOが北に諜報員を送る計画を考えたが、ワシントンに戻ってから、マイルズの解任問題などで海軍との争いが三月まで続いたため、この計画は流れた。そのため、トルストイ（※Ilia Tolstoy　前述のチベットへのミッションを率いた）を延安に派遣しようとしたが、延安と敵対していた戴とマイルズから妨害された。トルストイのミッション派遣は、陸軍からも妨害された。それは、ジョン・サービスが、スティルウェルを動かして、蔣介石に圧力をかけ、陸軍主導で「ディキシーミッション」を延安に派遣しようとしていたので、ＯＳＳ独自の派遣は混乱を招くためだった。共産党の支配地域は「ディキシー」とコードネームが付けられていた。

延安の共産党は、アメリカとの軍事的協力のみならず、共産党政府が外交的に承認されることを求めていたが、時期尚早だった。しかし、スティルウェルとデービスは、これからの目標はマレーやスマトラではなく、日本が最も苦しむ台湾、満州、日本本土にあり、そこへの攻撃のために延安の共産党との連携が重要だと考えていた。

一九四四年春、日本軍の激しい進撃（※大陸打通作戦による）の下で、スティルウェルの司令部は、共産軍の力の利用を考慮するようになった。ＯＳＳでも、日本軍が集中し、アメリカの諜報網がない北部における一〇〇万人のパルチザンを無視できないとの考えが強まった。ＯＳＳの重慶の研究部門の長フェアバンクは、繰り返し、共産党が日本軍の撃退に熱心でアメリカを助けようとしていることや、北での諜報活動の戦略的意義を主張していた＊９。

＊９　フェアバンクは、ハーバード大学の気鋭の歴史学者で中国問題の権威だった。フェアバンクは、戦後一九九二年に『CHINA A NEW HISTORY』（The Belknap Press of Harvard University Press）を公刊し、同書は彼の死後、教え子だった Merle　Goldman によって加筆補充され、二〇〇六年に改訂版が公刊された。フェアバンクは同書の中で、彼が大戦中、ＯＳＳから中国に派遣されて行った工作活動や、ＯＳＳが中国戦線を混乱させたことには全く触れていない。フェアバンクは、国民党と共産党との連携に奔走していたパトリック・ハーレーとその工作を、無益で不器用なものだったと批判した。その一方で、戦後、マーシャルが、国民党と共産党との連携を促し、蔣介石の国民党軍の共産党軍への攻撃を停止させ、それが国民党の敗北と

共産党の支配を招く原因になったことにはほとんど触れず、マーシャルに対してはなんら批判していない。フェアバンクは共産中国成立後に毛沢東が指導した大躍進政策や文化大革命などに対しては厳しく批判しているが、大戦中の共産党に対する批判はほとんどしておらず、国民党の敗北は、蔣介石の時代錯誤的な戦略や国民党の腐敗・堕落に原因があったとの主張で一貫している。

《ディキシーミッションの実現、OSSの参加》

デービスらは長く、延安へのミッション派遣を要請していたが、蔣介石は反対し、その同意を得るのは容易でなかった。スティルウェルはワシントンに猛烈な圧力をかけ、一九四四年六月、ようやくウォーレス副大統領が了承し、訪中したウォーレスの説得によって、しぶしぶ蔣介石も承諾せざるを得なかった。

ディキシーミッションは、陸軍の諜報の中国専門家でスティルウェルの親友だったデビット・バレット大佐が団長となり、ジョン・サービスら一五人が参加した。その中の五人はOSSで中国生まれのコーリンが中心だった。コーリンは、一〇一部隊でアイフラーと共にビルマ戦線で活躍した男だった。AGFRTのチャールズ・ステレや、トルストイと共にチベットに行ったブルーク・ドランも参加した。中国北部での日本軍の動きや共産党軍の力を見極めるのが目的だった。一九四四年七月二四日にミッションは初めて延安へ入り、毛沢東らの大歓迎を受けた。コーリンらは一五〇人の日本軍の捕虜とも接触した。昆明のOSSのロバート・ホールも参加し、共産主義者の日本人の工作員を満州、朝鮮、そして日本に送り込むことを提案した。ホールは既に日系アメリカ人の左翼のグループをOSSに採用していた。こうして、国務省やOSSの共産主義者やその支持者たちと延安との太いパイプが開いた。

《ミラーの大失敗》

一九四四年一〇月一八日、OSSの海兵隊准将ライル・ミラーが、SACOとOSSの状況を視察し、戴やマイルズと協議するため到着した。ミラーはインドも訪問し、CBIが極めて混乱していると批判し、

ＯＳＳを摩擦なしに統合することは困難だとドノヴァンに報告していた。

ミラーは、戴とマイルズや、戴の副官でＳＡＣＯ幹部の Pan Qiwu と協議した。ＳＡＣＯの要員でＯＳＳの幹部のウィルキンソン少佐とアーデン・ドウ（※ Arden Dow　ＯＳＳとＳＡＣＯ問題に関するウィルキンソンの補佐官だった）も参加した。戴は、ＡＧＦＲＴＳとの連携を強めていたＯＳＳがＳＡＣＯに残りたがっているのかどうかに強い関心を示した。ミラーは、ＯＳＳが、ＡＧＦＲＴＳの下で異なる諜報活動を行ってきたが、ＳＡＣＯには残りたいと説明した。戴は、ＯＳＳがＳＡＣＯに残りたいというのなら、その問題は指揮系統であり、コーリンがほとんどインドにいて重慶にはめったに来ない問題を指摘した。また、ドノヴァンの任命を受けていないＯＳＳの要員が送り込まれてくることの問題も指摘した。

この会議により、ミラーは、戴の最大の不満はコーリンにあるとドノヴァンに報告し、一〇項目の問題を挙げた。

①コーリンが戴と協働できていない。
②ドノヴァンは、ＯＳＳがＳＡＣＯに留まることを保障すべき。
③ＳＡＣＯのＯＳＳ要員は（現地で勝手に人選することなく）ドノヴァンが自ら任命すべき。
④ＳＡＣＯのＯＳＳは、ＣＢＩ戦線からは完全に離れること。
⑤③④が守られなければ、ＯＳＳがＳＡＣＯに留まるのは適切でない。
⑥戴はこの会議で、より好意的になった。
⑦マイルズは迅速に、海軍にインテリジェンスを提供している。
⑧戴は、実際上必要なものはマイルズを通じて得ている。
⑨陸軍と国務省は戴を嫌っている。
⑩戴の側が完全転換しなければ、ＳＡＣＯは何も達成できないことは明らかだと誰もが思っている。

ミラーのこれらの指摘はおおむね適切であり、この会議自体はは友好的に行われた。しかし、会議後の招宴でとんでもない事態が起きた。酔っぱらったミラーが、蔣介石夫人を非難し、宴会に女のサービスを要求し、中国人を侮蔑し、中国は劣等国で、アメリカの支援がなければあっという間に日本の支配に陥るなどと、二時間近くもテーブルを叩きながら演説した。怒り心頭に達した戴笠は、翌日の会合をキャンセルした。

戴は、今後のＯＳＳとの協力は困難だと言明し、ミラーの演説はアメリカの意思の表れとみなし、蔣介石に報告してＳＡＣＯの組織と活動のすべてを廃止するとの方針を明言した。戴は、マイルズにもそれを伝えた。マイルズはキング提督に直ちに報告した。キングはマーシャルに伝え、マーシャルはウェデマイヤーに調査を指示した。しかし、ドノヴァンは、これはむしろマイルズが、ＯＳＳをＳＡＣＯから排除しようとする策略だと考え、ワシントンでＳＡＣＯのＯＳＳを救うための活動を開始した。ドノヴァンは、Hsiao少佐に口頭で謝罪したが、正式の書面謝罪は一二月一四日まで遅れた。

一九四四年一一月七日、ガウス大使の後任のハーレーが着任した。しかし、ハーレーは、この問題は大きくする必要はなく、ミラーに何らかの処分をすれば足りる、と判断した。ハーレーは、ドノヴァンとは長年の親友で、共和党員として、フーバー政権で共に勤務した仲だったので、ドノヴァンのＯＳＳを余り傷つけたくなかったのだ。これでドノヴァンは力づけられ、守りから攻撃に転じた。ミラーの演説はジョークに過ぎないとして、ミラーをＯＳＳから更迭することで決着を図ろうとした。しかし陸軍の調査官のスタイナーの報告はＯＳＳにとって破壊的だった。それは訴追に等しい内容だった。ドノヴァンはウェデマイヤーに反論を送付した。ウェデマイヤーは、中国から正式に抗議がきていないので、軍法会議は不適だと統合参謀本部に回答した。ウェデマイヤーもドノヴァンをかばう側に立った。キング提督は、陸軍の報告をドノヴァンに送り、正式謝罪を要請した。しかし、この大きな不祥事は、結局、ミラーがＯＳＳから更迭されて海兵隊に戻されることで決着した。

✺ウェデマイヤーの着任、ディキシーミッションの共産党との密約、激怒したハーレー

蔣介石と激しく衝突していたスティルウェルは、一九四四年一〇月一八日、更迭されて召喚された。後任のウェデマイヤー将軍は、一〇月三一日、重慶に着任した。スティルウェルの更迭はＯＳＳにとっても衝撃だった。ウェデマイヤーがＯＳＳやＳＡＣＯについてどのような方針を執るかはＯＳＳにとって大きな問題で不安材料だった。ドノヴァンは、陸軍と海軍の争いに巻き込まれたくなかった。

ドノヴァンは、蔣介石の反共主義やイギリスを憎む気持ちは理解するようになってはいたが、ＣＯＩの発足がイギリスとの強い関係に基づくものだったため、イギリスとの連携方針を捨てたわけではなかった。また、ドノヴァンは、共産主義に対する警戒心は乏しかった。そのため、ドノヴァンは、中国ではイギリスとも延安の共産党とも連携し、協働して諜報活動を行おうと考え、ＯＳＳの要員をディキシーミッションに積極的に参加させていた。他方、ウェデマイヤーは、イギリスの植民地的欲望をよく知っており、イギリスには警戒的だった上、共産党に対しても慎重な姿勢だった。そのため、スティルウェルの解任と一〇月三一日のウエデマイヤーの着任は、共産党にもディキシーミッションにとっても不安だった。しかし、ディキシーミッションのレールは既に敷かれていたため、着任したウェデマイヤーもその路線は踏襲せざるを得なかった。

ウェデマイヤーの着任四日後の一九四四年一一月初頭、ジョン・デービスと、ミッションの長デビッド・バレットは周恩来と葉剣英（Ye Jianying）将軍から延安での会議に呼ばれ、アメリカ軍と共産軍との大規模な協力を申し出られた。それは、共産党が支配する連雲港でのノルマンデイ上陸作戦まがいの上陸作戦、鉄道分断と日本本土への爆撃拠点の設置、大陸打通作戦への反撃、山東省と江蘇省の支配の獲得など

の案で、共産党とアメリカ軍との極めておおがかりな連携プランだった。これによって、大陸打通作戦で危機に瀕していた昆明と重慶の支配の安全を確保するとともに、この作戦に対抗するため関東軍が南下することにより、共産党やソ連の満洲支配が容易になることも想定された。また、米軍の物資がこの作戦のために多量にこれらの地方に移されれば、国民党の体制が危機に陥ることも目論まれていた。共産党は、近い将来の国民党への決戦に備えており、そのために日本軍の武器の獲得とアメリカからの軍事物資の提供を目指していた。

共産党とアメリカとの連携を狙っていたデービスは即刻同意して密約を交わした。ミッションに参加していたOSSもこれに積極的に加わった。この計画によって、OSSは、当初のSACO主体から、AGFRTSへ、更には延安の共産党へ、と活動の軸足を移すことになった。しかし、この密約は、蔣介石の国民党政府を支持・支援するというアメリカの基本的な対中国政策に真っ向から反するものだった。

ドノヴァンは、デービスらによる共産党との連携方針に賛同し、OSSが華北で共産党と連携して大規模な諜報組織を作る計画を強力に進めた。

共産党の朱徳将軍は、ディキシーミッション唯一の海軍武官だったヒッチ大尉（H. Hitch）を通じて、八路軍と新四軍が米海軍と全面協力することを提案した。朱徳は、中国沿岸部の米軍上陸作戦での共産党との連携の必要性を強調した。

共産党とデービスやOSSとの密約による連携は更に具体的に進められた。ドノヴァンは、OSSが満州にも進出するため、共産党の支援を欲していた。R&Aの学者たちに、延安をベースにした包括的プラン「北支諜報プロジェクト」（YENSIG）を企画させた。延安を始め各地の八路軍やゲリラ軍に、一七のOSSチームと多数の中国人エージェントを送り込む計画を立てた。共産党はこれに賛同した。喜んだドノヴァンは、一二月一四日、中国のOSSの副長ウィリス・バードを直ちに延安に派遣した。ディキシーミッションの長のバレット大佐やデービスも派遣され、サービスとルッデンも加わった大ミッションだった。

バレットは、バードを伴って毛沢東、周恩来と会談した。これが一九四四年一二月一五日から一七日の三日間にわたる、陸軍やＯＳＳによる中国共産党との秘密の交渉であり、広範な計画と七項目の取引が決められた。二万五〇〇〇人の兵士への衣食や一〇万丁のピストルの提供を含む膨大な武器や物資の提供が約束された。これらは軍事のみならず、国務省職員による政治的な意味も多く含んでいた。重慶のアメリカ大使館参事官のジョージ・アチソン*10は、この計画を称賛した。

デービスらとＯＳＳは、このような延安共産党との協議や密約について、蔣介石にもハーレーにも一切知らせなかった。デービスは、当初、このような提案を共産党に対して行って交渉することが、スティルウェルを苦しめたようにウェデマイヤーを苦しめることになると心配したが、ウェデマイヤーは意に介さなかった*11。しかし、戴笠のエージェントはこれを嗅ぎつけた。

この共産党との交渉や密約は、デービスらのみならず、ドノヴァンの指導の下にＯＳＳが推進したものだったが、ドノヴァンも、ワシントンでホワイトハウスや関係方面になんら報告や説明をしていなかった。

＊10　ジョージ・アチソンは、中国勤務経験が長い外交官で、一九四三年から重慶の大使館の参事官となり、一九四五年からは代理公使となった。延安の共産党の強い支持者だった。戦後はマッカーサーの政治顧問としてＧＨＱに派遣された。

＊11　この部分の記載は、Ｈ・スミス『ＯＳＳ』に基づくものだが、これによれば、デービスらが延安と密約交渉をすることをウェデマイヤーも知っていたかのように読める。この点については疑問があり、後述する。

《孤立していたハーレー》

ハーレーは、ルーズベルトの特使として、国民党と共産党とを和解させて連携させる交渉のために、一一月七日に延安に着いた。一一月三〇日には、ガウスの後任の大使に就任した。デービスは、共産党を絶賛する報告をする一方、アメリカ政府の対中外交のトップであるハーレー大使には延安との交渉や連携の密約を完全に秘密にしていた。ハーレーはウエデマイヤーに一か月弱遅れて大使となったが、前任のガウス大使やスティルウェルとは異なり、蔣介石とは遥かに協調的だった。

しかしハーレーは、共産党と国民党を日本との戦いのために統合させるという困難な課題に直面した。ハーレーは、当時はまだ、国民党と共産党が連合して中国を支配できるとのナイーブな考えだった。それは、ルーズベルトやマーシャルなどワシントンの中央に共有されていた考えだった。共和党と民主党の二大政党の伝統があるアメリカでは、中国でも国民党と共産党が二大政党として連合して政権を維持できるとの思い込みがあった。そのため、ハーレーは両者の和解の仲介のために奔走していた。しかし、以下H・スミスによれば、ハーレーはこのようなデリケートで複雑な問題に対処するには向いていなかった＊12。

彼は個人外交を信奉していた。彼はおそろしいほど中国のことを知らされていなかった。オクラホマインディアンを真似た芸をするなど陽気なおどけ者だった。OSSは、ハーレーに「アホウドリ」のコードネームをつけていた。一一月七日、延安に着いたハーレーは大歓迎を受けた。毛沢東との協議で、連合政府の樹立、周恩来を伴った重慶への帰還、などの五項目の合意をし、重慶に戻った。しかし、蔣介石は同意せず反対提案をし、重慶は拒絶した。一方、マイルズはハーレーと友好的な関係を作っていた。ハーレーは戴笠から歓迎され、もてなされた。ハーレーは、反蔣介石の国務省職員を通じず、海軍の無線でワシントンと連絡する方法を得た。騙されやすいハーレーは、SACOを受け入れるようになっていた。マイルズは、アメリカ軍部隊と武器を共産党に提供する巨大な陰謀が迫っていることをハーレーに伝え、また毛沢東がルーズベルトと直接会談するためワシントンに飛ぼうとしていることを伝えた。

＊12「以下」の部分は、H・スミスの記載に基づく。スミスは全体的に、蔣介石、国民党、ハーレーやマイルズ

に対して批判的に書いており、ハーレーの伝記が伝えるものとはかなり異なっている。しかし、ハーレーはバードらと共産党との密約は知らなかったが、その密約は現実的な効果として、ハーレーのセンシティブな仲介の使命をサボタージュするものとなった。大規模な武器がアメリカから提供されることを密約した共産党は、国民党と妥協する必要がなくなり、ハーレーの仲介に乗るはずがなかったからだ。

《毛沢東と周恩来の訪米受け入れ要請》

一九四五年一月一〇日、ＯＳＳチームのトップシークレットの無線がウェデマイヤーに届いた。それは、毛沢東と周恩来が、訪米してルーズベルトとの会談を希望することをウェデマイヤーに伝えるものだった。共産党は国民党を飛び越え、無視して、直接アメリカの中枢との連携を図ろうとしたのだ。ウェデマイヤーは、デービスらの共産党礼賛の影響も受け、共産党との協力の必要性を考えるようになってはいた。しかし、この申し出はデービスらの密約の発覚によりご破算となった。

《国民党と日本との和平交渉の情報》

翌一月一一日、周恩来は延安でＯＳＳの代表を招き、国民党政府が日本と秘密の和平交渉をし、アメリカの中国での利益を損なおうとしているので、アメリカは、国民党政府を投げ捨てるべきだと伝えた。蔣介石と友好的なハーレーを信頼していなかった周恩来は、この情報はハーレーには秘密にするように言った。しかしこれは周の失敗だった。ハーレーとウェデマイヤーは、関連情報をすべて共有し、ワシントンへの報告もお互いが隠さないという約束をしていた。宿舎も同じ建物にあった。この情報はすぐにＯＳＳの無線で重慶に報告されたため、これを知ったハーレーは激怒した。ハーレーは国民党政府が密かに日本と和平交渉をしているとの情報の信頼性と動機に疑いを持った＊13。

＊13　しかし、これらの情報は、実は正しかった。当時、カイロ宣言で保障された中国の主権と領土の保障がテヘラン会談などで反故にされ、連合国の中で孤立を深め、戦後の満州や華北での共産党やソ連の支配の拡大を

深くおそれていた蔣介石は、一九四四年後半ころから、密かに日本との和平交渉を模索していた。上記の周恩来がもたらした情報は、時期的にみて、当時進められていた近衛文麿とその実弟水谷川忠麿らによる何世禎工作や繆斌工作などを指していると思われる。他方、共産党は、国民党を打倒するために、密かに日本軍と連携しており、日本軍との正面作戦を避けて、日本軍を国民党軍と戦わせようとしていた。つまり、お互いが密かに日本と裏で手を結びながら、相手方の日本との接触は非難攻撃するというねじれた対立関係にあった。

《密約を知って激怒したハーレー》

翌一九四五年一月一二日、ハーレーは、前年一二月中旬に、共産党が重慶を通さず、デービスやOSSとの間で、アメリカから膨大な武器や人員の提供を受ける密約をしていたことを知って激怒した。この密約が共産党を強気にし、ハーレーが悪戦苦闘していた共産党と国民党の連携策の推進を妨害していると知ったハーレーの怒りはすさまじかった。ハーレーは延安から戻ったばかりのデービスに詰問した。しかし、自惚れの強いデービスは、二等書記官にすぎないのに、これは軍事上の秘密なので何も言えない、と答え、ハーレーは溜まった怒りを爆発させた。

ハーレーは、直ちにルーズベルトに対し、この密約を激しく批判する報告を送った。これは、ウェデマイヤーがビルマと昆明への出張で不在中に、国民政府を全く通さずになされたこと、アメリカの軍事物資を直接共産党に提供し、アメリカの部隊を派遣してアメリカの共産党軍を直接指揮するというもので、アメリカが国民党政府を支持・支援するという基本国策に全く反し、民主的な中国の統一建設を妨げるものであることを主張した。驚いたルーズベルトは、リーヒ提督に、マーシャル将軍に直ちに調査させるよう命じた。

マーシャルは直ちにウェデマイヤーに調査を命じた。しかし、ウェデマイヤーは、逆に、ハーレーが自分に相談なしにワシントンに、部下であるデービスらを激しく非難する報告をしたことを怒った。ハーレーとウェデマイヤーは、着任以来、ワシントンに対する報告は、お互いに秘密にせず必ず、事前に相談することを約束していたためだった。ハーレーは、ウェデマイヤーがビルマ出張で不在中だったので事前に相談できなかったと弁解した。

ビルマから戻ったウェデマイヤーは、ワシントンにこの密約は極めて遺憾だったと報告したが、その内容は煮え切らず、曖昧だった。部下の責任を免れさせたかったウェデマイヤーは、この密約による計画についての明確で合理的な説明は避けた。ウェデマイヤーは、アメリカ陸軍の作戦計画が共産党にリークされたことが明白に証明されない限りこれ以上の調査や責任追及の手続きは不要だとした。しかしこの報告に、怒りが治まらないハーレーは同意しなかった。困惑したウェデマイヤーはこのケースを早く片づけたかった。

ワシントンも、ウェデマイヤーの報告に納得しなかった。蔣介石を通さずにアメリカ軍が共産党軍を支援する計画があったのか否かや、ハーレーの抗議の報告とウェデマイヤーの報告とが一致しない理由の詳細な説明を求め、この事態に対して、大統領から蔣介石にどのようなメッセージを送るべきか、ウェデマイヤーの意見を求めた。

ウェデマイヤーは、当初、部下に落ち度はなかったと報告案を作ったが、ＯＳＳのバードから、この計画がドノヴァンの指示によるものだったとの詳細な証言が得られたため、報告を作り直した。ウェデマイヤーは、この計画に自分の部下も巻き込まれたことを謝罪し、延安でなされた八項目の密約内容を説明し、ハーレーとも以前の関係に修復したので、ルーズベルトから蔣介石へのメッセージは必要ないと具申した＊14。

＊14　ウェデマイヤーのディキシーミッションによる密約問題についての回想は煮え切らない。ウェデマイヤー回

想録では、密約問題についてその内容や交渉の経緯などについてほとんど触れていない。「当時を回想した結果、私は中国における日本軍の最後の攻勢をくいとめようとして軍事作戦に熱中するあまり、私の政治助言者であったデービス、サービス、ルッデン及びエマーソンの提出した報告書をじゅうぶん検討してみる時間的余裕がなかった点を、いま認めている。彼らが中国の共産主義者たちに共鳴していたことは、アメリカは国民政府のかわりに共産党の連中を支持すべきであるという、彼らの報告書や勧告書にはっきりと示されていた」としている。つまり、当時は密約の存在や内容を知らず、その問題性に気づいたのは後になってからだったと弁解している。しかし、デービスらの密約は、軍事そのものについての、延安の共産党に対する大胆な支援連携策である。ハーレーに対しては秘密としても、着任間もないとはいえ、司令官であるウェデマイヤーの意志に反し、無断で交渉や密約をするとは考えにくい。ウェデマイヤーは、回想録で「私と……デービスとの仲は、つねにあたたかく、また友好にみちたものであった」とし、この問題で更迭されたデービスへの同情を示している。もし、デービスらの延安との密約が、ウェデマイヤーの意志に反したものであったのなら、このような重大な密約を司令官に無断で行ったデービスらに対し、ウェデマイヤーはハーレー以上に激しく怒るのが自然であろう。華北や満州における抗日戦の強化はアメリカ軍にとっても重要な課題だった。デービスらがどこまで詳細にウェデマイヤーに報告し、諒承を受けていたかはともかく、共産党との軍事的連携はウェデマイヤーも基本的に求めていたのであり、デービスらはそれをバックに交渉・密約をしたものと考えるのが自然なように思える。だとすれば、前掲の「デービスは、当初、このような提案を共産党に対して行って交渉することが、スティルウェルを苦しめたようにウェデマイヤーを苦しめることになると心配したが、ウェデマイヤーは意に介さなかった（傍線筆者）」との部分は真実性を帯びるだろう。ウェデマイヤーのワシントンに対する報告があいまいで煮え切らなかったことはそれを示しているようにも思われる。しかし、ウェデマイヤーは、そのことを明確に語らない一方、ハーレーが当時進めていた国民党と共産党との連携についてのハーレーの判断の甘さを批判している。

ＯＳＳやデービスらの共産党との密約が明らかになったあと、ハーレーは、デービスを更迭してモスクワに異動させることを上申した。ウェデマイヤーも、バレットをディキシーミッションの長から外した。この問題で、ハーレーは激怒したが、張本人であるＯＳＳに対しては甘かった。ドノヴァンと親しいハーレーは、ＯＳＳが陸軍や国務省から排斥されていることに同情的だったからだ。一二月末から二回目の訪中をしていたドノヴァンはハーレーをなだめた。ＯＳＳは、当初、この計画は陸軍が積極的であり、重慶大使館の参事官だったジョージ・アチソンが推奨していたことから国務省も認めていると思っていたが、この件ではスケープゴートの悪者にされてしまった。しかし、最も激怒していたハーレーが擁護したことで、結果的に、発火源であるＯＳＳのみが無傷だった。ジョージ・アチソンは、ハーレー大使から自宅謹慎処分とされることで収まった。

バレットは昇進を認められず、デービスとサービスは中国から放逐された。左遷されたデービスは、後に、自分たちの延安行は、ドノヴァンの指示により、ジョージ・アチソンも推奨して行ったものだ、と怒りを書いた。

こうして、デービスやバレット、バードらが画策して共産党と密約した膨大な軍事的支援とアメリカ軍との連携作戦は実現しなかった。朱徳は、この一件のあとですら、ドノヴァンに二〇〇〇万ドルの現金を要求した。当時、ドノヴァンは二一〇〇万ドルの資金を自由に使えたが、朱徳の巨額な要求にはさすがのドノヴァンも当惑した。しかし、ヤルタ会議が状況を変えた。ヤルタ密約により、ソ連の参戦が保障されたため、中国での抗日作戦の必要性が低下し、共産党軍に莫大な支援をする必要がなくなったからだった。中国共産党はそれまでアメリカに見せていた協力姿勢を引っ込め、むしろ警戒心や敵意を示すようになった。

✺ウェデマイヤーのOSSに対する新たな支配構想

話は遡るが、一九四四年一〇月三一日に着任したウェデマイヤーは、CBI戦線における諜報工作活動について、①イギリスの中国やインドシナへの諜報工作の侵入と、②アメリカの諜報機関の混乱、の二つの問題があることを認識した。

《イギリスとの関係》

中国赴任前に、SEACの総司令官ルイス・マウントバッテンの参謀を務め、イギリスと友好な関係にあったウェデマイヤーは、着任した当初は、中国人がイギリスは悪魔であると考えていることに鈍感だった。しかし、着任以来、蔣介石と友好な関係を持つようになったウェデマイヤーは蔣介石のイギリスへの激しい反感を知った。SOEは、ウェデマイヤーに対し、イギリスが秘密諜報活動のための工作員を重慶に置いて作戦を遂行することを認めることと、そのためにインドからSOEの三万人のゲリラを中国に空輸することを認めるよう臆面もなく求めていた。イギリスは、ウェデマイヤーに、イギリスの空軍部隊をアメリカの航空兵の救出のために派遣することを求めたが、シェンノートによれば、そのようなイギリスの名目は嘘だった。ウェデマイヤーは、ワシントンに、イギリスは日本軍との戦いには何も貢献しておらず、イギリスが中国の強国化を望まない点で、アメリカの対中国政策の基本方針に反していると考え、ワシントンに報告した。この点では、イギリスとのつながりが強かったOSSとウェデマイヤーの立場には違いがあった。

《諜報機関の混乱と、ウェデマイヤーのSACOやマイルズへの不信》

諜報機関の混乱の最大の原因は、マイルズや戴笠と、OSS、陸軍、大使館・国務省との不信と対立にあった。着任したウェデマイヤーは、蔣介石との関係は修復したが、SACOやマイルズに対しては、強い不信感を抱いていた。ウェデマイヤーも周囲の共産主義者たちからの洗脳を免れてはいなかった。ウェデマイヤーも、現地陸軍の幹部や、大使館のジョン・デービスらの蔣介石、戴笠への批判に洗脳されていた。共産党は、蔣介石以上に戴を憎んでいた。それは、黄埔軍官学校時代、戴は周恩来と共に学んだ関係にあったが、その後の剿共作戦で蔣介石の先鋒として徹底的に共産党と戦ってきた最も憎むべき存在だったからだ＊15。共産党の戴への批判は極めて巧妙であり、あらゆるルートを使って、アメリカ陸軍や大使館関係者に、戴をヒトラーのＳＳのヒムラーになぞらえて残虐なテロリスト、殺人者であり日本軍と通じたスパイであるとの宣伝工作を徹底していた。自分たちが同じように、あるいはそれ以上にテロ活動を行っていたことや、密かに日本軍と通じて国民党軍を攻撃していたことは、お首にも出さなかった。また、中国の共産党は本来の共産主義者ではなく農業改革者であるという宣伝も徹底していた。

＊15　黄埔軍官学校は、第一次国共合作により、中華民国大総統の孫文が一九二四年に広州に設立した中華民国陸軍の士官養成学校であり、蔣介石が校長、何応欽が総教官だった。共産党の周恩来や葉剣英も教授部や政治部の副主任として加わっていた。

ＳＡＣＯは、一九四四年一二月までに、最小限の人員や物資の下で、中国全土の機関の中で最も大きな働きをした。しかし、米陸軍は支援をしなかったばかりか、常にＳＡＣＯの戦いを妨害した。ウェデマイヤーもＳＡＣＯの貢献と実績を適切に評価していなかった。ウェデマイヤーは、スティルウェルの方針とは同じではなかったが、両者に共通するのは、アメリカ人が中国人の指揮下に入ることに反対したことだった。スティルウェルも、ＯＳＳのドノヴァンも、皆、自分たちは中国人より上だと思っていたが、ウェデマイヤーも東洋人への偏見をぬぐえていなかった。

また、支那通の陸軍軍人も、ガウス大使を始めとする大使館の幹部も、その多くは中国と中国人を見下しており、アメリカ人がその指揮下に入ることに対する強い反感があった。ウェデマイヤーは、マイルズに「なぜ中国人の指揮下で働けるのかと」聞いた。しかし、それは、彼自身が蔣介石の指揮下の司令官であることと矛盾していた。ウェデマイヤーも、中国人に対する接し方を理解していなかった。そのような幹部は少なくなく、ＯＳＳ幹部のヘプナー大佐は、マイルズがハッピーバレーでの食事に誘った時、中国人と一緒に箸を使って食事はしたくないと拒絶したこともあった。蔣介石や戴が、いかにイギリスを嫌っているかについても鈍感だった。これに加え、陸軍は、本来海洋で戦うべき海軍が中国の陸地で蔣介石軍と連携して抗日戦争を担うこと自体に対する強い反感があった。

ウェデマイヤーは、当初は、マイルズと友好的に協議した。マイルズをウェデマイヤーの指揮に従わせれば、ＳＡＣＯをコントロールできるだろうとの考えもあったからだった。マイルズはウェデマイヤーに、ＳＡＣＯへの物資供給の乏しさを訴えた。しかし、マイルズは、ウェデマイヤーが、マイルズを通じることによって自動的に戴笠を連合軍の一翼として働かせ、ゲリラ活動をコントロールできるものと考えていると察知した。マイルズは、ウェデマイヤーに、アイゼンハワーがイギリスのスコットランドヤードをコントロールできないように、ウェデマイヤーも戴をコントロールすることはできず、ＳＡＣＯ協定に基づく以外のことはできないことを理解させようとした。

ＳＡＣＯが自分の意のままにならないことを知ったウェデマイヤーはＳＡＣＯ協定を廃棄すべきだと主張し、二人は激論となった。ウェデマイヤーは、戴に伝えた情報はすべて即座に日本軍に筒抜けになると言った。ウェデマイヤーは、戴笠がゲシュタポのようなテロリストで、しかも裏で日本軍と通じている、とデービスらから吹き込まれ、それを信じていた。マイルズは戴が誤解されていることを説明したが、ウェデマイヤーの戴に対する誤解は、戦争が終わるまで解けなかった。こうして、中国における諜報組織をすべて自己の指揮下に置こうとしたウェデマイヤーは、着任以来、一貫して、ＳＡＣＯと戴やマイルズを敵視し、マイルズの立場や活動を弾圧した。

《ウェデマイヤーのＳＡＣＯ支配構想、これに乗ったドノヴァン》

ウェデマイヤーは、戴笠やマイルズが指揮するＳＡＣＯの原則を変更し、ＯＳＳに権限の多くを委ねようとした。更に、ＯＳＳを含むすべてのアメリカ人の作戦活動を統合して自己の指揮下に収めようとした。一九四四年一一月五日、ウェデマイヤーはドノヴァンに対し、ＯＳＳについて大胆な提案をした。ＯＳＳを、ウェデマイヤーが指揮する陸軍内に置くこととし、ヘプナーをその長とするという考えだった。これは、中国国内における様々な諜報機関の混乱、特にＯＳＳをめぐる組織の対立問題を解決しようとするものだった。これまでＳＡＣＯやＡＧＦＲＴＳを隠れ蓑として活動していたＯＳＳをウェデマイヤーの指揮下に移し、諜報工作活動の統合的な推進を図ろうと考えたのだ。これはＳＡＣＯ協定に根本的に反するもので、これを実現するには協定の改定が必要だった。ウェデマイヤーは、その協議のためにドノヴァンの訪中を要請した。ドノヴァンはジレンマに陥った。これまでスティルウェルが蔣介石や戴笠と激しく対立していたことによる混乱については、ウェデマイヤーが着任以来蔣介石と友好的な関係を確立していたのでその面では従来よりも状況の改善が期待された。ただ、ＯＳＳに対する指揮権が完全にウェデマイヤーの手中に入ることは、本来独立したＯＳＳの組織活動を目指していたドノヴァンの構想に反し、自身のＯＳＳの指揮権が損なわれると危惧された。ヘプナーもこれを嫌っていた。しかし、ドノヴァンは熟慮の末、この新たな枠組みをウェデマーヤーに承諾することとした。

ドノヴァンは、歴史家のコニャーース・リードに戦時中のこれまでのＯＳＳのすべての成果の取りまとめを指示し、これを踏まえて作成した戦争後の平和時の中央情報機関の青写真を、すでに一九四四年秋、ルーズベルトに提出していた。ドノヴァンは、一九四四年一二月、訪中した際、「中国に於ける戦略的諜報機関の設立と使用についての企画」と題するプランをウェデマイヤーに提出した。その骨子は、「中国は西半球の最大の地域であり、アメリカは政治的軍事的経済的に重大な利害を持つが、ソ連が北と西に、イギリス、オランダ、フランスが植民地を南に抱え、東は日本に面している。これらの国はそれぞれ、中国で秘密諜報工作の組織を持ち、活動している。しかし、アメリカはオープンな情報収集しかできておらず、統合された秘密諜報工作、対立国に対する反諜報工作を行う組織が不可欠である」というものであり、中国をモデルとしつつ、戦後のドノヴァンの壮大な構想を念頭においたものだった。

ドノヴァンは、ＯＳＳが形の上ではウェデマイヤーの指揮下に入るとしても、実質的にＯＳＳの独自性やドノヴァンの指揮権が失われなければよいと考えた。ヘプナーは、中国のＯＳＳを実質的に独立したものにするための様々な条件を提示した。それは、基本的にはＯＳＳがウェデマイヤーの指揮権の下に入るとしても、ＯＳＳは、ＡＧＦＲＴＳにも、ＳＡＣＯにも要員を置き、これらを中国に新たに設立され、ヘプナーが指揮官となるＯＳＳの本部が統括するというものだった。要するに、ウェデマイヤーの陸軍の庇は借りつつ、その下のＯＳＳの母屋はしっかりと建てようとするものだった。ドノヴァンはこれを了承し、この方針のもとでＯＳＳがウェデマイヤーの指揮下に入る方針を固めた。

一九四四年一二月、ドノヴァンは重慶でこの問題を具体的に協議するためワシントンを出発した。二回目の訪中だった。

《ドノヴァンの訪中、マイルズを屈服させたドノヴァンとウェデマイヤー》

しかし、ドノヴァンは、訪中することを戴に事前に知らせようとせず、駐米大使館武官補佐の Hsiao 大佐に対しても中国への連絡は不要だと言った。一二月二六日、ドノヴァンは重慶に到着したが、ドノヴァンの訪中を知った戴笠が、ドノヴァンのために改装して用意していた立派な宿舎にも感謝の意を示さなかった。ドノヴァンが到着直後にイギリスと会議を持ったことも戴を刺激した。ドノヴァンは、ウェデマイヤーと会談し、アメリカ海軍が中国の指揮下で活動することは許せないと明言した。しかし、ウェデマイヤーの指揮下であれば構わないとした。ウェデマイヤーも、中国で、本来は陸軍のやるべきことを海軍がやることに対する基本的な反感があった。こうして、ウェデマイヤーは、すべての米軍、ゲリラ活動も含む中国の諜報組織を自己の指揮下に置くことで、ドノヴァンと意思を合致させた。

　ＯＳＳが参加し、Hsiao 少佐も戴もマイルズも加わった大会議が開かれた。ドノヴァンとウェデマイヤーに対し、戴とマイルズは、ＯＳＳが引き続きＳＡＣＯの指揮下にとどまるよう要請した。しかし、ドノヴァンもウェデマイヤーも鼻からこれを拒んだ。ドノヴァンは、ＯＳＳはウェデマイヤーの指揮下にあるべきだと怒鳴りつけた。ウェデマイヤーはこれまでの合意は尊重されるとしつつ、その一部は将来的に変更される可能性があると言った。

　戴は、協力はするが、自分は蔣介石の命令によらなければ動かず、自分の行動についてマイルズがウェデマイヤーに報告することは、それがＯＳＳを通じて共産党に伝わる可能性があるので許さないと言った。

　ウェデマイヤーは着任以来、ＳＡＣＯ内のアメリカ人を完全に彼の指揮下に入れるために、まずＳＡＣＯ内部のＯＳＳを支配しようと目論んでいた。その困難な問題がＳＡＣＯ内の海軍の人員の処置だった。マイルズはすでに前年末、ＯＳＳの中国代表の任を解かれてＯＳＳに対する指揮権は奪われていたが、ＳＡＣＯの副長官の地位には留まっていた。マイルズはウェデマイヤーの指揮下に入るつもりはなかった。

　しかし、ウェデマイヤーは、中国のすべての諜報機関は海軍も含めて自己の指揮下に入るべきだと主張し、マイルズは、ウェデマイヤーやドノヴァンの圧力により、しぶしぶながらこれに屈服させられてしまった。

　しかし、このようなウェデマイヤーやドノヴァンの要求は、ＳＡＣＯ協定に真っ向から反するものだった。ウェデマイヤーは、戴や、マイルズ、Hsiao 少佐と長時間激論した。ウェデマイヤーは、自己の構想実現のためには、ＳＡＣＯ協定の改正が必要となるため、ワシントンで大会議を開くこととし、マイルズに参加を要請した。

　あまりに多数のアメリカの情報機関が中国に混在していることの問題については、ウェデマイヤーは、ＯＳＳのヘプナーに、中国のアメリカの諜報機関の統合の役を与えることとして、ドノヴァンの方針を受け入れた。ウェデマイヤーのＯＳＳへの強力な支援は、ＯＳＳの活動の独立性を事実上認めるものとなった。

ヘプナーは、最初に、ＡＧＦＲＴＳの指揮権を第一四空軍のジェシー・ウィリアムズから奪おうとした。シェンノートは当初、これを断乎拒否した。ＡＧＦＲＴＳのＯＳＳへの忠誠を確立するため、ドノヴァンは二回目の訪中の一月一八日から二四日までの間、シェンノートと協議してその反対を潰し、ＡＧＦＲＴＳをヘプナーの指揮下に移してその名称も改めさせた。

《ワシントンでの会議で勝ったウェデマイヤー、しかし蔣介石は応じなかった》

一九四五年二月、ワシントンで、ウィリアム・リーヒ陸海軍最高司令官、ジョージ・マーシャル陸軍参謀総長、海軍作戦部長のアーネスト・キング提督ら陸海軍の最高幹部の会議が開催され、マイルズも傍聴が許された。ウェデマイヤーは、ＳＡＣＯ協定の破棄を主張した。ウェデマイヤーはこれまでの、マイルズの働きの成果は評価しつつ、今後は、ＳＡＣＯはアメリカの指揮下に入るべきだと強調した。ウェデマイヤーはそこでも戴笠の人物を攻撃し、アメリカ兵をその配下には置けないと主張した。マイルズを支持し、戴との連携の必要性を理解していたキング提督も孤立し、ついにこの方針が採用された。協定は、①ＳＡＣＯのアメリカ人はアメリカ軍の指揮下に入ること、②これに反する協定部分は破棄されるべきこと、とされたが、その条件として協定の改定には蔣介石の同意がいることとされた。また、ウェデマイヤーは、ＳＡＣＯの権限としては、情報収集に限るべきで、情報収集に対する妨害や攻撃についてのみ反撃することを許し、積極的なゲリラ攻撃は、ＯＳＳと陸軍に任せられるべきだとしていた。これは、マイルズが一九四二年にキング提督によって中国に派遣されたとき「抗日戦のためにやれることならなんでもやれ」と命じられたことに真っ向から反していた。

ワシントンでの会議で、ウェデマイヤーは勝った。キング提督の反対にも関わらず、ウェデマイヤーは中国でのアメリカの全軍隊や諜報機関への指揮権をもつこと、これに矛盾するＳＡＣＯ協定は改訂されるべきこと、が承認された。ＳＡＣＯ協定の合意は、マイルズの組織をウェデマイヤーの直接指揮下におくように変えられることとされた。マイルズは、「ＳＡＣＯのゲリラ部隊を一定の地方から撤退させ、ＯＳで訓練した部隊に置き換えること」を命じられた。

こうして、ウェデマイヤー着任のとき、ＯＳＳは、ＳＡＣＯ、ＡＧＦＲＴＳ、ディキシーミッションに三分していたが、ウェデマイヤーにより、その傘下で、ヘプナーが統括するＯＳＳが、諜報や破壊工作活動のすべての統合的な指揮権を持つことになった。ウェデマイヤーはヘプナーを、中国のゲリラの二〇グループの訓練の責任者に任命した。こうしてドノヴァンは、ウェデマイヤーの構想に乗ることによって、形の上ではウェデマイヤーの指揮下に入るものの、ＳＡＣＯやＡＧＦＲＴＳを必要な範囲で利用しつつ、ＯＳＳの指揮権はヘプナーが持つことによってＯＳＳの事実上の独立を実現した。

ウェデマイヤーは、ワシントンで勝ち取った合意に基づき、ＳＡＣＯ協定の改定について蔣介石と協議した。しかし、蔣介石は、アメリカ人のＯＳＳの工作員がアメリカの指揮を受けることは承認したが、協定の改定は言下に斥けた。そのため、ウェデマイヤーもドノヴァンも、協定改定はあきらめ、実質的にＯＳＳの指揮権をＳＡＣＯから奪う方針を固めて進めることとした。そのため、マイルズらのＳＡＣＯはこれまでどおりの戦いを続けることとなったが、陸軍やＯＳＳの妨害は執拗であり、インドからのＳＡＣＯ向けの物資の輸送は従来にも増して制限され、またＳＡＣＯのアメリカ兵士増強のために派遣された多数の兵士らの中国入りは阻止され、終戦までインドに留め置かれてしまった。

✺再び北を目指したＯＳＳとドノヴァン

ＯＳＳは形の上ではウェデマイヤーの指揮下に入ることになったが、ドノヴァンはウェデマイヤーと完全な一枚岩というわけではなかった。ウェデマイヤーは、地域責任者のヘプナーを通じて、OSSの組織と活動を完全にウェデマイヤーの指揮下に置こうとした。しかし、したたかなドノヴァンはこれに不満で、OSSを依然実質的に自分が動かそうとしていた。その矛盾が現れたのは、共産党支配地域への侵入作戦だった。

デービス、サービス、バレット、バードらによる延安共産党との連携の密約は失敗に終わっていたが、ドノヴァンは、再び北に入る方策を考え始めた。共産党支配地域や北方の日本軍支配地域における作戦活動は、OSSにとって、抗日戦の勝利のためはもとより、迫ってくるソ連軍の動向を把握するためにも重要だったからだ。欧州戦が終われば、満州や朝鮮への潜入は極東政策のために重要となっていた。ドノヴァンは、戦争初期にはソ連や共産主義に対する警戒心が乏しかったが、枢軸国の敗戦が迫る中で、次第にその意識が高まり始めていた。

しかし、ウェデマイヤーは、アメリカが共産党支配地域に入ることには慎重だった。ウェデマイヤーは、着任以来蒋介石との信頼関係を深めていたので、基本的にアメリカの対中国政策に従って蒋介石の国民党を支持しており、デービスらの密約の失敗以降、共産党との連携には消極的になっていた。しかし、ワシントンのOSS本部は、一九四五年二月初め、ウェデマイヤーの方針にチャレンジした。OSS本部は、ヘプナーに、日本支配地域への侵入の特別計画を指示した。そのために、ヘプナーは、地域司令官のウェデマイヤーからではなくワシントンの秘密命令に従うべきだとした。ヘプナーは、ウェデマイヤーの指揮下に置かれる立場と矛盾する命令に怒って本部に抗議した。このようなやり方は、OSSがこれまで中国で経てきた混乱を再び招くものだった。

ワシントンのOSS本部はヘプナーの抗議を重視し、ドノヴァンも妥協し、ヘプナーの自主性を尊重して、ヘプナーの主体的な指揮によって日本支配地域侵入作戦計画を遂行するための隊長を、ヘプナー自身に任命させることとした。

ヘプナーは、まず、グスタフ・クローズ（Gustav Krause）少佐を隊長に任命し、一九四五年四月九日、西安に、数チームからなるＯＳＳの四六人のエージェントを、初めてのＯＳＳのフィールドワークのために派遣した。チームはその地の国民党軍と円滑な協力関係を築き、活動を開始した。

共産党との軍事的連携には基本的に消極となっていたウェデマイヤーも、共産党支配地域での諜報工作活動の必要性は理解していた。四月二〇日、ウェデマイヤーはヘプナーと、ＯＳＳと共産党との協力のプロジェクトについて協議した。ＯＳＳでは、一九四四年秋から、中国全土での共産党の支配地域でＯＳＳの諜報活動への協力を求めるプロジェクト「ＹＥＮＳＩＧ４」を考案していたが、これは休止状態となっていた。しかし、ウェデマイヤーはこの企画を再開して実行することに賛同し、ヘプナーらを驚かせた。ヘプナーは、ドノヴァンに「我々はディキシーミッションを乗っ取ることができるだろう」と報告した。

ウェデマイヤーは、ヘプナーとの協議で、ＹＥＮＳＩＧ４の企画遂行のために、延安に五万八〇〇〇ポンドの無線通信などの設備を送る方針を決めた。ただし、それは共産党の私的用途には用いず、ＯＳＳの指揮のもとに使用されるべきこととした。中国のＯＳＳ副長ウィリス・バードは、失敗したバレット・バード密約事件の中心人物だったが、この方針を知って「我々がやりたいようにできる」と喜んだ。

《ＯＳＳの新しい血　メーガン主教のカトリックのネットワーク》

日本軍支配地域に侵入する工作員は、白人ではだめであり、戴笠の配下の中国人では政治的混乱に陥るおそれがあった。ヘプナーとヘプナーのＳＩチーフ、ジョン・フィッテカーが考案したのが、カトリックビショップのトーマス・メーガンを使うことだった。メーガンの本部は西安の東方四五マイルにあった。

北支のカトリックは農民の心をつかんでいた。かつてのカトリックの強力な指導者は、伝説的なベルギー人で、カトリックの中国の主教ヴィンセント・レベだった。レベ主教は、抗日戦の中国兵士の救済活動で活躍し、英雄となった。しかし、周恩来を始めとする共産党は、歴史的にカトリックと敵対し、弾圧していた。戴笠は、以前から北支にゲリラ拠点をいくつか設けており、カトリックの活用を蔣介石に提言していた。蔣介石はそれを認め、戴とカトリックの協力関係は一九三八年から築かれていた。蔣介石はクリスチャンだった。戴とカトリックの連携関係は強力で、共産党から敵視されていた。

一九四〇年三月、共産党のゲリラはレベ主教を誘拐し、三五日間、厳しい尋問、拷問をした。怒った蔣介石は直接介入し、朱徳に命令して主教を釈放させた。重慶に回送された主教は一二日後に死亡した。その跡を継いだのがメーガン主教だった。

メーガンはOSSからの連携の申し入れに同意し、北支の多数のカトリックの中国人の活用を約束した。現地のカトリックの支援によって、OSS工作員が、パラシュートを用いて北支に侵入する方策が考案され、実行された。この方策は非常に効果的だった。メーガンの才能と目覚ましい活躍は重慶でもワシントンでも「戦う主教」として注目された。OSSはこうして新たな諜報網を得たが、カトリックを迫害していた共産党との関係はむしばまれた。

✺OSSと共産党の協力決裂の転回点となったスパニエル事件、牙をむきだした共産軍

一九四五年五月、OSSは、五人のミッション「スパニエルチーム」を河北省の日本軍支配地から半マイルの地域にパラシュートで送り込み、傀儡軍と接触して工作を開始した。ウェデマイヤーは、当初、OSSのこの作戦開始に当たって、アメリカの兵士が、共産党の承諾なしに北支で活動できるか、自問した。しかし、その地域は共産党が独占支配しているのでなく、日本軍の支配も及んでいるので問題はない、と考えて工作を了解したのだった。しかし、これは地雷原を踏むようなものだった。実は、共産党と日本軍や傀儡軍とは、密約により、この地域では戦わず、共存していたのだ。密かに傀儡軍との接触工作を行っ

ていた共産党は、ＯＳＳが共産党に無断で傀儡軍と独自の接触をすることは極めて問題で許せることでなかった。それがＯＳＳの工作員に知られれば、共産党が日本軍と戦っているというプロパガンダを崩すこととなるからだ。しかし、侵入したチームはその事情を把握し、「八路軍と日本軍や傀儡軍との実際の戦いは大幅に誇張されている。彼らはときどきの襲撃とヒットアンドランをしているに過ぎない」と報告した。

これを察知した共産党は、五月二八日、チームを逮捕した。チームは厳しく尋問され、重慶との通信もほとんど許されなかった。チームの逮捕は予想外であり、怒ったウェデマイヤーは、毛沢東に抗議と質問の手紙と電信を送った。しかし、間に立ったＯＳＳのピーターキン（Peterkin）らはこれを握りつぶした。それは、ＹＥＮＳＩＧ４のプロジェクトの推進のためには、毛沢東とウェデマイヤーの関係を悪化させたくなかったからだった。

しかし、スパニエルミッションの逮捕は、双方にとって爆弾のようなものだった。共産党は、アメリカ陸軍と国民党が共産党を攻撃しようとしていると考えた。六月二日、共産党は、突然ディキシーミッションの地位・権限をカットした。延安に派遣されていたＯＳＳのピーターキンやステレらから緊急の電報があり、「共産党は、その支配地域でのアメリカ陸軍の活動について全体像を正式に示されない限り許容できない」と報告された。

こうしてＯＳＳのＹＥＮＳＩＧ４計画は、六月に中止された。共産党は、アメリカからの膨大な軍事物資の支援や、毛沢東と周恩来の訪米によるルーズベルトとの会談を期待していた頃は、アメリカ軍やＯＳＳに極めて好意的で寛大な対応をしていた。しかし、それらの期待が失われた以上、アメリカに甘い対応をする必要はなくなっていた。膨大な武器や物資は、ソ連の満州侵入を利用して、日本軍から奪えばよかったからだ。共産党はとうとう衣の下から鎧をむき出しにしたのだ。

ＯＳＳは、共産党の力の成長やアメリカへの敵意を露わにし始めたことに鈍感で無警戒だった。一九四五年八月には、西安から二チームが共産党支配地域に派遣されたとき、チームは共産党軍から逮捕された。バルカン戦線で活躍したジェームズ・ケリス（James Kellis）少佐らは、八月一二日、北京に入った。しかし、北京は既に共産軍に包囲されており、国民党軍は沿岸から進出できなかった。

同月、数十人のＯＳＳの部隊が西安から北部の後背地に入った時、共産党軍から妨害された。八月中旬、西安のＯＳＳ指揮官は困惑し、昆明のＯＳＳ本部に、「すべての現地部隊は、日本軍の降伏を受け入れて武器を奪おうとしている共産党軍と闘っているのでどうすればよいか」と指示を求めた。本来、日本軍の降伏は、中国の正規の政府軍である国民党軍に対してなされるべきであるが、共産党軍は自らが降伏受け入れの主体となることで日本軍の武器を奪おうとしていたのだった。内戦はすでに始まっていた。ＯＳＳのGeorge Wuchinnich大尉（※チトーのパルチザンと共に戦った）は、もともと共産党に共感を持っていたので、本部に相談せず共産党の支配地域にチームで入ったところ、共産党軍から拘束されてしまった。

悲惨だったのは、ジョン・バーチ大尉（※John Birch　シェンノート軍に参加していた）が率いるＯＳＳのチームだった。バーチ大尉らは、連合軍の捕虜救出のため、八月二五日、山東省に入った。しかし、共産党の部隊がチームの検問所通過を阻み、押し問答となった。司令官に会わせるよう強く求めるバーチ大尉らに対し、中国兵は武装解除を要求し、捜索を始めた。「お前たちは強盗か」と激しく抗議する大尉らに、中国兵は射撃を開始した。大尉は大腿部を撃たれた後、後ろ手に縛られ、足首も縛られ、顔面を銃剣で切り刻まれた。この一件を知ったウェデマイヤーは、毛沢東や周恩来に対して激しい抗議を送った。この事件は中国のアメリカ軍全体を震撼させた*16。

ＯＳＳは、連合軍の捕虜たちを彼らが殺害される前に救い出す作戦を昆明の本部で七月から計画し、八月下旬、チームを奉天に送り込んだ。しかし、満州ではソ連軍が数十万の軍隊を八月一四日までに満州に送り込んでおり、ソ連軍はアメリカに敵対的だった。ＯＳＳの工作員たちは、ソ連軍の兵士から時計などを強奪されてしまった。ソ連軍は、暴行と略奪の限りを尽くした上、日本のすべての産業機器を奪って列車でソ連に運搬した。それを写真撮影しようとしたＯＳＳの隊員は、ソ連軍から逮捕され、追放されてしまった。九月末、重慶のスティーブンス（Stevens）大佐は「ソビエトの参戦は、ここでは深刻な失望と受け止められている」と書いた。

こうして、ＯＳＳは、四年間の中国での活動は、戦争末期に至り、初めて深刻な失望だと考えるようになった。

＊16　Maochun Yu『OSS in China』（二三七頁〜）が詳しく、惨殺されたバーチ大尉の遺体の写真が掲載されている。

✺ＯＳＳの最後の活躍による捕虜救出、ドノヴァンの三回目の訪中、突然の終戦

時期は少し遡るが、ＹＥＮＳＩＧ４計画が六月に中止された翌日、共産党からの憎しみと非妥協の中で、ウェデマイヤーは、西安を視察した。北支でのＯＳＳ活動の詳細な報告を聞くためだった。ウェデマイヤーは、活動状況に満足した。共産党との関係の悪化にもかかわらず、ＯＳＳは、六月と七月に誇るべき活動をした。ヨーロッパ戦線からＯＳＳの多くの工作員が中国に移動し、ウェデマイヤー着任時の一〇六人から、七月までに一八九一人に増加していた。ＯＳＳ再編のためのウェデマイヤーとヘプナーの努力は大きな成果を生んだ。

共産党との協力計画が潰れてからは、西安が満州や朝鮮への侵入拠点となった。ＯＳＳは、朝鮮への侵入計画を策定し、「イーグル計画」と名付けられた。朝鮮からの多数の逃亡者を配下においた作戦だった。カトリックのメーガングループも含む「フェニックス計画」では、北京、西安から、山東、湖南、山西、

河北、満州などの地域で、日本軍の秘密資料を確保するなど、日本軍の作戦命令の諜報で大きな成果を上げた。

「チリミッション」は、安徽省をベースとし、黄河と揚子江の間の地域での情報収集と第一四空軍のための気象情報の提供などを行った。「R2Sミッション」は、北京から黄河地域、山東半島で日本軍情報を収集した。

八月一二日、ヘプナーは、戦争捕虜救出のためのチームを満州や山東に派遣することを命令した。これはウェデマイヤーにとって、最大のプライオリティの任務だった。陸軍省もAGAS（Air Ground Aid Service）にこれを命じていたが、OSSの参加も求められた。西安からOSSの九チームが派遣され、第一四空軍も協働した。鳥の名前をつけた八つの作戦ミッションチームが構成された。「ダックミッション」は、一七日に山東省で一〇三八人のイギリス、アメリカ、ベルギーなどの兵士捕虜を救出した。「マグピーミッション」は北京で六二四人の連合軍兵士を救出するなど、大きな成果を上げた。

ドノヴァンは、一九四五年八月初めに三度目の訪中をし、八月五日に重慶でウェデマイヤーから歓迎された。ドノヴァンは、蔣介石と会談し、満州と朝鮮への侵入のための協力を要請した。喜んだ蔣介石は無条件の協力を承諾した。

アメリカへの敵意を示すようになっていた共産党も、ドノヴァンの訪中には大きな関心を持った。OSSのデビッド・ショー（David Shaw）が密かに宋慶齢と会い、共産党とドノヴァンの会見を八月一一日に手配した。宋慶齢と共産党の諜報機関との関係は緊密だった。ショーは、OSSで諜報と破壊活動のために、労働組合からエージェントを採用することを任務としていた。しかし、共産党との敵対や摩擦がすでに現れていた時期だけに、問題は深刻だった。ドノヴァンは個人の責任でショーが共産党の代表者と会うことを認めた。北支での労働運動を知る必要性があるためだった。ショーは、宋慶齢の家で、周恩来の副官であるWang Bingnanら三名と会談した。彼らの要望は、ショーが直ちに延安で毛沢東と会見し、世界労働組合への共産党の参加の承認について話し合いたいということだった。しかし、なんらの合意には至らなかった。

朝鮮侵入のためのイーグルプロジェクトでは、アメリカ政府が強く反対している朝鮮暫定政府の長キム・クー*17の活動参加の問題が生じた。ドノヴァンは、ためらいもなくキムと快く会談した。転落寸前で力を得たキムは、トルーマンにアメリカの理解と協力を求める親書を送った。しかし、トルーマンはドノヴァンの勝手な行動に激しく怒った。その二五日後、トルーマンはOSSを解散させたが、これにはドノヴァンの勝手な行動も少なからず影響していた。

*17 金九。朝鮮の民族主義者。蔣介石の国民党政府の元で抗日活動を行ったが、アメリカからはテロリストとして排斥されていた。

✺日本降伏後も続いたウェデマイヤーのマイルズへの圧力、戦後の回顧と反省

ミルトン・マイルズは、マラリアの病魔に押されながら、海軍の上海上陸の準備に忙殺されていたが、ウェデマイヤーと陸軍は、マイルズへの批判や中傷を続けた。戴笠が、国民党の一党制政府を維持し、共産党の関与を排除しようとしていることが批判の中心だった。ウェデマイヤーは、マイルズが戴と連携していることは議会の調査対象となるとすら恫喝した。共産党は、戴がテロリストであって、国民党の独裁政治を確立しようとしていると批判宣伝することに成功していた。陸軍はもちろん、アメリカの政府中央やマスコミも皆この認識で染まっていた。アメリカは、共産党が「一つの政党」である、と認識しており、アメリカの二大政党制が中国でも機能すると信じていたが、共産党はそのようなものでないことをマイルズは見抜いていた。そのため、マイルズの立場は極めて悪くなっていた。重慶に視察に来た議会の軍事委

員会は、ウェデマイヤーらの一方的な報告に基づいて「戴笠はゲシュタポである」などの報告書を作成していた。

ウェデマイヤー自身は中国の共産化を望んでいたわけではなかった。しかし、ウェデマイヤーは、分裂していた側近の多くのみならず、国務省の共産主義者たちの恫喝、約束、宣伝によって混迷させせられていた。ウェデマイヤーは、蔣介石が戦略家ではないと批判していた。しかし、日本軍が満州や華北の支配地域を明け渡した空白に共産軍やソ連が入り込むことは明らかであり、それは蔣介石の方が正しく洞察し、予測していた。その認識が十分でなかったウェデマイヤーは、蔣介石が軍を北に進める要請をしたにもかかわらず、迅速に対応しなかった。ウェデマイヤーの陸軍は、遥か西方のインドシナに近い中国沿岸を確保しようとしていたが、それは、無駄な作戦だった。共産党やソ連が侵入する北方を押さえることの方が遥かに重要だった。マイルズらは、既に一九四五年の五月に、ＳＡＣＯの中国軍が、温州、福州、厦門を支配できていたことを報告しており、中国沿岸部確保のために陸軍の大幅な動員の必要性は乏しかった。この判断を後に批判されたウェデマイヤーは、一九五一年に、議会の調査に対し、当時日本軍がすべての中国の港を支配していたと弁解、説明したが、これは事実に反した。

ウェデマイヤーは、優れた企画者であったが、戦闘の実体験には乏しかった。優秀な参謀であるだけに、その反面として全ての作戦を自分が掌握しようと考えていた。アーネスト・キング提督がマイルズに「君がやれることは何でもやれ」と指示したような広い度量はなかった。陸軍の幹部たちは官僚的であり、膨大な時間を要する企画や報告の提出にうるさく、マイルズはその官僚主義に悩まされた。マイルズらの活動は正規軍の戦闘ではなく、臨機応変なゲリラ戦であり、事前の企画の提出にはなじまず、また詳細な活動の報告は秘密保持の観点からなじまないものだった。マイルズらは極めて乏しい物資にもかかわらず、大きな成果を上げたが、それらは当時も、戦後も公に知られることはなかった。

しかし、重慶のアメリカ軍司令部の幹部たちとは異なり、第一線の戦闘地域では、陸軍兵士らとＳＡＣＯとの関係は良好だった。デスクワークの幹部と、自ら戦う兵士の違いだった。一九四五年の五月から八月までの間、ＳＡＣＯの各部隊の戦いによって、二万四八五人の日本兵を殺害し、七五一五人を負傷させた。しかし、ワシントンでは、海軍は中国で最悪のギャングと協力しているとのデマも流されていた。

マイルズは、戦後、アメリカとソ連が世界の二大勢力となるので、中国をアメリカ側に引き付け、中国をアメリカの大きなマーケットに育てるべきだと確信していた。そのために、ＳＡＣＯの活動は米中の協力の礎になると考えていた。しかし陸軍の幹部は、共産党のプロパガンダに洗脳され、ＳＡＣＯが戦うべきでない共産党と戦っていると批判していた。戦争が終わりに近づくにつれて共産党の活動は活発化した。共産党は日本軍と通じて、ＳＡＣＯの兵士を攻撃していた。しかし、マイルズは、共産党は「農業改革者」ではなく、ソ連に支援された共産主義者だと見抜いていた。日本の降伏に至るまで、戴笠やマイルズの率いるＳＡＣＯは、沿岸部で日本軍や艦船の攻撃を活発に行った。しかし、重慶のアメリカ軍幹部は、マイルズらが切実に求めた医薬品の供給投下に消極的で、ウェデマイヤーはかえってそれを共産軍に提供してしまった。蔣介石はシェンノートを信頼していたが、陸軍はシェンノートにも冷淡だった。一九四五年五月一日にはシェンノートの部隊は半減され、彼の地位も降格させられた。

《戦後のウェデマイヤーの回顧と反省》

一九五八年、ウェデマイヤーは、『WEDEMEYER REPORTS』を公刊した（日本では一九六七年に『ウェデマイヤー回想録―第二次大戦に勝者なし』（読売新聞社）として翻訳出版された）。これは爆発的な人気を呼んでベストセラーとなり「公正な第二次大戦史」との高い評価を得た。ウェデマイヤーは、アメリカ軍やアメリカ大使館の要人を始めとする関係者が、共産党の魂胆を見抜けていなかったことを反省的に回顧している。

しかし、ウェデマイヤー回想録では、海軍のミルトン・マイルズの活動については「かなりやっかいな問題を一つ抱えていた。マイルズ代将指揮下のアメリカ海軍の一グループが……私の司令部の統制に従わないでかってな作戦を実施している」と書いただけで、SACOのことには一切触れていない。戴笠についてはその名前すら登場しない。しかし中国戦線では、対立し、摩擦があったとはいえ、蔣介石の戴笠やSACOの存在は極めて重要な要素だった。中国での抗日戦に関して戴笠に一切触れないのは奇異ですらある。

ウェデマイヤーは、OSSやSACOを自己の支配下に入れるために、マイルズに対し、戴と連携していることは議会の調査の対象となるとすら恫喝し、ワシントンでSACO協定の改定のために大会議を開いて海軍やマイルズ、戴を非難攻撃した。ウェデマイヤーはそのことにも一言も触れていない。ウェデマイヤー回想録が出版されたのは、中国が完全に共産化され、アメリカでマッカーシズムの旋風が吹き荒れたあとのことだった。ウェデマイヤーは、「自分が共産党やその支持者たちの真意を見抜くのに時間がかかった」と弁解的に回想している。おそらく、ウェデマイヤーは、軍事作戦のために共産党との連携を推進しようとしたことや、徹底した反共で全くぶれることがなかった戴やマイルズを迫害したことについて、忸怩たる思いをもっていたのではなかろうか。ウェデマイヤーの回想録は、個人の回想録というものは、どんなものであっても、なんらかの自己弁護をしがちであり、不都合なことにはあまり触れないという限界があることを示しているように思われる。

マイルズの『A Different Kind of War』はそのずっと後の一九六七年に出版された。マイルズは、ウェデマイヤーを人物としては好意的に見ながら、ウェデマイヤーが周囲に影響され、共産主義者の魂胆を見抜けず、SACOや戴の戦いの意義を正しく理解していなかったことを厳しく批判している。

日本の敗色が濃くなったころから、南京政府の傀儡政権の中国軍は、先を見越して戴笠の下に次々と投降受け入れを求めて来た。マイルズはウェデマイヤーに報告し、投降受け入れを要請したが、ウェデマイヤーは、「調査しよう」と言っただけでそれ以上何も取り合わなかった。国民党軍に受け入れられなかった傀儡政権の中国軍の多くが共産党軍に投降し、彼らは朝鮮戦争で中国軍として戦った。一九五一年、上院軍事委員会で、ウェデマイヤーはラッセル委員長からそのことを厳しく問われ、「忘れた」「知らなかった」とか「ごく一部に過ぎなかったのだろう」などと苦しい弁明に終始した。しかし、ウェデマイヤーは、その回想録で「私は共産主義者たちの真実を理解するのに時間がかかった。国務省の中には、我々の敵であるパルチザンがいた」と反省を述べた。

マイルズは、「後年ウェデマイヤーは、彼の共産主義者に対する判断の誤りを勇気をもって認めた」としつつ、「私は強く思う。ルーズベルトからトルーマン、マーシャルと陸軍、我々のリーダーたちはミスリードされていた。その後に極東で起きた多くの問題はその跡を辿っているのだ」と書いている。ウェデマイヤー自身は、共産主義者ないしそのシンパではなかったが、中国共産党は農業改革者であるとの宣伝に乗せられていた。また、アメリカでは民主党と共和党の二大政党制が機能していることから、国民党と共産党とは連携して中国の政権を担うことが可能だと考えていた。マイルズは、これを厳しく批判した。

マイルズは、中国での戦いは、日本との戦いよりも、陸軍や大使館のアメリカ人との戦いであったと回想する。

《マイルズのウェデマイヤーとの再会、リーヒ提督の言葉》

終戦の年の一〇月一〇日、マイルズは妻と共に、ワシントンのホテルで開催された中国大使館の武官が主催するパーティーに出席した。マイルズらが、重慶から参加していたハーレー大使と話していると、ウェデマイヤー将軍が近づいてきて、マイルズの背中を軽くたたきながら話しかけてきた。将軍は、「君に会えて嬉しいよ。私たちは軍人として共に学んだ仲間だ。私は、君に対して、個人的には何も悪意はなかったんだ」と言った。マイルズは嬉しく思った。それは、重慶ではなおも、マイルズやSACOや、戴笠を非難中傷する話が飛び交っていた時期のことだった。ウェデマイヤーの誠実な人間性を感じさせるエピソードであろう。

マイルズとSACOの工作員たちが、三年半の間、中国で困難な戦いを続け、大きな成果を上げたことはまったく公に知られていなかった。そのためマイルズは前掲の大著の執筆を思い立った。

マイルズは、同書に、一九五八年五月、ウィリアム・リーヒ提督と懇談したときのリーヒの次の言葉を載せている。

「私は、いったい中国で何が起こっていたのかまったく理解できない。カイロで、ルーズベルトは、蔣介石をあらゆる方法で支援することを約束したはずだ。彼は、何度も何度も『我々は中国を支援しようとしている』と言った。しかし、何かが、誰かが、彼と彼の計画の間に入り込んだ。我々は、余りに忙しく、中国の支援と、障害の発見をする余裕がなかった。大統領は死ぬ間際まで私にそれを何度も語っていた。彼は、いったい何が起きているのか、我々はなぜ蔣介石を支援できていないのか、知ろうとしていた。しかし、彼が死んでから、この問題は終わってしまった」

マイルズは、リーヒに、「トルーマンはルーズベルトが考えていたように中国との協力の計画をもっていたのですか」と聞いた。リーヒは「否。彼は中国には全く関心がなかった」と答えた。マイルズは、別れ際、リーヒに「私に何かできることはあるのでしょうか」と尋ねた。リーヒは、前かがみになり、熱心にマイルズに言った。

「ある。君は、中国を売って川に投げ落とした連中を、沈めてしまえ」

マイルズは、事実が明らかにされることによって歴史がそれを必然とすること、それに一石を投じるために書いたと、この大著を結んでいる。

✺中国を混迷させたＯＳＳ

中国のＯＳＳに関するほとんどの文献は、その状況を「Puzzle」（不可解、謎）だと表現している。ＯＳＳは、諜報活動、日本軍に対するゲリラ活動、捕虜の救出作戦などで大きな成果を上げた半面、その組織や活動はアメリカの軍を始めとする様々な組織との間に摩擦や衝突、混乱をもたらした。ドノヴァンらは、延安の共産党と協力し、これを利用しようとしたが、最後には衣の下から鎧を出した共産党から梯子を外された。結果的に、共産党の野望を見抜けなかったＯＳＳが中国の共産化を助長したことは否定できない。

《共産党の本質を見抜けなかったＯＳＳ》

混乱の最大の原因は、国民党と共産党の、事実上の内戦に近い激しい敵対関係にあった。

蒋介石は、抗日戦のためにやむを得ず共産党と合作しながら、共産党の戦後の中国支配の野望を見抜いており、これを防ごうとしていた。戴笠はその右腕として共産党の特務機関と戦っていた。しかし、共産党に対して無警戒で、これと連携し、利用できると考えていたＯＳＳは、ＳＡＣＯの長官戴笠や副長官マイルズと激しく対立し、弾圧した。文献の中には、アメリカの工作が効果を上げなかったのを戴笠の責任とするものが多い。しかし、Ｈ・スミスによれば、最近では、公開された資料などにより、その原因は、アメリカの諜報機関相互の縄張り争いにあった、との理解が広まった。ＯＳＳは、この内部争いに熱心に加わり、すべての勢力と、あるときには一方に、またあるときは他方と手を結んだ。中国のＯＳＳの組織と活動の歴史は、この争いの激しく悲劇的な結末を理解する上で優れた視点を提供している。日中・太平洋戦史に関するアメリカの文献では、今日でも、国民党と蒋介石、戴笠に対する評価が分かれている。戦時中、国務省のジョン・デービス一派は、国民党の腐敗や堕落、抗日戦では日本軍とまともに戦っていないこと、戴笠は中国のゲシュタポで冷酷なテロリストであること、それに対して中国共産党は共産主義者というよりも農地改革者であって広く人民の支持を得ており、将来の中国は国民党ではなく共産党の手に委ねられるべきだとの誹謗中傷やプロパガンダをワシントンに送り続けた。

ルーズベルト、マーシャルらもそれに乗せられていた。ハーレーやウェデマイヤーやシェンノートも、戦後の回想に反して、程度の差はあれ、一九四五年の春までは共産党の戦いを称賛していた。ウェデマイヤーは蒋介石を理解し、支持したが、それでも共産党の本質を見抜くまでには時間がかかったと反省的に回顧している。共産党は、第一次国共合作でも第二次国共合作でも、表面では国民党に服従する姿勢を示しながら、当初からいずれは共産党が政権を乗っ取ることを画策し、秘密の指令を出していた。蒋介石はそれを熟知していた。しかし、デービスらのプロパガンダに洗脳されたワシントンの幹部たちは、国民党と共産党はアメリカの共和党と民主党の二大政党のようなもので、共存し得ると軽信していた。これは一党独裁の共産党の本質を見抜けない大きな誤りだった。

デービス一派はもとより、多くのアメリカの軍や政府の関係者は、国民党が日本軍とまともに戦っていないと非難していた。一九四四年秋、多数のＯＳＳ要員がヨーロッパ戦線からアジアに移された。彼らは、中国の戦争は別世界のようだと驚いて失望した。ミハイロビッチのチェトニック支援でパラシュート降下したウォルター・マンスフィールド（Walter Mansfield）大尉は、中国のゲリラの指導訓練を担当したが、セルビアのゲリラと比べて能力と指揮、愛国心の低さに失望した。しかし、それは、比較的狭い地域での枢軸国との直接の戦いが中心であるヨーロッパ戦線と、広大な中国戦線の大きな違いについての無理解にもあった。

国民党軍は、武器装備、軍隊の統率指揮、兵士の士気などで圧倒的に勝る日本軍との戦いでは、個々の戦闘場面では敗北が多かった。しかし、そこには、退却を繰り返して日本軍を奥地に引き込み、点と線の確保に留めさせて持久戦に持ち込むという基本的な戦略もあった。フランスなどヨーロッパの国々は、中国よりは遥かに狭い地域で、ドイツの侵攻にあっという間に敗北して降伏したのに対し、中国軍は、広大な国土の中で、八年近くもの間、特に戦争の前半期には孤立無援で日本軍と戦っていた。しかも国民党軍は共産党の八路軍や新四軍との間でも事実上の戦いをしていた。この国民党軍の困難な戦いによって、大戦中を通じて一〇〇万人を超える日本軍を中国大陸に釘付けした。それがアメリカ軍に、欧州戦線や太平洋戦線に力を注ぐことを可能にしていたのだ。しかしそのことを正しく理解するアメリカの軍や政府の幹部は少なかった。ただ、デービスらの国民党の腐敗や国民党軍の戦いに対する批判は、そのすべてが誤っているわけではなかった。蔣介石を戴きつつも、国民党やその軍は、地方に割拠する昔ながらの軍閥的勢力の集合であり、蔣介石の統率や指令が完全に行き渡ってはいなかった。軍旗の乱れや腐敗も少なくなかった。ＯＳＳの補給部隊はしばしば強盗団を装った国民党軍から強奪された。ＡＧＦＲＴのロバート・ノース（Robert North）大尉は、国民党軍に襲われて全ての武器や衣服、時計などを奪われたと回想した。

ＯＳＳは、抗日戦の諜報や作戦活動のために共産党軍や日本軍の支配地域に侵入することが目的だったが、戴笠には、それのみでなく共産党の諜報機関との戦いもあった。アメリカは戴の悩みを理解していなかった。ＯＳＳが、国民党と共産党とのスパイ戦争についてどれほど認識していたかは、Ｈ・スミスによれば、資料を見る限り、その認識がほとんどなかったという。康生に関する資料などは表面的なものにすぎなかった。共産党はＯＳＳの無知を最大に利用したのだ。

共産党の諜報はＯＳＳの内部にも潜入していた。ＯＳＳの副主任は、共産党のスパイの **Yan Baohang**（周恩来の重慶のスパイ）から、秘書の女性との密会の手配をしてもらった。そのお礼として、ＯＳＳの雲南省でのパラシュート訓練校に、若い要員派遣を依頼し、周恩来は、これに共産党のスパイを参加させた。これによって、後に、パラシュート部隊で反乱を起こさせ、結局一九四九年にこの部隊は毛沢東が奪った。

ＯＳＳの中国の諜報組織には、特に雲南や上海などで、ＯＳＳが雇用する多数のタイピスト、通訳などとして共産党のスパイが送り込まれた。彼らは、秘密書類を盗み、虚偽の情報を送り込んだ。戦後にマーシャルが中国滞在中、アメリカの機関への共産党のスパイの侵入は激しかった。彼らがもたらした、延安に有利な虚偽の情報が、ホワイトハウスに報告され、アメリカの政策責任者を操った。

アメリカはソ連を友好な同盟国と考えていたが、これもＳＡＣＯの悲劇の別の原因だった。ＯＳＳの中国での大戦中の経験は、アメリカの諜報の歴史上大きな場面だったが、Ｈ・スミスによれば、それはまだよく知られていないという。最近入手可能となった文献資料は、従来の白黒の単純な見方ではなく、中国での戦時の諜報活動が極めて複雑で混乱していたことを示しており、スミスは、中国のＯＳＳは、アメリカ政府の中央情報機関の哲学の上で大きな実験だったとしている。

《マーシャル将軍の過ち》

一九四五年一二月、トルーマンから全権特使として派遣されたジョージ・マーシャル将軍も、国民党と共産党による連立政府の建設を指導しようとした。マーシャルの過ちは、国民党と共産党は、アメリカの共和党と民主党のように、二大政党として中国の政権を担うことができ、両者を連合させることができると思い込んでいたことだった。ハーレーもウェデマイヤーも、当初はデービス一派に洗脳され、そうだった。マーシャルは、そのために、国民党が共産党と戦うことを阻止したが、これが、満州や華北のみならず中国全土での共産党の勢力拡大を強く促すことになった。マーシャルの側近たちは、皆、反蔣介石の国務省や陸軍関係者だった。朝鮮戦争や、今日のベトナムでのアメリカの立場は、すべてこれらの誤りの延長だった。ハーレーとウェデマイヤーは、戦争末期ころから共産党に対する自分の判断、評価の誤りに気付いていたが、マーシャルはそうでなかった＊18。

＊18　マーシャルがアメリカの中国政策を誤らせたことについては、ジョゼフ・マッカーシー『共産中国はアメリ

カが作った―Ｇ・マーシャルの背信外交』（本原俊裕訳、副島隆彦監修、成甲書房、二〇〇五年）に詳しい。

《イギリス関係》

Ｈ・スミスによれば、大戦中の米中関係問題で、イギリスの要素は余り研究されていないという。イギリスのアジアへの利害はアメリカと大きく違っていた。イギリスは植民地支配の維持を目的としていた。東京よりもシンガポールにユニオンジャックを立てること、香港の奪還を目指していた。イギリスは、そのために、諜報工作を、蔣介石と対立する周辺の政治家たちや、共産党のゲリラたちとのつながりで行おうとした。戴笠のイギリスへの憎しみは激しく、蔣介石を心配させるほどだった。戴の反イギリスはアメリカとの関係にも影響した。アメリカのエージェントは、誰でもイギリスとの関係があると、戴のターゲットとなった。戴との関係が緊密だったマイルズは、イギリスから「イギリスの最大の公敵」と非難された。ドノヴァンのイギリスとの初期からの密接な協力関係が、ＯＳＳが中国で活動するについて常に蔣介石や戴との対立や軋轢をもたらした。しかも、イギリスは、ヨーロッパ戦線におけると同様、アメリカが中国で独自の諜報組織を作り、活動することは嫌っていた。諜報工作の組織や活動では常に自分が上位に立とうとした。仏印ではその問題が更に大きかった。中国のＯＳＳは、完全にはイギリスに影響されず、独自に成長したが、それは中国側にはなかなか理解されなかった。

《ＯＳＳのカルチャー　指揮系統の問題》

ＯＳＳの立場は他組織との関係で苦しい場面が少なくなく、ドノヴァンは、現場よりもワシントンでＯＳＳの生存のために政治的に苦労した。最大の問題は統合参謀本部からの、指揮系統についての異議、挑戦だった。ＣＯＩがＯＷＩと分かれてＯＳＳになったとき、マーシャルは指揮系統問題の整理を強く指摘した。一九四二年六月から翌年一〇月まで、統合参謀本部はＯＳＳの機能と指揮について論争し、一九四三年九月、ＯＳＳを地域の司令官の指揮下におくことを明白に決定した。ＯＳＳの指揮権はワシントンの本部ではなく、スティルウェルがＯＳＳの活動を指揮することとされた。これはＯＳＳにとり死刑宣告に等しかった。しかし、ＯＳＳは、巧みな言葉の遊びの技術でこの方針をかわそうとした。ＯＳＳ副長官のマグルーダーは、巧みな表現で、「直接の指揮」でなく、「地域司令官がＯＳＳを『利用する』」という言葉に置きかえ、究極的にはドノヴァンが指揮権を持つように改めた。これがＯＳＳの文化だった。ドノヴァンはＯＳＳの内部では指揮権は彼にあるとさせた。

この問題は、中国で、海軍のＯＮＩとＯＳＳとの間で、ＳＡＣＯをめぐって頂点となった。ドノヴァンは、当初、表面上は海軍の指揮下に入るようにみせつつ、マイルズを通じて中国の諜報組織を利用し、支配しようとした。ＯＳＳにとっては、戴やＯＮＩとの協力姿勢は、ＯＳＳの独立した諜報網をいずれはすべてＯＳＳの指揮下におくための見せかけに過ぎなかった。しかしそれはマイルズや戴の頑固な抵抗にあった。ドノヴァンは、ＳＡＣＯを完全には支配できなかったため、ＡＧＦＲＴＳや延安共産党との協力に軸足を移した。更に、ドノヴァンは、最後はウェデマイヤーの指揮下に入りつつ、ＯＳＳの事実上の独立性を確保しようとした。このようなＯＳＳの文化は、終始中国における諜報活動とその組織関係を混乱させた。

《組織内外の統合の欠如、人間のエゴの対立》

中国戦線でのＯＳＳをめぐるアメリカの関係機関の統合の欠如は明白だった。スティルウェルはマーシャルの支援を受け、マイルズは海軍キング提督の支援を受け、シェンノートは蒋介石から支持され、大統領は、共産主義者のロークリン・カリーやハリー・ホプキンズに中国問題を個人的に任せた。一九四二年五月には、宋子文は、スティムソンとの個人的関係を通じて、マグルーダーを中国から放逐した。スティルウェルは、マーシャルを通じて、自分を批判したマクヒュー海軍武官を中国から永遠に放逐した。

スティルウェルとシェンノートには激しい確執があった。ウェデマイヤーは蒋介石を支持、理解しながら、マイルズを弾圧し、ＳＡＣＯでのマイルズの権限を奪った。マイルズは降格され、文字どおり神経を病んで帰国した。これらのアメリカ組織の身内同士の争いに、ワシントンは常に悩まされた。ホワイトハウスも統合参謀本部も、中国でのアメリカ将軍たちの絶え間ない内部抗争の調整のために時間と労力を費やされた。このような内部抗争が、中国での戦争の客観的評価を困難にしている。政策の争いの面より、人間の個性、エゴの対立も激しかった。ある側は攻撃し、他の側は反論することが繰り返された。キャリアをスティルウェルとマーシャルに傷つけられたマクヒューは、スティルウェルを「心が小さく狭い皮肉家」と酷評した。しかし、フェアバンクやアイフラーはスティルウェルを絶賛した。マイルズは、彼の命令に反対した陸軍などの関係者を人種差別主義者と非難した。しかし、マイルズの批判者はマイルズを「究極の悪人、おかしな白い豚」と酷評した。

中国に関する政治的、イデオロギー的判断には一貫した政策がなく、しばしば不適切だった。重慶には二〇以上のアメリカの官僚組織のブランチがあり、一〇を超える諜報機関があった。諜報工作の分野は頻繁に独断的に指揮された。イギリスとアメリカの連合国内部での諜報機関の縄張り争いの面も強かった。ＯＳＳの物語は、中国での組織、指揮権と諜報工作の独立性の争いが、中米両国の様々な戦略において重要なファクターだったことを示している。ドノヴァンが戴笠と敵対したのは戴がゲシュタポであったかどうかよりも、海軍と違って、中国の秘密警察との協力関係を独占できなかったことが大きかった。ディキシーミッションは、共産主義者やそのシンパが招いた混乱のために戦略的価値は生まなかった。このような抗争が、高いレベルでの考え方にまで大きな障害をもたらし、中国をめぐる戦争目的を混乱させた。

しかし、これらの組織の対立や内部争いによる指揮権限の乱れや曖昧さは、ＯＳＳにかえって大幅な権限を与えた面もあった。ドノヴァンにそれらの隙間に巧みに入り込んだ。一般に考えられているのとは異なり、ＯＳＳは、中国戦線での具体的作戦では、ヨーロッパ戦線におけるような大きな失敗はしなかった。

組織間対立の混乱が、ドノヴァンにかえって堅固な組織形成の機会を与えた。ドノヴァンは、陸軍、SACO、第一四空軍と関係を作りつつ、最後はウェデマイヤーのサポートによってヘプナーによる諜報工作の統合的態勢を実現した。ドノヴァンは、一つの組織と障害が生じると別の組織を利用した。OSSは完全には独立諜報機関とはならなかったが、ドノヴァンは、戴笠やマイルズ同様、組織を形成する力は強かった。しかし、そのドノヴァンも共産党を甘く見ていた。共産党は、協力姿勢を見せてOSSを引き寄せながら、OSS組織内に静かに諜報工作を侵入させ、それが大きな成果をもたらした。アメリカの大きな支援が得られなくなると見込んだ共産党は、OSSの梯子を外してあっさりと裏切った。最後に勝ったのは共産党とソ連だった。

それは、戦後のアメリカで政治的な争いを招き、マッカーシーの、「中国はマーシャルのために失われた」との攻撃で頂点に達した。それに対するトルーマン政権の「中国白書」は、これらの争いを無視し、その原因は中国内部の争いに原因があった、とした。党派性の強い戦時の歴史記録は、史実よりも、客観性の乏しいものとなった。

《今日も続くマイルズと戴笠への批判の論調》

本書執筆の資料となった英語の各著作では、マイルズ自身の『A Different Kind of War』を除いて、その多くが、戴笠が冷酷なテロリストであり、マイルズは戴にべったりでOSSに敵対的であり、軍事的・資金的な援助を得ながらOSSに対して有効な情報をほとんど提供しなかった、と批判的に論じている。デービス一派が蔣介石や戴を批判した論調が今日でも抜きがたく残存していることを窺わせる。しかし、それらの論調には、延安の共産党が戦後の中国支配を目指して蔣介石・国民党を打倒しようとしていたこと、イギリスが戦後もアジアでの植民地支配の維持を強欲にもくろんでいたこと、周恩来や康生らによる共産党の特務機関は、戴笠らと同様、あるいはそれ以上に激しいテロ工作を行っていたことなどに対する洞察がほとんど見られない。そのため、これらの戴やマイルズへの批判は一面的であり、的確なものとはなっていないように思える。

戦後、中国が共産化され、蔣介石・国民党が台湾に放逐されたという現実を肯定的にとらえるのであれば、そのような戴やマイルズへの批判には妥当性があろう。しかし、その結果を招いたアメリカの国策が誤っていたと考えるのであれば、戴やマイルズに対する批判は正しいとはいえない。戴やマイルズは、一貫して反共であり、イギリスの植民地支配維持の目論見を見抜いてそれと戦っており、ぶれることはなかった。

しかし、ＯＳＳはドノヴァン自身を始めとして、親イギリスの者、共産主義ないしその支持者が多く、イギリスにも延安の共産党にも無警戒だった。ドノヴァンは、延安の共産党を取り込めばその協力を得られると期待していたが、それは幻想にすぎなかった。そのようなＯＳＳに対して、戴やマイルズが重要な秘密情報を提供すれば、たちまち共産党やイギリスに筒抜けになる。戴やマイルズが、ＯＳＳがＳＡＣＯの指揮下を離れて中国で自由に活動することは認められない、とした断固たる姿勢には妥当性があり、理は戴やマイルズにあったというべきではなかろうか。

第5章

OSSとCIA

OSSの組織や活動は、その秘密性のため、全容を残した公的記録はない。しかし、人数は非正規職員も含めて最大約三万人に及んだといわれ、敵陣の背後に設置された活動拠点は一六〇〇に及んだ。OSSの職員の八三一人が表彰された。R&Aは、現地の諜報工作ではない研究や分析が任務であり、戦争時には政府の政策決定にも大きな影響を与えた。トム・ムーンは、「彼らは、半分は警官と強盗、半分はファカルティメンバーだった。OSSの人々は、道徳を捨て、あらゆる活動を行ったが、その希望は、民主主義のために戦って死ぬことだった。OSSの人々は自分たちの生死を駒にしたチェスゲームで戦った。その活動は彼らの記憶の中にある」と書いている。

OSSは、終戦間もない一九四五年九月にトルーマンにより解体されてしまった。しかし、OSSの遺産は、その正と負の両面を含めて、一九四七年に設立されたCIAに引き継がれた。本書は、CIA自体を研究の主題とするものではないが、今日様々伝えられるCIAの組織や諸活動の問題の中に、読者は本書で紹介したOSSの功罪の既視感を覚えるであろう*1。

*1 OSSが、戦時中から、天皇を象徴として維持する終戦後の対日政策を研究し、それがGHQの占領政策に

影響を与えたことや、元ＯＳＳでサンライズ作戦にもアレン・ダレスの右腕として活躍したポール・ブルームが、ＣＩＡの初代の東京支局長として政財界、報道界、学界などに様々な影響力を行使したことについては、春名幹男『秘密のファイル　ＣＩＡの対日工作（上・下）』（共同通信社、二〇〇〇年）が詳しい。

✺ドノヴァンの野望の挫折とＯＳＳの解体

ドノヴァンは、ＯＳＳを、戦後においてもアメリカの統合的諜報機関として維持発展させようと早くから計画していた。一九四四年一一月一八日、ドノヴァンはルーズベルトの要請により、「戦後における諜報機関について」と題する構想メモを提出した。ＯＳＳを更に発展させ、大統領に直属する組織の構想だった。しかしそのメモが漏れ、政治的な嵐が生じた。これを入手したタイムズ・ヘラルド紙が、一九四五年二月九日、暴露記事を掲載し、ドノヴァンを驚かせた。ニューヨーク・タイムズやシカゴ・トリビューンもこれを追って、「汚い政治ゲーム」「独立予算の超スパイシステム」「戦後社会で市民の自宅まで覗きまわる……」などと攻撃した。議会の批判も沸き起こった。これは、ＦＢＩ長官エドガー・フーバーやその側近の漏洩によるものだった。ドノヴァンの宿敵だったフーバーは、ＯＳＳの消滅を目指しており、戦後におけるその維持復活を絶対に阻止しようとした。ホワイトハウスはこの問題を棚上げせざるを得なくなった。

一九四五年四月初頭、ルーズベルトはドノヴァンの提案を再び取り上げた。しかしその一週間後、彼は死んだ。大統領に就任したトルーマンは、平和時の「ゲシュタポ」はいらないと考えた。ＯＳＳが左翼とのつながりが深かったことへの批判が高まっていたことにも原因があった。ドノヴァンは、アメリカの政府の中枢での政治的イデオロギー的な争いで窮地に追い込まれた。それは、北アフリカ作戦でのドゴールとジローやダーラン、中立国スペイン、イタリアでのバドリオとレジスタンス、中国での蔣介石や共産党などに対する支援の是非や方針について、軍やホワイトハウス、国務省・大使館などとの対立、ＯＳＳの中央と現地との対立があり、それらが招いた混乱に少なからぬ原因があった。

ドノヴァンは、トルーマンの理解を得るために懸命な画策を続けた。しかし、メディアによるドノヴァン構想への中傷は続き、ＯＳＳの活動の様々な問題や失敗が喧伝された。

ドノヴァンの努力もむなしく、フーバーがトルーマンに進言し、一九四五年九月二〇日、ＯＳＳの解体が宣言された。

✺ＣＩＡの設立　ＣＩＧからＣＩＡへ

ＯＳＳは解体され、諜報活動のＳＩや特殊作戦活動のＳＯ部局は、陸軍省に移管された。しかし、それは、ＯＳＳ副長官でドノヴァンの右腕だったジョン・マグルーダーの指揮下におかれ、実質的にＯＳＳ解体後の後見的組織となった。マグルーダーは、元の優秀な部下たちの多くが移籍されなかったことに抗議して辞任したが、少人数ながら優秀なＯＳＳの元職員は移籍された。ＯＳＳの研究分析部門Ｒ＆Ａについては、国務省に移管してＯＳＳの多くの優秀な職員の移籍による国務省の情報分析体制の強化を図る案が考えられた。しかし、議会の批判や国務省職員の反感のため、実現しなかった。戦後三週間で、Ｒ＆Ａのスタッフは数人に激減され、デスクも空となった。数年後、そのメンバーの多くが、様々な大学などでの研究活動に従事した。

しかし、トルーマンはまもなくＯＳＳを解体した誤りに気付いた。トルーマンの財政顧問だったハロルド・スミスが、中央諜報機関を作らなければ、アメリカは戦争初期のように危うくなると強く進言した。一九四六年一月二四日、トルーマンは、ＣＩＧ（Central Intelligence Group）の設立を宣言し、海軍の予備役の少将シドニー・サワーズをその長に任命した。サワーズが事実上のＣＩＡの初代長官だった。その幹部の多くは元ＯＳＳだった。

ＣＩＧは、近代的なアメリカの中央諜報機関の幕開けだった。マグルーダーが、ＣＩＧの役割を大きく広げるのに貢献した。マグルーダーは、大戦中、中国戦線を、統合された統一指揮関係の諜報組織のモデルにしようとしたが、うまくいかなかった。ＯＳＳと、戴笠やイギリス、他の機関との対立や競争は、①アメリカ政府はいかなる外国政府をも諜報組織として頼ってはならないこと、②分立する諜報組織は許されず、統合された唯一の諜報機関が必要であること、の教訓をもたらし、これがＣＩＧ、ＣＩＡ設立のために大きく働いた。

陸軍大将のホイト・ヴァンデンブルグ（Hoyt Vandenburg）が、サワーズの次のＣＩＧの長官となった。ヴァンデンブルグは、他の機関が合法的には行えない国際スパイ行為に焦点を当てた。その意義を理解する議員たちの支援を得て、ＣＩＧが、ソ連に対する諜報活動も可能とし、一五〇〇万ドルの基金を獲得するのに成功した。一九四六年七月一七日、ＣＩＧは、公的機関として認められ合法的に予算を獲得できることとなった。数か月後、ルーマニアで、ソ連の占領に対抗するレジスタンスの戦いがあり、ＣＩＧはそれを支援した。

ＣＩＧは次第に力をつけ、一九四七年七月二六日に制定された国家安全法に基づいてＣＩＡと改称された。これは、大統領に責任を有する独立の機関で、国防省には属さないのが重要だった。陸軍省は国防省に変わり、アメリカ空軍が陸軍と異なる軍に変更された。それは高まるソ連の脅威について、芽吹きつつある核戦略をも含むものだった。ＣＩＡは、新たに設けられた、大統領とシニアアドバイザーのグループ組織である国家安全委員会（National Security Counsil NSC）に直接報告するものとされた。しかし、法律に基づく組織ではあっても一般の行政機関とは異なり、監視は弱く、秘密の予算での運営が許された。ＣＩＡがアメリカのゲシュタポだとの批判をかわすため、ＣＩＡは海外の諜報工作関係についてのみ権限をもち、国内における捜査はＦＢＩのみが行えるとされた。

ラングレーのＣＩＡ本部のメインホールにはドノヴァンの大きな肖像画が掲げられている。ＯＳＳはＣＩＡの直系の祖先だった。ＣＩＡを批判する者は「素人の諜報組織であり、かつてはホーチミンに希望を与えたＯＳＳが、なぜ冷戦時代の目に見えない政府に進化したのか」と疑問を呈した。しかし、ＣＩＡは「ドノヴァンの夢想者」たちの道を逸れた突然変異ではなく、様々な意味でＯＳＳの残像だった。北アフリカのヴィシー主義者やアジアの植民地主義と戦ったエドモンド・テイラー（Edmond Taylor）は、「ＯＳＳは戦後の革命闘争に対するアメリカの干渉についての先例や手本を作った」と回想した。アメリカの外交や軍事政策に対するドノヴァンの影響は、彼の死後も、よきにつけ悪しきにつけ、アメリカのパワーエリートたちの心理に消し難い痕跡を残した。後の冷戦における成功も災害も罠も、究極的には、ドノヴァンに遡ることになった。

ＣＩＡがドノヴァンから受け継いだ決定的なものは、秘密諜報工作（ＳＩ）と秘密特殊作戦（ＳＯ）とを一つの組織の下に統合させるという原則だった。ＣＩＡが設立された時、この原則は公にまったく議論されないまま当然のように受け継がれた。

ファシズムとの戦いにおいては、ＯＳＳの対外干渉の作戦に倫理性は全く問われなかった。ひたすら枢軸国に勝利することだけが目的であり、そのためには手段を選ぶ必要がなかったからだ。ＣＩＡは、その活動に倫理性を問わないというＯＳＳの伝統を受け継いだ。ＣＩＡが助長し、厳しい批判を受けた南米やアジア、中東でのクーデターは、ドノヴァンの政治戦争のスタイルの延長のようなものだった。元ＯＳＳの職員でＣＩＡに入った者たちは、不幸なキューバ侵攻を始め、反乱への鎮圧や、左翼の蜂起の鎮圧計画に従事し、ベトナムの反ゲリラ作戦を計画した。大戦中には大きな成果をもたらしたＯＳＳの活力は、冷戦時代には歪められたものとなった。

ＣＩＡの職員はＯＳＳのそれのように想像力があり、自由奔放で、攻撃的で、しばしば国務省職員より知識があった。ＣＩＡの外国駐在のお化けのような工作員たちは、しばしば中央の干渉を拒んだ。しかし、ダイナミックで混乱した管理困難な戦争の時代においては許された活動は、不安定な平和の時代には危険であることが示された。ドノヴァンは、小さな成功は大きな失敗よりも意義があると考えていたが、核の時代には、小さな失敗、例えば偵察機のスパイ行為が発見されて撃墜されることが取り返しのつかない大惨事を引き起こすことになる。

設立されたＣＩＡは、軍人と民間人や元ＯＳＳのベテランによる奇妙な混合的組織だった。ＣＩＡ長官のヴァンデンブルグが、新たに設置された空軍の長に転出したのち、ロスコー・ハイレンケッターが第三代の長官となり、一五か月務めた。

ジョージ・ケナンがマーシャルプランの委員会委員に、アレン・ダレスがＣＩＡのアドバイザーになった。二人の努力で、ＣＩＡは膨大な秘密資金を活用できるようになった。フォレスタル国防長官も支援し、ＣＩＡは、諜報活動のみでなく、破壊活動や暗殺などの活動を行うことも認められた。

ハイレンケッターは指導力に欠け、次第にダレスが頭角を現した。トルーマンは民主党で、ダレスは強固な共和党だった。ダレスはフォレスタルの求めにより、それまでのＣＩＡの活動の失敗とその原因を調査した。ＣＩＡは、ソ連の核開発の成功や、朝鮮戦争の勃発を予測できなかった。トルーマンは、ハイレンケッターを更迭し、陸軍軍人で前駐ソ大使のウォルター・ベデル・スミス将軍を長官に任命した。スミスは、ＣＩＡの再建に努力した。しかし、対中国や朝鮮関係での諜報工作は失敗した。スミスは中国共産党の意図を見抜けなかった。ダレスは、一九五一年に第五代のＣＩＡ長官となった。ＣＩＡを真に率いる人物はダレスしかいなかった。ダレスはそれ以前からも、スミスを差し置いて、国家安全委員会には直接対応しており、ＣＩＡの事実上の最高指揮官だった。

✺ＣＩＡの活動開始とダレス時代の功罪

ＣＩＡの最初の大仕事は、イタリアの選挙で共産党に対抗し、バチカンのカトリックを勝たせることだった。そのために一〇〇〇万ドルを投下し、この作戦は成功してイタリアの共産化が防がれた。一九四七年三月、トルーマンは、共産主義封じ込め政策のトルーマンドクトリンを発表し、トルコとギリシャに軍事と経済援助で四億ドルを与えた。ＣＩＡは、世界の共産主義拡大を封じることが任務となった。

朝鮮戦争初期のＣＩＡのエージェントは、朝鮮のダブルエージェントによって攪乱され、虚偽の情報を流し続けていた。ＣＩＡは、中国軍には朝鮮戦争への大量の派兵の意志も能力もないと、全く判断を見誤っていた。一九五二年一一月、スミスは、副長官のロフタス・ベッカーを調査のため朝鮮に派遣した。ベッカーは、朝鮮でのＣＩＡの活動のお粗末さにショックを受け、それをスミスに報告するとともに、ＣＩＡには将来の望みがないと失望して辞職した。この報告は二〇〇〇年に機密解除されたが、朝鮮でのＣＩＡの活動が誰からも監督されていなかったことが問題だった。

しかし、ＣＩＡは活動を継続した。標的は中国であり、一〇〇万人の国民党ゲリラを利用して毛沢東を倒すため、手あたり次第の作戦を考えた。エージェントたちは、ゲリラのキャンプに、命の保障もなしにパラシュートで降下することを求められたが、誰も志願しなかった。

次に考えたのが、大陸から逃れた国民党の兵士を、一億ドルの予算で武装させ、大陸に送り込んで毛沢東の政府を転覆させることだった。しかし、ほとんどの逃亡兵士たちは武器を持ったまま逃走し、結果は詐欺の被害を受けたようなものだった。朝鮮戦争でのＣＩＡの活動は、多くのアメリカや連合国の兵士の犠牲を招き、大失敗だった。しかし、スミスがこれを秘匿し続けたため、ＣＩＡへの決定的な批判は招かず、ＣＩＡは徐々にその失敗の反省から学んだ。

一九五三年に戦争が終わるまでに、ＣＩＡは社会や政府から評価されるようになっていた。しかし、スミスは、ダレスとウィズナーが、CIAを、伝統的な諜報工作でなく、秘密の軍事作戦の間違った方向に進めていると信じていた。しかし、アメリカの指導者は、ソ連の力と共産主義の拡大の下で、その方向がこれを抑える唯一の道だと考えていた。

一九五二年の大統領選に、疲れたトルーマンは出馬せず、大戦のヒーローのアイゼンハワーが楽勝した。アイゼンハワーは、朝鮮戦争の終結、ソ連の拡大の阻止、政府赤字の削減を公約した。フーバー以来の共和党大統領だった。

アイゼンハワーはダレスをCIA長官に指名した。議会も賛成し、報道も好意的だった。兄のジョン・ダレスは、国務長官になった。

スターリンの死後、アイゼンハワーは直ちに朝鮮戦争の休戦を進め、休戦協定は一九五三年七月に署名された。アイゼンハワーは、膨大な予算を伴うヨーロッパ大陸での対ソ作戦のためでなく、核武装強化と、CIAによる正確な諜報工作を求めた。また、CIAが、世界の共産主義体制を不安定化させるために、束縛されず秘密の政治戦争にもっと関与することを期待した。

東ベルリンで、ソ連の苛酷な占領に反対する暴動が起きたとき、CIAが、それを支援して全面的な蜂起にさせようとウィズナーは考えたが、結局、ソ連との戦争を招くというおそれで断念し、暴動はすぐに鎮圧された。アイゼンハワーはCIAが期待に反していると失望した。

アイゼンハワーは、インテリジェンスの専門家を招いて、「ソラリウム・プロジェクト」を開催した。それは、結論としてソ連の支配がすでに確立した地域でそれを覆すことはできないので、世界の不安定な地域においてアメリカに親和性のある政権を樹立させる方針をとるものだった。四八か国で一八〇の秘密工作にCIAは取り組んだ。しかし、それらは思い付き的で気まぐれ的なものだった。

イランでのCIAの活動の功罪の明暗は大きかった。イランに膨大な石油利権を有するイギリスは、一九五二年から一九五三年にかけて民主的に選出されたナショナリストのモハンマド・モサッデク首相と闘っていた。二〇世紀初頭にイギリスによって設立されたアングロ・イラニアン石油会社による利権の独占に反対するイラン議会は、同社の国有化を満場一致で可決した。困ったイギリスはアメリカにスパイ活動強化の助けを求めた。ＣＩＡはこれに協力してモサッデク排除のプランを企画した。これに消極的なトルーマンは苛立ったが、すでにトルーマンはレイムダックだった。

アメリカとイギリスは、モサッデク放逐のための秘密作戦「アジャックス作戦」を展開した。これはテヘランのアメリカ大使館の指揮によるもので、反モサッデク勢力の組織化を援助し、親英米的で、亡命していたモハンマド・レザー・シャー・パフラヴィー（パーレビ国王）を帰国させてその政権を樹立させようとしたものだった。この企画は、ＣＩＡのエージェントで、セオドアルーズベルトの孫でフランクリン・ルーズベルトのいとこだったカーミット・ルーズベルト（Kermit Roosevelt）が推進を担当した。当初は、モサッデクがソ連と共謀してイランを共産化することを阻止するのが目的とされた。しかしそのような証拠はなかった。ルーズベルトはイランに数年駐在し、ソ連の侵攻に備えて武器装備を蓄積していた。彼は直ぐに方針を変え、合法的に選ばれたモサッデクを放逐することとし、モサッデクに換えてパーレビ国王による親英米政権の擁立を企図した。ルーズベルトは、イギリスのスパイとも共同して、皇帝派のファズロラ・ザーヘディー将軍と組んでモサッデク政権転覆のクーデターを企てた。そのため、政治家、聖職者、ストリートギャングにまで、一〇〇万ドルをばらまいて買収し、その批判活動のみならず、モサッデク党のメンバーの暗殺なども行った。

しかし、アイゼンハワーは、モサッデクが共産主義者だと信じられず、むしろモサッデクを支援するほうがいいのではないかと考えていた。ためらうアイゼンハワーをダレスは説得した。一九五三年七月一一日、アイゼンハワーはモサッデク転覆計画に同意した。

曲折を経て同年八月一九日、遂にモサッデクはテヘランから逃亡し、クーデターは成功した。ワシントンは大喜びしたが、これはイランに西側への不信を植え付けた。

帰国したパーレビ国王は、アメリカの支援下で専制君主として急速な近代化政策を開始し、アメリカから大量の兵器を購入した。しかし、パーレビ国王とワシントンの緊密な関係と大胆かつ急速な西洋化政策はイラン人の一部、特に強硬なイスラーム保守層の憤慨を招くこととなった。

パーレビ国王の独裁政治は、一面ではイランの繁栄や女性の権利の強化をもたらしたが、極右、エリート、原理的宗教家、共産主義者の勢力からは遠ざかった。この政権は、すべての反対勢力による一九七九年一月のイラン・イスラーム革命により転覆された。アーヤトッラー・ホメイニーが政権を奪い、パーレビ国王の改革の成果をすべて覆した。こうしてイランは超原理主義、保守主義の国家となった。アメリカに対する強い敵対感情は、一九七九年一一月にはアメリカ大使館の占拠事件を引き起こした。捕虜対策に失敗したカーター大統領は批判を受け、一九八一年一月レーガンに負けて大統領を退いた。イランのCIAの最初の大きな成果は、その反作用として、反西側の多くの政治指導者を生み出した。イラン・イスラーム革命以前、イランはペルシャ湾岸における重要な親米国であり、イランはアメリカ合衆国における最大の留学生数を持つ国の一つだった。しかし、この革命により、新たに指導者となったアーヤトッラー・ホメイニーは、直後からアメリカを「大悪魔」・「不信仰者の国」と痛罵し、イランは最大の反米国の一つとなってしまった*2。

CIAは、次に、グアテマラに鉾先を向け、アルベンス政権転覆のため、カルロス・カステロ・アルマスによるクーデターを起こさせた。しかし、カステロは政権を握ると、独裁者としてひどい政治を行った。アルマスは一九五七年に左翼の護衛から暗殺された。共産主義者が活動し、一九六〇年から六年間の内戦が続くこととなった。

ＣＩＡのこのような政権転覆工作はやスパイ活動は、ワシントンではもてはやされたが、アイゼンハワーは、秘密工作活動が雑音を招きすぎると案じた。

＊２　ＣＩＡがイギリスと通じてパーレビ国王を引き出し、モサッデク打倒のクーデターを起こさせたことは、二〇二一年一月二二日にＮＨＫ「ＢＳ世界のドキュメンタリー　女王とクーデター」が詳しく放映した。

✺ＣＩＡの活動と内在する矛盾・混乱要因

ＣＩＡの活動の主な組織はＯＰＣ（政策調整局　Office of Policy Coordination）とＯＳＯ（特殊工作局　Office of Special Operation）だった。

ＯＰＣの長には、イスタンブールとブカレストのＯＳＳチーフであり、アレン・ダレスの最側近だったフランク・ウィズナー（Frank Wisner）が就任し、ＯＳＳのチトーへの最後のミッション指揮官だったフランクリン・リンドセイ（Franklin Lindsay）が補佐することになった。ＯＳＯでは、ＯＳＳのローマの諜報責任者だったジェームズ・アングルトン（James Angleton）と、元ＦＢＩでフーバーと対立して辞任していたウィリアム・ハーベイ（William K.Harvey）の二人が指揮することになった。

多くの元ＯＳＳ職員がＣＩＡの中枢幹部となったことは、陸軍省から強い反感を招いた。ＦＢＩもＣＩＡの設立に強い反感をもっていた。ＦＢＩの職員がＣＩＡに移籍されたが、ＦＢＩの資料をＣＩＡには渡さず廃棄し、フーバーは、共産主義者のスパイ網がＣＩＡをむしばむと非難した。ＣＩＡは、設立の当初から、様々な矛盾や混乱要因を抱えていた。

《共産主義支持者と反共主義者が混在していたＣＩＡ》

一九四九年の中国の内戦の時、中国問題を検討する委員会を国務省が召集したが、ＣＩＡのある大佐は、共産党の高いモラルや戦闘能力を称賛し、台湾を手に入れる力があると強調する一方、国民党軍の無能や士気の低さを強調し、蔣介石の台湾での圧制は台湾の人々の敵意を招いていると主張した。デービス一派らの親共産主義の影響は、CIAにも残存していたのだ＊2。一か月後、国務省のジョン・デービスは、元OSSのCIA職員でOPCに勤務するライル・ムンソン（Lyle Munson）とエドワード・ハンター（Edward Hunter）を招き、ジョン・フェアバンク（John King Fairbank）をCIAの顧問として採用することをもちかけた。フェアバンクは、ハーバードの気鋭の歴史学者で、OSSに採用されて中国で活動したが、親イギリスで中国の共産党の支持者だった。しかし、ムンソンらは二人とも蔣介石の支持者だったのでこれに応じなかった。

＊2 ただ、台湾では、一九四七年二月二八日に台北市で発生してその後台湾全土に広がった、行政長官兼警備総司令陳儀主導の国民党政権による台湾人への弾圧・虐殺事件（二・二八事件）が発生するなど、この指摘には正しいものも含まれていた。

一九五〇年、アイゼンハワーの前参謀長だったウォルター・スミス（Walter Bedell Smith）将軍がCIA長官になった。スミスは保守主義者で、かつてアイゼンハワーに、「ロックフェラーは共産主義者だ」と伝えたことがあった。スミスは、アレン・ダレスをすべての作戦の責任を担う副長官として招いた。

スミス時代にCIAは保守を中心に人員を大幅に増強した。作家のジェームズ・バーンハム（James Burnham）は、もとOSSのベテランのカー、ミット・ルーズベルトによって、CIAのイランのモサッデク政権へのクーデターの計画を手伝うために採用された。マッカーシーの義兄弟である女性も採用された。後にエール大学のチャプレンとなったウィリアム・コフィン（William Sloane Coffin）は一九四九年から五三年までCIAに在籍したが、彼は強い反ソ主義者で、CIAはマッカーシズムの時代に、共産主義の左翼を打倒するために、非共産主義の左翼に資金を提供して活用したと回想した。

しかし、ダレスは、リベラルの採用も進めた。ダレスは、保守で反共だったが、マッカーシーのようなあからさまな共産主義への攻撃や敵対の姿勢はとらず、懐深く対応した。ダレスは、ＯＳＳのベテランで元新聞記者、ダートマス大学の英語教授、美術館長を務めていたトーマス・ブレイデン（Thomas Braden）を一九五一年に採用した。ブレイデンの提言とウィズナーの補佐により、ＣＩＡは、労働組合、政党、学生や新聞記者の国際組織などに密かな支援をした。それは当時毎年二億五〇〇〇万ドルの資金を使って国際的共産党の組織の活動を支援していたソ連に対抗するためだった。それには、例えば国際学生協会への資金援助も含まれており、マッカーシズムのような状況をもたらさないように慎重に進められた。

外国政府の社会主義者の要人であっても、ダレスは、共産主義者でないかぎり支援した。

これを批判した上院議員に対し、ダレスは「ヨーロッパの多くの国では、社会主義者はアメリカの共和党と似たようなものだ」と反論した。

✺マッカーシーに攻撃されたＣＩＡ

しかしＣＩＡのこのような活動は、マッカーシーやその支持者から非難された。元ＯＳＳのベテランでＣＩＡの監督官だったライマン・カークパトリック（Lyman Kirkpatrick）は、マッカーシズムを、フランス革命時代に、反対派を裁判なしでギロチンにかけるようなもので、個人のキャリアと生活を破壊したと反論した。

マッカーシーは、国務省を攻撃してその士気をくじいた後、攻撃の矛先をＣＩＡに向けた。マッカーシーは、デービスがＣＩＡにフェアバンクの採用を持ちかけたことを取り上げ、中国を共産化した政策の失敗を招いた古い中国通たちをＣＩＡの幹部に登用していると非難した。また、ブレイデンの国際組織部門が、共産主義の組織に多額の資金補助をしているとも非難した。マッカーシーが名誉棄損に訴えられた裁判で、スミス長官は「私の組織に共産主義者はいると思う」と迂闊に証言してしまった。

このような嵐の最中で、アイゼンハワーが大統領になり、ダレスをＣＩＡ長官に任命した。ダレスは、マッカーシズムによりＣＩＡの組織が破壊されるのを防いだ。そのためＣＩＡは外国政策に関して自由な思考をする人々が活動しやすい組織になった。ダレスのリベラルを許容する懐の深さが、マッカーシズムの攻撃からの逃げ場を提供したのだ。

マッカーシーは、ＣＩＡの中にいる国家の諜報工作を破壊しようとする共産主義者のエージェントをどうして発見するかが課題だとし、様々な手を尽してそれを探り出そうとした。ダレスは、これに対抗するため、もし職員がダレスの承諾なくマッカーシーに協力すれば直ちに解雇すると警告した。職員の中には、マッカーシーの部下から「貴方の酒癖の悪さや女性関係を知っている。もし協力してＣＩＡについて知っていることを何でも話すのなら、貴方の秘密を明かさない」と働きかけられた者もいた。マッカーシーはこのように様々なチャンネルを使ってＣＩＡ攻撃のための情報収集に努めた。ＣＩＡの職員でディーン・アチソンの義理の息子であったウィリアム・バンディ（William Bundy）が、アルジャーヒスの裁判支援資金に四〇〇ドルを寄付したということまで公にして執拗に攻撃した。

ダレスは、アイゼンハワーに、マッカーシーの不当な攻撃が収まらない限り、長官を辞任すると訴えた。大統領は躊躇したが、ニクソン副大統領に指示して、マッカーシーがＣＩＡ問題を刑事捜査に持ち込もうとするのを抑え込んだ。

マッカーシーはこれに応じる代わりに、適切な行政措置として、ＣＩＡにおける内部のパージを要求し、「同性愛者、金持ち」などのリストとともに膨大な非難の主張と資料を提出した。陸軍での破壊工作審理のためのヒアリングの機会に、マッカーシーは「ＣＩＡへの共産主義者の潜入、汚職と不正行為の蔓延が極めて危険だ」と主張した。

これはＣＩＡの職員採用に深刻な影響を与え、過剰なまでの慎重さ、自己規制が求められるようになった。「刑事コロンボ」で著名な俳優のピーター・フォークは、大学卒業後ＣＩＡに採用を申し込んだが拒否された。それは、彼が革新系の教育研究で著名だったニューヨークの「ニュースクール（New School）大学」で学位をとり、一時左翼の労働組合に所属したことがあり、ユーゴスラビアに六か月滞在したという経歴が原因だった。

在職するＯＳＳのベテラン職員も、再調査の結果、確かな根拠なく解雇された者が少なくなかった。ブレイデンがその補佐として採用したコード・メイヤー・ジュニア（Cord Meyer Jr.）もマッカーシズムの批判にさらされた。メイヤーは、大戦中グアムで重傷を負い、帰国後世界連邦運動に没頭した。国連の常任理事国の拒否権を否定する改革を主張し、その活動の中で強い反共産主義者となった。しかし、メイヤーは、アメリカの過度の反共産主義の方針が、かえってアメリカの民主的な外交政策を損なっていると考えていた。そのため、メイヤーは、マッカーシズムの非難にさらされることになった。しかし、ダレスは彼を守り、メイヤーはパージされることなく、一九五四年にブレイデンが退職したときその後任となった。しかし、マッカーシズムの影響は、批判をおそれる職員の間で、盲目的で単純な反共産主義の風潮を醸成することになった。リベラルであること自体で組織にいづらくなったのだ。

✺ダレスの指導力

アイゼンハワー時代にダレス長官のもとでＣＩＡは国務省の優位に立ち、その活動は外交的な監督の外に置かれるようになった。ダレスが、国務長官フォスター・ダレスの弟であることも影響していた。国家安全委員会で危機について討議されるとき、ＣＩＡは本来政策決定の権限はないにもかかわらず、委員からダレスに「我々はどう対処すべきか」と問われることが多くなった。ダレスは「それは我々ではなく国務省の仕事です」と答えるのが常だったが、ダレスの力を知っている委員たちの笑いを誘っていた。ＣＩ

A職員の経歴は有意義となり、その後の国務省の大使職や軍、ホワイトハウスの重要ポジションへの就任者が増えた。

ダレスはプロの諜報工作者だった。ドノヴァンと同様、非政治的で実際的な合理主義が作戦活動の原則だと考えていた。ダレス自身は、保守主義で共産主義を嫌っていたが、現実的に判断し、行動した。一九五三年にスターリンが死んだとき、アイゼンハワーは、新たなソビエト政府に平和プランを提示したが、兄の驚きにもかかわらず、ダレスは、ホワイトハウスに、ソ連が共産党の中国に経済的支援を与えることの提案を、マッカーシズムの最中に行った。

ダレスの下で、リベラル主義者たちは、ポルトガルに対するアンゴラやモザンビークのゲリラへの支援をした。キューバでは、カストロが共産主義でない自由主義政策をとるのであればそれを支援する方策を模索した。

しかし、ケネディ政権誕生までに、CIAは、政治的に右と左に分かれた分裂状態を呈した。ホワイトハウスでの会合では、CIAの代表は国務省の代表よりもリベラルな主張をすることが多かった。それが、アメリカ社会のリベラル勢力の支持を得ることになると考えられていた。

一九六七年、CIAが、メイヤーの指示により左傾的だった国家学生協会主催の学生団体の国際会合の資金を提供していたことが雑誌で暴露され、議会で激しい批判の議論を招いた。議会では、CIAが私的団体にどれだけ資金を提供しているか調査すべきだと主張された。アメリカ国民の血税がこの種の左翼グループにつぎ込まれることは許しがたいとの主張もあった。ロバート・ケネディ上院議員はCIAを擁護した数少ない一人だった。ケネディは、「マッカーシズムの中で多くの優れた自由主義者が政府機関から放逐された中で、CIAは、それらに良い活躍の場所を提供した。国務省などに比べ、CIAは、共産主義に対する健全な考え方を持っており、国家主義者にも共産主義者にも理解をしており、現実的な組織となっており、白か黒かで判断すべきものではない」と語った。

✺ベトナム戦争とＣＩＡ

泥沼化するベトナム戦争について、ＣＩＡはこれに反対ないし慎重な立場をとるようになっていた。ジョンソンがベトナム北爆の中止と、大統領選不出馬を宣言する一か月前の一九六八年二月二三日、ＣＢＳは驚くべき報道をした。

「最新の政府報告では、連合軍の攻撃は進歩しており、旧正月の攻撃でベトナム共産主義者たちは大敗北を喫したとされる。しかし、ＣＩＡのレポートはベトナムの状況は悲観的であり、そのため、ＣＩＡと大統領首席補佐官のウォルト・ロストウ（Walt Rostow）との間で論争が生じている。ロストウは、ケネディ、ジョンソン時代のベトナム政策の立案者だった。消息筋によると、ＣＩＡのリチャード・ヘルムズ（Richard Helms）長官とロストウは合意しておらず、ヘルムズ長官は議員に対し、ベトナム戦争は一〇年続くと語った。

ホワイトハウスの報道官ジョージ・クリスチャン（George Christian）は、これはまったくの嘘で両者は同意していると語ったが、あるスポークスマンによると、ＣＩＡの人々はロストウをヘルムズ長官の下に置こうとしている。ロストウと大統領は、ＣＩＡからの情報ではなく、他の組織からの情報に頼っており、これに焦ったＣＩＡは、ロストウが世論をミスリードしているので、ベトナムに関する最も悲観的な見方を議員や新聞にリークしている。大統領はそれを怒り、ＣＩＡの高官らの職は危うくなっている。」

ＣＩＡには、ジョンソン政権下でのベトナム戦争反対の気分が蔓延していた。「ペンタゴンペーパー」は次の事実を明らかにした。

「ＣＩＡレポートは、ベトコンがハノイの北ベトナムにより支配・支持されていることを争った。

ＣＩＡレポートは、もし南ベトナムが北ベトナムの支配下に落ちたらドミノ現象がおきるという説を争った。

ＣＩＡは、アメリカの北爆の心理的物理的な効果に疑問を呈した。

ＣＩＡは、南ベトナムでのアメリカ軍の戦いに疑問を呈し、その戦いに勝つことはできず、アメリカ兵を泥沼に落として救出不能とさせるだけだとした」

一九六九年一〇月には、数人の若いＣＩＡの分析官が、ＣＩＡの本部で、腕に喪章をつけ、ベトナム戦争に抗議した。

✺ＣＩＡのその後

しかし、ＣＩＡは、次第に社会の人気を失い、ハーバードやエール、バークレーなど一流大学の優秀な学生の採用は困難となった。大学のキャンパスではＣＩＡはアメリカの誤りのシンボルだと見られるようになった。アーノルド・トインビーは「ＣＩＡはいまや、かつて共産主義がそうであったように、お化けになってしまった。紛争、暴力、悲劇が起きるために私たちはその背後にＣＩＡがそれに関わっているとすぐに考えるようになった」と語った。それは、アメリカとその外交政策に於ける悲劇だとされた。

Ｈ・スミスは、著書『ＯＳＳ』の末尾をこう結んでいる。

「ＣＩＡは、未だ反動的な妖怪にまでは至っていない。しかし、その組織が、その職員に対し、かつてのＯＳＳの民主主義への反感を改めさせる決意をしない限り、ＣＩＡの現実は諜報社会においてＯＳＳの悪しきイメージと一致することになる。ＯＳＳの精神は、その理想的な過去の回想にすぎなくなるだろう」

マーク・マゼッティ『ＣＩＡの秘密戦争―変貌する巨大情報機関』（小谷賢監訳、ハヤカワ・ノンフィクション文庫、二〇一七年）は、冷戦終結後に予算や人員の大幅な削減を受けたＣＩＡが、二〇〇一年の九・一一同時多発テロ事件以来、再び予算と権限の大幅な拡大が認められ、テロリスト暗殺やドローンによる標的殺害などの軍事作戦を活発に行うようになったことを詳細に論じている。そのようなＣＩＡの活動は、国防総省（ペンタゴン）を中心とする米軍との軋轢を生み、対立や縄張り争いを先鋭化させた。その源流は、ドノヴァンが、ＣＯＩに始まってＯＳＳを設立するにあたり、情報収集や研究・分析部門のＳＩやＲ＆Ａに並んで、軍事作戦にも関与する特殊工作のＳＯを設置したことに遡るであろう。

✺ドノヴァンの戦後

ＯＳＳが解体され、戦後の統合的諜報機関設立構想を潰されたドノヴァンは、失意の日々を送った。大戦後、退役したドノヴァンは弁護士の仕事に戻ったが、ニュルンベルク裁判における主席検事テルフォード・テイラーの下で次席検察官を務めた。ドノヴァンは、第二次世界大戦の活動に対し、非戦闘部門の人員の最高級の勲章に当たる陸軍殊勲章を受章した。ドノヴァンは、ＯＳＳの解体後、ダレスやマグルーダーの背後で、ＣＩＧやＣＩＡの設立を支援したが、自ら表に出ることはなかった。一九五三年、アイゼンハワー大統領によって駐タイ大使に任命され、一九五四年まで務めた。ドノヴァンは、一九五九年二月八日、ワシントンＤＣのウォルター・リード陸軍医療センターで死去した。七六歳だった。ドノヴァンが残した遺産はさしたる額ではなかった。妻のルスは、社会奉仕活動に熱意を注ぎ、家族や元部下たちから慕われて穏やかな余生を送った。

ドノヴァンの死の年の一一月三日、ポトマック河畔にある建設中のＣＩＡ本部のビルで、ドノヴァンの盛大な追悼式が行われた。アイゼンハワーが追悼のスピーチを行った後、アイゼンハワーとアレン・ダレスが、銅製の小さな箱を建物隅の礎石に埋め込む式典が行われた。その箱には、一九四四年一一月にドノヴァンがルーズベルトに提出した統合的諜報機関の設立を提言するメモが入れられていた。アイゼンハワーはドノヴァンを「最後の英雄」(Last Hero)と呼んだ。大戦中、ＯＳＳのドイツ潜入作戦を指揮したウィリアム・ケーシーが、一九八一年にＣＩＡの第一三代長官となったとき、ケーシーはドノヴァンのブロンズの像をＣＩＡ本部のロビーに設置させた。

ドノヴァンが一九五九年に死亡したとき、ドノヴァンを終始批判していたニューヨークタイムズは、その死亡記事に「彼は、率直さと勇敢さの生きたシンボルだった。彼が正しかったか、賢明だったか、誤っていたかはさておき、彼が常に勇敢であったことを誰も忘れるべきではない。私たちはその遺産を必要としている」と書いた。

『Wild Bill Donovan』の著者ダグラス・ウォラーは、その末尾でドノヴァンとＯＳＳへの評価を次のように結んでいる(要旨)。

「ドノヴァンとＯＳＳの遺産には様々な色合いがある。軍などの他の諜報組織が既に人員と物的設備を有していたのに対し、ドノヴァンはゼロから始めなければならなかった。ドノヴァンの努力は、既存の組織から激しい攻撃や妨害にさらされ、ドノヴァンは枢軸国との戦いよりもまず内部の争いに直面した。ドノヴァンが設立した組織は、既存の組織にはない複雑怪奇なものとなった。ドノヴァンは、組織のマネージャーとしては最悪であり、むしろ夢想家だった。組織のルールは無視された。しかし、人々は、ドノヴァンのカリスマ性、知性、オープンな態度、勇気、将来へのビジョンなどを称賛した。ＯＳＳは、戦争に貢献しただろうか？　答えはＹｅｓである。ＯＳＳは少ない犠牲の下でその職員には二〇〇〇ものメダルが授与された。しかし、ＯＳＳは戦争勝利の鍵となっただろうか？　答えはＮｏである。ＯＳＳの作戦は戦争を早く終結させるために明らかに役立ったといえるだろうか？　答えはやはりＮｏである。とはいえ、戦争とは軍による正規戦のみで戦われるのみでなく、その背後の国民や社会の様々な分野における貢献が戦いを可能とする。ＯＳＳの作戦は、軍の正規戦のような直接的な戦果を生むものではなかったが、ＯＳＳの工作員の英雄的なゲリラ活動はヒトラーを悩ませた。ＯＳＳの要員らはアマチュアからスタートし、様々な失敗も重ねたが、軍やその他の組織もそれを免れなかった。ＯＳＳの要員らは失敗の経験を重ねて成長した。かれらの地味で忍耐強い努力は、軍がマジックで日本の電信を解読したほどの目に見える成果を生まなかったとはいえ、敵の部隊の輸送車の数を探査し、枢軸国の新聞を解析して経済や社会の状況を把握し、建築活動を把握して爆撃目標を設定するなどの活動は大きな成果をもたらした。

ドノヴァンの戦後に統合的な諜報機関を創設する夢は直接には実現しなかったが、その構想はＣＩＡの設立につながった。アレン・ダレスを始めとするＯＳＳの幹部がＣＩＡの最高幹部となった。失敗を恐れず大きな成果を生み出すというＯＳＳの勇敢な精神はＣＩＡに引き継がれた。しかし、法的・倫理的な問題は大義の実現のためには切り捨てられるという思考様式もＣＩＡに影響を及ぼした。それにもかかわらず、ドノヴァンは、近代的戦争の在り方を形づくった一人の人物だった」

おわりに

「はじめに」で書いたように、私がＯＳＳに関心を持つきっかけとなったのは、繆斌工作の真実性を検討しているとき、その工作の背後にＯＳＳの影が見え隠れすることだった。

この工作について極めて信頼性の高い文献は、横山銕三が一九九二年に出版した『繆斌工作成ラズ』（展転社）だ。横山は、日中戦争のさなか、北京で日中の友好和平の推進のために設立された新民会で繆斌の直属の部下として働いた。横山は、真に日中の友好を願う繆斌の思想と姿勢に深く共鳴し、尊敬していた。しかし、繆斌が戦後、漢奸として起訴され死刑となったことへの痛恨の極みから、横山は、繆斌工作の真実性と、日中和平のために命を捧げた繆斌の人柄や功績を世に伝えるために、多くの同志の支援協力の下に中国に渡り、当時の関係者からの聞き取りなど綿密な調査を行って同書を刊行した。

繆斌が真に蔣介石の使者として和平工作のために日本に派遣されたことを裏付ける多くの事実の中で、一九四五年三月下旬、繆斌が来日するにあたり、緒方竹虎を始めとする日本側関係者に「アメリカは中国本土には上陸しない」「私の東京滞在中に東京空襲はない」と断言したというものがある。当時、日本軍や南京政府の周仏海らでさえ、アメリカはまず中国本土に上陸すると予想していたが、結果は繆斌の言ったとおりとなった。また、繆斌の東京滞在中の三月二一日から末日までの間、米軍機の空襲は東京以外の地域では連日大規模に行われたが、東京では、それまで連日のように行われていた東京空襲はなく、ぴたりと止まっていた。これは、繆斌がこれらの情報をアメリカ軍から入手していたとしか考えられなかった。

横山は、繆斌工作はＯＳＳが重慶政府の戴笠の軍統局と合作して設置したＳＡＣＯを通じて連合国の作戦と密接に関係していたのだと推論している。私も当初、それが自然であり、ＯＳＳがＳＡＣＯを通じて戴笠にこれらのアメリカ軍の作戦情報を教え、それが繆斌に伝えられて前記の言葉の根拠になったのだろうと考えていた。私は、そのような観点から、ミルトン・マイルズの前掲書を始め、中国でのＯＳＳの活動に関する前掲各書を読み進め、それを裏付ける記載がないか仔細に検討した。

しかし、前掲各書には、繆斌工作について、各著者を始め関係者がそれを知っていたことを裏付ける記載はその片鱗すらない。その原因はＯＳＳの研究を進めるうちに理解できた。本書で詳述したように、中国のＯＳＳは、海軍のミルトン・マイルズや戴笠と対立し、延安の共産党支援に大きく傾斜していた。当時、共産党も重慶政府も、それぞれが密かに日本軍と通じながら、相手方の日本軍との接触は「漢奸」として批判中傷しあうというねじれた対立関係にあった。

したがって、繆斌工作を進めていることがもしＯＳＳに知られれば、たちどころに共産党に漏れてしまう。戴笠は、この工作についてＯＳＳには絶対に知られてはならなかったであろう。工作が進展し、天皇がこれを認め、軍部と政府も中国と和平する意思を固めた段階で、蔣介石や戴笠は電光石火、舵を切り、日本と和平し、これにアメリカを引き入れて、共産党と背後のソ連との戦いを開始する意思だったのだろう。かつて、蔣介石は、一九二〇年代から五次にわたる剿共作戦で、共産党撲滅の戦いを続けていた。しかし、一九三六年の西安事件によって、蔣介石はたちまち共産党との戦いを放棄し、国共合作に転じた。今度はその逆をやればよかったのだ。四〇〇〇年の争乱の歴史をもつ中国では、このような驚くべき変転が一気に生じることは珍しくない。

繆斌が語ったアメリカ軍の中国本土上陸作戦がないことや、東京滞在中に空襲がないとの情報は、工作のことはまだ知らせずに、戴笠がマイルズを通じてアメリカ海軍の作戦情報を入手したものであろう。マイルズの中国派遣の最大の任務は、来るべきアメリカ軍の中国本土上陸作戦に備えることにあった。したがって、アメリカが中国本土作戦を放棄して直接沖縄や日本本土への上陸作戦に方針を変更したのなら、それは直ちにマイルズに伝えられ、マイルズは、その作戦を側面から支援する方向に転じる必要があった。だから中国本土上陸作戦中止や本土攻撃の情報は、マイルズから戴笠にも伝えられていたであろう。マイルズの著書には、マイルズ自身が繆斌工作を戴笠から知らされていたことを窺わせる記載はない。しかし、これは不自然ではない。マイルズ自身は抗日の実地作戦に専念しており、和平工作とは無縁だった。戴笠は、マイルズから米海軍の本土攻撃に関する情報を聴けば足り、実現の見通しが立っていない状況で、マイルズに繆斌工作のことを知らせる必要は全くなかったからだ。

これは私の力を超えたことであるが、アメリカで所蔵・公開されているＯＳＳの文書については、なお、このような日中の和平工作史という観点から、識者による研究が深められることを期待したい。

田中英道『戦後日本を狂わせたＯＳＳ「日本計画」』は、ＯＳＳの活動は、アメリカの戦後の日本政策にまで大きな影響を及ぼし、日本国憲法の制定などマッカーサーの対日支配の構想はほとんどＯＳＳによって作られたと論証している。私は戦後の占領政策の分野についての知見が十分でないが、同書の論証は基本的に正しい指摘であり、説得力があると考えている。

ただ一点指摘したいのは、本書で述べたように、ＯＳＳは、通常の組織とは大きく異なり、その構成員の思想や経歴は右から左まで、極めて多様であり、その作戦の立案や遂行も、一貫した思想に基づくものとは言い難かった。ドノヴァンは、元々は保守思想だったものの当初は共産主義やソ連に対する警戒心が薄く容共的だった。しかし、戦争末期に至り、共産党の本質を見抜き、反共に転じた。ＯＳＳの中には当初から共和党、保守で反共主義者も多かった。アレン・ダレスも、リベラルには寛容だったが、基本的に反共だった。したがって、ＯＳＳの思想や活動を「ＯＳＳは」という表現で一括りに説明することは困難である。また、ＯＳＳは終戦後間もない一九四六年九月に解体された。したがって同書が論じる「ＯＳＳ」とは、厳密には「ＯＳＳ内の左翼系の勢力ないしその残存勢力」であり、特にＯＳＳの研究部門のＲ＆Ａの元構成員たちによるものだったというべきではなかろうか。このような観点から、ＯＳＳ内の様々な勢力とその力関係、それらの変遷過程などを踏まえた研究が深められることを期待したい。

謝　辞

本書執筆のきっかけとなったのは、剣友西嶋大美氏との共著による『ゼロ戦特攻隊から刑事へ』（芙蓉書房出版、二〇一六年刊）の執筆だった。主人公の大舘和夫氏の回想にある一九四五年二月の「三笠宮上海行き護衛飛行」は、当時の秘められた日中和平工作の一環ではないか、との思いから私はこの分野に関心を深めた。そのころ進められていた近衛文麿らによる何世禎工作や、今日もその真実性が決着していない繆斌《みょうひん》工作などを中心に研究を進め、近く、『日中和平工作秘史――繆斌工作は真実だった』『新考・近衛文麿論――「悲劇の宰相、最後の公家」の戦争責任と和平工作』を刊行予定である。これらの出版を快く引き受けて頂いた芙蓉書房出版の平澤公裕社長はもとより、理解と支援を頂いた大舘和夫氏、西嶋大美氏、私の所属事務所の代表である北村行夫弁護士に心より感謝申し上げる。

また、これらの研究のための資料入手などについては、浅古弘名誉教授が主宰する早稲田大学東アジア法研究所の科研費プロジェクト「帝国と植民地法制研究会」の、和仁かや同大学教授、江秀華城西短期大学准教授ら関係各位、また日本大学危機管理学部の福田弥夫学部長をはじめ、図書館等の事務局職員の各位から協力を頂いた。厚く御礼申し上げる。

著者
太田　茂（おおた しげる）
1949年福岡県生まれ。京都大学法学部卒。現在、虎ノ門総合法律事務所弁護士。
1977年大阪地検検事に任官後、西日本、東京等各地の地検、法務省官房人事課、刑事局勤務。その間、1986年から3年間北京の日本大使館一等書記官。法務省秘書課長、高知・大阪地・高検各次席検事、長野地検検事正、最高検総務部長を経て、2011年8月京都地検検事正を退官。早稲田大学法科大学院教授、日本大学危機管理学部教授を8年間務めた。剣道錬士七段。令和2年秋、瑞宝重光章。
著書『ゼロ戦特攻隊から刑事へ』（芙蓉書房出版）、『実践刑事証拠法』、『応用刑事訴訟法』、『刑事法入門』（いずれも成文堂）

ＯＳＳ（戦略情報局）の全貌
――CIAの前身となった諜報機関の光と影――

2022年 9月15日　第1刷発行

著者
太田《おおた》　茂《しげる》

発行所
㈱芙蓉書房出版
（代表 平澤公裕）
〒113-0033東京都文京区本郷3-3-13
TEL 03-3813-4466　FAX 03-3813-4615
http://www.fuyoshobo.co.jp

印刷・製本／モリモト印刷

ISBN978-4-8295-0844-2

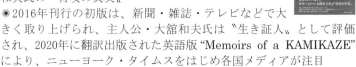

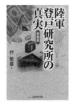

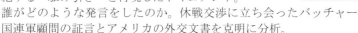